"圣贤文化传承与华夏文明创新研究"丛书
（丛书主编　管国兴）

谈贤论道：宿沙讲坛集萃

钟海连　谢清果　主　编
荀美子　　　　　　副主编

九州出版社 JIUZHOUPRESS | 全国百佳图书出版单位

图书在版编目（CIP）数据

谈贤论道 : 宿沙讲坛集萃 / 钟海连, 谢清果主编 ; 荀美子副主编. -- 北京 : 九州出版社, 2020.11
（“圣贤文化传承与华夏文明创新研究”丛书 / 管国兴主编）
ISBN 978-7-5108-9807-5

Ⅰ. ①谈… Ⅱ. ①钟… ②谢… ③荀… Ⅲ. ①伦理学－文集 Ⅳ. ①B82-53

中国版本图书馆CIP数据核字(2020)第222383号

谈贤论道：宿沙讲坛集萃

作　　者	钟海连　谢清果　主编　　荀美子　副主编
出版发行	九州出版社
地　　址	北京市西城区阜外大街甲 35 号 (100037)
发行电话	(010) 68992190/3/5/6
网　　址	www.jiuzhoupress.com
电子信箱	jiuzhou@jiuzhoupress.com
印　　刷	三河市国新印刷有限公司
开　　本	720 毫米 ×1020 毫米　16 开
印　　张	22.75
字　　数	396 千字
版　　次	2020 年 12 月第 1 版
印　　次	2020 年 12 月第 1 次印刷
书　　号	ISBN 978-7-5108-9807-5
定　　价	78.00 元

“圣贤文化传承与华夏文明创新研究”丛书

中盐金坛盐化有限责任公司博士后科研工作站 成果
厦门大学新闻传播学博士后流动站 成果
厦门大学哲学博士后流动站 成果

总序

传统圣贤思想的演进及其天人合德思维特征

丛书编委会

华夏文明推崇的生命境界是圣贤，历代仁人志士皆以“成贤作圣”为其学修的目标和人生价值取向。北宋哲学家周敦颐提出“三希真修”的修身阶次说，“圣希天，贤希圣，士希贤”[①]，以及“圣人之道，入乎耳，存乎心。蕴之为德行，行之为事业”[②]的“内圣外王”观。明初文学家宋濂自谓“既加冠，益慕圣贤之道”（《送东阳马生序》）；明代哲学家王阳明将“读书学圣贤”立为人生“第一等事”[③]。现代哲学家冯友兰亦指出：“使人成为精通内圣外王之道的圣人，是中国哲学的一大目标。”[④]关于何为圣贤、圣贤可学否、如何学以成圣贤的思想，在中国古代史册典籍中载述丰富，历代先哲对此的阐释亦洋洋大观，在华夏文明历史长廊中蔚为一道标志性的文化景观。

纵观华夏文明史，传统圣贤思想总体上呈现如下演进规律：内涵由才能、德行、修身、治国而及于合道，理论建构由人性论、道德论、治国论而进入宇宙本体论、心性本体论，思维取向由外而内、由身而心乃至身心合一、天人合德，学为圣贤的工夫由修身、立诚转向发明本心、致良知的易简直截之道。传统圣贤思想的演进规律与中国传统文化儒佛道三教合一的发展趋向若合符契。在此以儒家圣贤思想为例，从字义溯源、内涵演变、理论建构、思维取向、治道应用、修养工夫等角度，对传统圣贤思想的形成发展略述如下。

---

① 陈克明点校：《周敦颐集》卷二《通书·志学》，北京：中华书局，2009 年，第 23 页。下引同书只注书名、卷数、页码。

② 《周敦颐集》卷二《通书·陋》，第 40 页。

③ 陈恕编校：《王阳明全集四·卷三十二·年谱一》，中国书店，2004 年，第 190 页。下引同书只注书名、页码。

④ 冯友兰：《三松堂全集》卷五，郑州：河南人民出版社，2000 年，第 8 页。

一、能力超群：圣贤字义溯源

许慎《说文解字·耳部》解“圣”为“通也。从耳，呈声。”段玉裁注曰：“圣，通而先识。凡一事精通亦得谓之圣。”朱骏声《说文通训定声》：“圣者，通也。从耳，呈声。按，耳顺之谓圣”，“春秋以前所谓圣人者，通人也。”[①]从字义上考据，“圣”是指精通、通达之意。孔安国《尚书正义》引王肃云：“睿，通也。思虑苦其不深，故必深思使通于微也。”又言：“睿、圣俱是通名，圣大而睿小，缘其能通微，事事无不通，因睿以作圣也。郑玄《周礼注》云：‘圣通而先识也’。是言识事在于众物之先，无所不通，以是名之为圣。圣是智之上，通之大也。”（《尚书正义》卷十二《洪范第六》）据以上诸解，“圣”是指“思虑深微，事事无不通达，且识事先于和高于智者、通者”的人。

早在中国上古时代的巫觋文化中“圣”字就已出现。据《国语·楚语下》所载观射父论巫觋：“古者民神不杂。民之精爽不携贰者，而又能齐肃衷正，其智能上下比义，其圣能光远宣朗；其明能光照之，其聪能听彻之。如是则明神降之，在男曰觋，在女曰巫。”《尚书》多处提到“圣”，如《洪范》“视曰明，听曰聪，思曰睿。……睿作圣”，《大禹谟》“帝德广运，乃圣乃神”，《冏命》“聪明齐圣”。这几本古书中所提到的“圣”，是指善视、善听、善思、善宣的人，上古时代的巫、觋就是“圣人”，他们在神、民之间起沟通、宣达作用。

“贤”为会意字，在甲骨文中为“臤”，左为“臣”，意为俘虏、奴隶，右为“又”，意为抓持、掌握、管理，整体可理解为对奴隶、俘虏进行很好的掌控。据学者高华平的研究：“在现有文献中，从春秋战国到秦朝的‘贤’字，主要有三种写法：（1）以《鸟祖癸鼎》、《贤父癸觯》、楚帛书为代表，‘贤’字写作‘臤’；（2）以《贤簋》、《中山胤嗣铜圆壶》、石鼓文和各种传世文献为代表，‘贤’字写作上‘臤’下‘貝’（賢）；（3）以中山王墓《夔龙纹刻铭青铜方壶》、包山楚简、郭店楚简以及上博简为代表，‘贤’字写作上‘臤’下‘子’（孯）。与此相对应，‘贤’字的这三种形态分别代表了三种关于‘贤’的价值观念：（1）以‘臤’为‘贤’，表示此时的‘贤’观念指谁的力气大，能将战俘或奴仆紧紧地、牢牢地抓住，谁就是‘贤’；（2）以上‘臤’下‘貝’为‘贤’字，表示其‘贤’观念指‘以财为义也’，谁的财富多，谁

① 朱骏声：《说文通训定声》，北京：中华书局，1984年，第880页。

就是‘贤’；(3) 以上‘臤’下‘子’为‘贤’，则表示以具有如初生婴儿般品德的人为‘贤’。”[①]

“贤”字最早见于《尚书·君奭》篇，“在祖乙，时则有巫贤”，这里的“贤”为当时辅佐商王祖乙的大臣之名。《诗经·大雅·行苇》中有言“敦弓既坚，四鍭既钧，舍矢既均，序宾以贤”。“序宾以贤”，即按射箭命中的次序排列宾客的席位，“贤”在此处为射箭的技能之义。

从春秋战国到秦朝，“贤”字由最初含义为力气大、财多、技能高超，逐渐引申出才能、德行的含义。许慎《说文解字·贝部》言：“贤，多财也。从贝，臤声。”段玉裁《说文解字注》：“多财也。财各本作才。今正。贤本多财之称，引伸之，凡多皆曰贤。人称贤能，因习其引伸之义而废其本义矣。”语言文字学家杨树达在《增订积微居小学金石论丛·释贤》中提出：“以臤为贤，据其德也；加臤以贝，则以财为义也。盖治化渐进，则财富渐见重于人群，文字之孳生，大可窥群治之进程矣。”[②] 历史学家顾颉刚在《“圣”“贤”观念和字义的演变》中也曾指出，“贤”原来只是多财的意思，才能、德行的含义是后有的[③]。

通过字义的简要溯源可知，圣、贤二字最初没有德行的含义，主要指能力、财富方面过人，并未言及德性，故最初所谓的圣人、贤人均指能力超群的“能人”，这应当是圣、贤的本义。而将圣人、贤者赋予善治之才、至德之性、人伦之至乃至为天道（天理）的先知先觉者等引申义，始于春秋战国时期儒家孔子、孟子、荀子，《易传》则基于易道（天道），通过推天道以明人事而加以系统化、理论化。

---

① 高华平：《从出土文献中的“贤”字看先秦“贤”观念的演变》，《哲学研究》2008 年第 3 期，第 72 页。

② 杨树达：《增订积微居小学金石论丛》，上海：上海古籍出版社，2013 年，第 36 页。

③ 顾颉刚：《“圣”“贤”观念和字义的演变·释中国》，上海：上海文艺出版社，1998 年，第 712 页。

二、人道之极：儒家崇圣思想的理论建构及其思维取向

据《论语·述而》记载，孔子曾将圣与仁并举："子曰：若圣与仁，则吾岂敢？抑为之不厌，诲人不倦，则可谓云尔已矣。"在此，孔子将"圣"与"仁"并举，但孔子并未明确赋予"圣"以德性内涵。《论语》提到"圣人"的记载只有三次，如孔子曾言"君子有三畏：畏天命，畏大人，畏圣人之言"（《论语·述而》）。鲁太宰问子贡："夫子圣者与？何其多能也？"子贡回答说："固天纵之将圣，又多能也。"（《论语·子罕》）子贡也是从多能角度解释孔子作为圣人的内涵。此外，孔子视圣人为"博施济众"的治国者典范，在《论语》中有明确的记载："子贡曰：如有博施于民而能济众，何如？可谓仁乎？子曰：何事于仁，必也圣乎！尧舜其犹病诸！"（《论语·雍也》）

据《大戴礼记·哀公问五义第四十》记载，孔子曾对鲁哀公讲过他的圣人观："哀公曰：'善！敢问：何如可谓圣人矣？'孔子对曰：'所谓圣人者，知通乎大道，应变而不穷，能测万物之情性者也。大道者，所以变化而凝成万物者也。情性也者，所以理然、不然、取舍者也。故其事大配乎天地，参乎日月，杂于云蜺，总要万物，穆穆纯纯，其莫之能循；若天之司，莫之能职；百姓淡然，不知其善。若此，则可谓圣人矣。'"在这段对话中，孔子认为圣人是智慧能把握大道、才能足以应对万变、能力可洞察万物的真实状态和物性特点的人。且不论此段对话内容的历史真实性，单从内容看，孔子在此亦未将圣人与德行联系起来。

明确地将圣人与德性修养的境界联系起来的是孟子。孟子认为，圣人既是"百世之师也"（《孟子·尽心下》），又是"人伦之至也"（《孟子·离娄上》）。而人伦指的是"父子有亲，君臣有义，夫妇有别，长幼有叙，朋友有信"（《孟子·滕文公上》）这些德行。孟子还认为，只有圣人方能尽得人理，然后可以践其形而无亏歉，故言："形色，天性也。惟圣人然后可以践其形。"（《孟子·尽心上》）也就是说，圣人在人伦（德性）修养上达到最高境界，他能充分、完整地展现人之为人的本性，他是教化民众的师表。孟子的这一观点，使圣人由本义上的能人演变成具备完美道德人格的典范。此外，孟子还将圣人视为能够施行他所期待的"仁政"理想之人物——圣君，"圣人继之以不忍人之政，而仁覆天下矣"（《孟子·离娄上》）。圣人治天下，民有恒产而仁义生，"圣人治天下，使有菽粟如水火。菽粟如水火，而民焉有不仁者乎？"（《孟子·离娄上》）值得一提的是，孟子首次将圣人与天道并举，把圣人视为

合于天道的德性典范，圣人境界就是天人合德的境界，这一思想体现出儒家“天人合一”的理论思维取向。孟子曰：“仁之于父子也，义之于君臣也，礼之于宾主也，知之于贤者也，圣人之于天道也，命也，有性焉，君子不谓命也。”（《孟子·尽心下》）孟子认为，父子之间相居以仁，君臣之间相处以义，宾主之间相待以礼，贤者相达于知，此皆于人性各得一偏；惟有圣人才能完满践行“天道”赋予人的仁、义、礼、知之德性，与天道合一。所以朱熹说“圣人立于天道也无不吻合，而纯亦不已焉”①。总之，在孟子看来，圣人是民之出类拔萃者，“圣人之于民，亦类也。出于其类，拔乎其萃”（《孟子·公孙丑上》）。

荀子对圣人思想发展的贡献是其以“化性起伪”为理论基础的“圣王”观。荀子认为，圣人不仅是道德意义上的完人，“圣人者，人道之极也”（《荀子·礼论篇》），更是政治意义上的“圣王”——礼仪法度的制定者。荀子说：“圣也者，尽伦者也；王也者，尽制者也。两尽者，足为天下极矣。故学者以圣王为师，案以圣王之制为法，法其法以求其统类，类以务象效其人。”（《荀子·解蔽篇》）圣王立礼仪、制法度，是为了引导人的情性归之于正，使社会由不治而治进而合于道，“古者圣王以人性恶，以为偏险而不正，悖乱而不治，是以为之起礼义，制法度，以矫饰人之情性而正之，以扰化人之情性而导之也，始皆出于治，合于道者也”（《荀子·性恶篇》）。而圣王起礼仪制法度，就是针对人性恶的“化性起伪”，其中“性”属于人不可学、不可事的先天禀赋，而“伪”则属于人可学而能、可事而成的后天德性修养——礼仪，“礼仪者，圣人之所生也，人之所学而能，所事而成者也。不可学、不可事而在人者，谓之性；可学而能、可事而成之在人者，谓之伪。是性伪之分也。……圣人化性而起伪”（《荀子·性恶篇》）。

经过先秦时期儒家孔子、孟子、荀子等原创性的理论阐发，圣人从本义的善听、善视、善思、善宣的能人、通人，演变为与天道相合的人道之极、至德之人、善治之王，圣人被赋予道德、人伦、政治等多方面的内涵，圣人成为“完人”的代称，被视为天道的人格化身。

圣人的内涵经过儒家孔、孟、荀的丰富发展和初步的理论建构，已与天道建立逻辑关系，这是圣人思想演进过程中重要的理论原创成果。但天道的

① 朱熹：《孟子集注·尽心章句下》，见《四书集注》，南京：凤凰出版社，2016年，第352页。下引同书只注书名、页码。

具体内涵是什么？天道与人道之间逻辑关系的建立依据是什么？人道如何顺应天道？回答这个问题要求古典思想家、哲学家具备更高的理论思辨水平。被推举为群经之首的《易经》及据传为孔子撰述的《易传》，较早对此问题做出了系统的回答。

《易经·系辞传》指出："易之为书也，广大悉备，有天道焉，有人道焉，有地道焉。"《易传》认为，天道、地道、人道，合称"三才之道"，皆包含在"易"中。《易经·说卦传》则进一步指出，"是以立天之道，曰阴与阳；立地之道曰柔与刚；立人之道曰仁与义"，明确提出"阴阳、刚柔、仁义"，分别为天、地、人三才之道的具体内容。而天地人三才之道，又统摄于"一阴一阳"之"天道"，故《易经·系辞传》言："一阴一阳之谓道，继之者善也，成之者性也。"《易传》作者认为，一阴一阳变化的总规律就是天道的最高层次——"易道"，它既是天地人三才之道的总根源，也是天地万物得以生生不息的根本，天地万物顺继之则为善，天地万物顺因之则为各自之本性；一阴一阳之道神妙莫测，然万物皆由之而得以化育成长，故又称之为"神"，"阴阳不测之谓神"（《易经·系辞传上》），"神也者，妙万物而为言者也"（《易经·说卦传》）。换言之，天道（易道）统领地道、人道，正如乾健坤顺、天尊地卑的位序一样，天地既设尊卑之位，则变化通行于天地间的人道应尊崇天道、效法地道，"知崇礼卑，崇效天，卑法地"（《易经·系辞传上》），故顺天道者得天佑，吉顺而无有不利。《易传》明确天、地、人三才之道的具体内涵为阴阳、刚柔、仁义，并从"天尊地卑，乾坤定矣；卑高以陈，贵贱位矣"（《易经·系辞传上》）的先验逻辑，推衍出人道之仁义根源于一阴一阳之天道（易道）、人道当效法天道的结论，从而为以仁义为内涵的人道确立了理论和逻辑依据。

《易传》的作者认为，圣人是洞悉天地变化之总规律即"易道"的先知先觉者，圣人用卜筮的方式和制作相应的卦象、卦爻辞来向世人呈现神妙莫测的"易道"，促成世间万物合乎天道而运行。《易·系辞传上》言："圣人有以见天下之赜，而拟诸其形容，象其物宜，是故谓之象。圣人有以见天下之动，而观其会通，以行其典礼，系辞焉以断其吉凶，是故谓之爻。……拟之而后言，议之而后动，拟议以成其变化。"同时，《易传》还提出"易有圣人之道四焉"的命题，"易有圣人之道四焉：以言者尚其辞，以动者尚其变，以制器者尚其象，以卜筮者尚其占。"（《易·系辞传上》）圣人通过"尚辞、尚变、尚象、尚占"四种途径，向世人揭示天道"深、几、神"的微妙，"夫易，圣人之所以极深而研几。唯深也，故能通天下之志；唯几也，故能成天下之务；唯神也，故不疾而速，不行而至。子曰易有圣人之道四焉者，此之谓也”（《易·系辞传上》）。而世人通过观象玩辞、观变玩占，从吉凶悔吝之天象的启示中，体会人事的进退变化之道，遵循圣人所指示的天道行事从而获得“吉无不利”的结果，故言：“圣人设卦观象，系辞焉而明吉凶，刚柔相推而生变化。是故吉凶者，失得之象也。悔吝者，忧虞之象也。变化者，进退之象也；刚柔者，昼夜之象也。六爻之动，三极之道也。是故君子所居而安者，易之序也；所乐而玩者，爻之辞也。是故君子居则观其象而玩其辞，动则观其变而玩其占，是以自‘天佑之，吉无不利’。”（《易·系辞传上》）《易传》从推天道以明人事的思维方向出发，不但在天道与人道之间建构起了清晰的逻辑关系，并把圣人作为宣达天道、阐释天道、引导人类回归天道，进而使天地人三才进入生生不息之化境（易道之境）的最高人格典范，为古典圣贤思想的哲理化奠定了理论框架和范畴、符号体系。

三、德行高人：儒家尚贤思想的形成及其治理之应用

儒家的尚贤思想发源于孔子。西周末期，礼制僭越，“礼乐征伐自天子出”变为“礼乐征伐自诸侯出”，进而“自大夫出”，以至出现“陪臣执国命”的“天下无道”状态（《论语·季氏》）。礼乐的崩坏造成了社会秩序失衡和价值体系的混乱。面对礼崩乐坏的现状，孔子提出以“仁义”为核心内容的“尚贤”思想，并把其“尚贤”思想贯彻于治国理政，一方面继承周礼，一方面倡导维新。

“尚贤”是孔子倡导的仁政的重要组成部分。据统计，仅《论语》中提及“贤”至少24次。《论语·子路》记载：“仲弓为季氏宰，问政。子曰：先有司，赦小过，举贤才。曰：焉知贤才而举之？曰：举尔所知，尔所不知，人其舍诸！”由此可见，“举贤才”是孔子所提倡的为政之道。《论语·泰伯》言：“舜有臣五人而天下治。武王曰：‘予有乱臣十人。’孔子曰：‘才难，不其然乎！唐虞之际，于斯为盛。有妇人焉，九人而已。三分天下有其二，以服事殷。周之德，其可谓至德也已矣。’”舜有五贤臣而天下治，武王有九贤臣得以代殷而王，孔子称赞舜、武王能够任用贤能，感叹人才难得，同时强调“尚贤”的重要性。《史记·孔子世家》也有记录：“鲁哀公问政。对曰：‘政在选臣。’季康子问政，对曰：‘举直错诸枉，则枉者直。’”孔子认为选对正直

的人对为政具有积极作用。孔子还对知贤不用贤的行为给予批评，子曰："臧文仲，其窃位者与？知柳下惠之贤而不与立也。"（《论语·卫灵公》）

孔子从性情、行为、言论、财富角度阐述了贤人的超常品格："所谓贤人者，好恶与民同情，取舍与民同统；行中矩绳，而不伤于本；言足法于天下，而不害于其身；躬为匹夫而愿富贵，为诸侯而无财。如此，则可谓贤人矣。"（《大戴礼记·哀公问五义第四十》）《孔子家语·五仪》也有孔子谈论何为贤人的记载："所谓贤人者，德不逾闲，行中规绳，言足以法于天下而不伤于身，道足化于百姓而不伤于本。富则天下无宛财，施则天下不病贫。此贤者也。"上引两段文字，其大意为：贤人之性情与民众相通，是非取舍的标准亦与民众同，但贤人能做到行为合于礼仪节度，言行能够为天下人所效仿；贤人富有但不以积财为目的，贤人可以把自己的财产奉献给社会却并不因此而贫困。

对于何为贤才，孔子认为"德才兼备"是贤才必备的基本条件。朱熹曾为孔子所言的"举贤才"作注："贤，有德者；才，有能者。"[①] 此外，《论语》对"贤才"的品质也多有描述，如安贫乐道、知人善任、见贤思齐、贤贤易色等。

孔子虽然把德行纳入了贤才的考量标准，但值得注意的是，他倡导的是"亲亲有术，尊贤有等"的尚贤观。孔子坚持周礼的"君臣父子"之道，延续宗法血缘，把仁作为儒家最高道德规范，而仁的根本在于血缘亲情，"仁者，人也，亲亲为大。义者，宜也，尊贤为大"（《中庸》）。亲爱亲族是最大的仁。孔子所倡导的尊贤、举才，仍是维护封建等级制度的，在孔子看来"百工居肆以成其事，君子学以致道"（《论语·子张》），他认为贤才主要出自君子，即"士"阶层，以"合于道"为修养的目标；而百工则以做好自己的分内职责为成功的标志。

孟子眼中的贤者，应先知先觉，使人昭昭，"贤者以其昭昭使人昭昭，今以其昏昏使人昭昭"（《孟子·尽心下》）；应知当务之急，以亲贤为急务，"知者无不知也，当务之为急；仁者无不爱也，急亲贤之为务"（《孟子·尽心上》）；应知于性命，不失本心，"是故所欲有甚于生者，所恶有甚于死者。非独贤者有是心也，人皆有之，贤者能勿丧耳"（《孟子·告子上》）。

孟子的尚贤思想在继承孔子的基础上有深化拓展，其强调"尊贤使能"对"仁政"具有重要作用，"尊贤使能，俊杰在位，则天下之士皆悦，而愿立于其朝矣"（《孟子·公孙丑章句上》），"尊贤育才，以彰有德。"（《孟子·告

---

① 《论语集注·子路第十三》，第 137 页。

子下》）孟子认为，好的政治应当尊重、培育贤才，表彰道德高尚的人，国家强盛的关键在于重用人才，“不信仁贤，则国空虚。”（《孟子·尽心下》）孟子继承了孔子“举贤才”思想，明确提出了尊贤使能的治政主张，强调任用官吏要尊崇贤者，使用能者，让他们在位在职，“贤者在位，能者在职”（《孟子·公孙丑上》）。

孟子还论述了君主识别贤才、任用贤才的重要性：“虞不用百里奚而亡，秦穆公用之而霸。不用贤则亡，削何可得与？”“君子之所为，众人固不识也。”（《孟子·告子下》）孟子以秦穆公任用贤才百里奚而得以称霸诸侯的例子论证选贤任能的重要性，同时也指出识别贤才是一项特殊的能力。除识别人才外，还需要举贤养贤，“悦贤不能举，又不能养也，可谓悦贤乎？”（《孟子·万章下》）

较之于孔子，孟子对如何发挥贤者的作用，其观点更为明确，“贤者在位，能者在职”是孟子理想政治的典范。他认为贤明的人身居高位，能干的人担任要职，如此国家才能长治久安。孟子还提出大德与小德、大贤与小贤的关联规律：“天下有道，小德役大德，小贤役大贤；天下无道，小役大，弱役强。斯二者，天也，顺天者存，逆天者亡。”（《孟子·离娄上》）此外，孟子进一步拓展了贤者的来源：“舜发于畎亩之中，傅说举于版筑之间，胶鬲举于鱼盐之中，管夷吾举于士，孙叔敖举于海，百里奚举于市。”（《孟子·告子下》）特别是孟子“左右皆曰贤，未可也；诸大夫皆曰贤，未可也；国人皆曰贤，然后察之，见贤焉然后用之”（《孟子·梁惠王下》）的察贤举贤的观点，具有古代朴素的民主思想特征。

北宋政治家、文学家司马光说“德行高人谓之贤”（《进修心治国之要札子状》）。朱熹在解读《论语·为政》“君子不器”时提出，圣贤须德才兼备、体用兼尽：“若偏于德行，而其用不周，亦是器。君子者，才德出众之名。德者，体也；才者，用也。”[①]“有德而有才，方见于用。如有德而无才，则不能用，亦何足为君子？”（《朱子语类》卷三五）德才兼备且德行高于常人，是儒家对贤人的共识，司马光和朱熹的概括颇具代表性。先秦儒家所确立的举贤任能之德治思想，此后成为历代明君、思想家、政治家的治国理政思想主流，亦是中国传统圣贤思想应用于国家治理领域的重要理论成果。

① （宋）黎靖德编，王星贤点校：《朱子语类》卷二四《为政篇下》，北京：中华书局，2020年北京第2版，第708页。下引同书只注书名、卷数、页码。

四、圣贤风范：儒家圣贤气象论及圣贤异同之辨

经过孔子、孟子、荀子等先秦儒家先哲及《易传》的理论建构，圣贤从单一的“能力超群”者向人道之极、至德之人、德行高人、善治之王、天道的化身等多重理想角色演进，学为圣贤成为士、君子的人生价值追求。儒学发展至北宋时期，理学宗主周敦颐吸收《周易》的思想，将圣人之德的具体内容概括为“诚、神、几”，试图对圣贤之德性的具体内涵和特征加以界定。他说：“诚、神、几，曰圣人”[①]，并对此三德做了阐释：“诚，无为；几，善恶；发微不可见，充周不可穷之谓神。”[②]“寂然不动者，诚也；感而遂通者，神也；动而未形、有无之间者，几也。”[③]周敦颐对圣人之德的新诠释，比较明显地发挥了《易传》“深几神”和“易无思也，无为也，寂然不动，感而遂通天下之故”的思想。但周敦颐进一步将圣人由天道（易道）的化身，转换成人道“诚”的化身：“圣，诚而已矣。诚，五常之本，百行之源也。”[④]“诚者，圣人之本。”[⑤]同时他还将圣人之道用“仁义中正”[⑥]四字来概括，从而使圣人作为“天人合德”的人生最高境界变得更为明晰。但系统论述圣贤德性之特征——“圣贤气象”问题的是南宋理学家朱熹和吕祖谦。

所谓“圣贤气象”是指圣贤作为理想人格和人生境界的外在表现，也可称之为圣贤风度、圣贤风范。钱穆先生曾指出，关于“圣贤气象”的论述为“有宋理学家一绝大发明”[⑦]。朱熹、吕祖谦在《近思录·圣贤气象》（亦作《近思录·观圣贤》）中辑录北宋周敦颐、程颢、程颐、张载四先生的著述时，举列了其所肯定的圣贤之人，为世人树立了参照的榜样。他们认为古往今来的圣人有 11 人，分别为尧、舜、禹、汤、周文王、周武王、孔子、颜子、曾子、子思、孟子，而认为荀子、扬雄、毛苌、董仲舒、诸葛亮、王通、韩愈这 7 人有各自缺陷而不能成为圣人，前 6 人可称为贤人，韩愈则可称为豪杰。此外，朱熹和吕祖谦将周敦颐、程颢、程颐、张载四者也列为圣贤。

在《近思录·圣贤气象》中，程颢独占最大篇幅，表明朱熹、吕祖谦认

---

① 《周敦颐集》卷二《通书·圣》，第 18 页。
② 《周敦颐集》卷二《通书·诚几德》，第 16—17 页。
③ 《周敦颐集》卷二《通书·圣》，第 17 页。
④ 《周敦颐集》卷二《通书·诚下》，第 15 页。
⑤ 《周敦颐集》卷二《通书·诚上》，第 13 页。
⑥ 《周敦颐集》卷二《通书·道》，第 19 页。
⑦ 钱穆：《宋代理学三书随札》，北京：读书·生活·新知三联书店，2002 年，第 152 页。

为程颢是宋朝最具圣贤气象的人物[①]。据程颐所撰《明道先生行状》、吕大临撰《明道哀词》及二程弟子的记载，程颢的圣贤气象表现为：(1) 洞见道体。“博闻强识，躬行力究；察伦明物，极其所止；涣然心释，洞见道体。”[②] (2) 德性充完。“明道先生德性充完，粹和之气，盎于面背，乐易多恕，终日怡悦，从先生三十年，未尝见其忿厉之容。”[③] (3) 善于教化。“先生之言，平易易知，贤愚皆获其益，如群饮于河，各充其量。先生教人，自致知至于知止，诚意至于平天下，洒扫应对至于穷理尽性，循循有序；……教人而人易从，怒人而人不怨，贤愚善恶咸得其心，……闻风者诚服，睹德者心醉。”[④] (4) 为政宽裕。“先生为政，治恶以宽，处烦而裕。……先生所为纲条法度，人可效而为也；至其道之而从，动之而和，不求物而物应，未施信而民信，则人不可及也。”[⑤] (5) 主敬行恕。“先生行己，内主于敬，而行之以恕；见善若出于己，不欲弗施于人；居广居而行大道，言有物而动有常。”[⑥] 这五个方面的生动描述，为慕贤希圣者树立了清晰的典范。

除了阐述圣贤风范，朱熹和明代思想家王阳明还对圣贤之异做了辨析。在朱熹看来，根据气质的不同，人可划分为“生而知之者”“学而知之者”“困而学之者”“困而不学者”四类，“言人之气质不同，大约有此四等”[⑦]。在此基础上，朱熹阐述了圣人、贤人、众人和下民的区别所在，“人之生也，气质之禀，清明纯粹，绝无渣滓，则于天地之性，无所间隔，而凡义理之当然，有不待学而了然于胸中者，所谓生而知之圣人也。其不及此者，则以昏明、清浊、正偏、纯驳之多少胜负为差。其或得于清明纯粹而不能无少渣滓者，则虽未免乎小有间隔，而其间易达，其碍易通，故于其所未通者，必知学以通之，而其学也，则亦无不达矣，所谓学而知之大贤也。或得于昏浊偏驳之多，而不能无少清明纯粹者，则必其窒塞不通然后知学，其学又未必无不通也，所谓困而学之众人也。至于昏浊偏驳又甚，而无复少有清明纯粹之气，则虽有不通，而懵然莫觉，以为当然，终不知学以求其通也，此则下民

① 参见姜锡东：《论圣贤气象——宋代朱熹、吕祖谦〈近思录〉研究之一》，《河北学刊》，2006 的第 1 期，第 171 页。

② 吕大临：《明道哀词》，《二程集》（上），北京：中华书局，1981 年，第 638 页。下引同书只注书名、篇名、页码。

③ 《河南程氏遗书·附录》，《二程集》（上），第 328 页。

④ 程颐：《明道先生行状》，《二程集》（上），第 638 页。

⑤ 程颐：《明道先生行状》，《二程集》（上），第 639 页。

⑥ 程颐：《明道先生行状》，《二程集》（上），第 638 页。

⑦ 《论语集注·季氏第十六》，第 169 页。

而已矣。”[①] 朱熹认为气质之禀清明纯粹、“生而知之者”是“圣人”，气质之禀虽清明纯粹然略有渣滓、需“学而知之者”是“贤人”，气质之禀多昏浊偏驳而少清明纯粹、“困而学之者”是“众人”，气质之禀昏浊偏驳而无清明纯粹、“困而不学者”则是“下民”。

如果说朱熹是从气质之禀的不同区别圣、贤、众人、下人，那么，王阳明则从是否与天道相合、能否率性以及天理人欲角度谈圣、贤之异。王阳明根据《孟子·尽心上》和《中庸》的相关论述，认为生知安行者为圣、学知利行者为贤、困知勉行者为普通人，“夫‘尽心、知性、知天’者，生知安行，圣人之事也；‘存心、养性、事天’者，学知利行，贤人之事也；‘夭寿不贰，修身以俟’者，困知勉行，学者之事也”（《传习录中·答顾东桥书》）。王阳明进一步解释说，圣人为生知，知的是“义理”，而不是礼乐、名物等具体的才能，“谓圣人为生知者，专指义理而言，而不以礼乐、名物之类，则是礼乐名物之类无关作圣之功矣”（《传习录中·答顾东桥书》）。圣人与天道合一，而贤者尚有缺失，“知天，……是自己分上事，已与天为一。事天，须是恭敬奉承，然后能无失，尚与天为二，此便是圣贤之别”（《传习录上·答徐爱问》）。圣人率性而行即合道，贤者于道则有过或不及，“圣人率性而行即是道。圣人以下未能率性，于道未免有过不及，故须修道。”（《传习录上·答马子莘问》）圣人之心纯为天理而未杂以人欲，如纯金之足色，“圣人之所以为圣，只是其心纯乎天理而无人欲之杂，犹精金之所以为精，但以其成色足而无铜铅之杂也。人到纯乎天理方是圣，金到足色方是精”（《传习录上·答蔡希渊问》）。

宋明理学家对圣贤气象和圣贤之异的深入探讨表明，儒家圣贤思想从先秦时期的人伦、德性领域上升至性、理、天、道的宇宙本体层面，且最后归结为心性本体，因此，儒家圣贤思想发展到宋明理学时代，达到新的理论高峰，但其天人合德的思维取向则一以贯之，这也是中国传统哲学“天人合一”理论思维特征的体现。

---

① 朱熹：《论语或问·季氏第十六》，朱杰人、严佐之、刘永翔编：《朱子全书》第六册，上海古籍出版社、安徽教育出版社出版，2002年，第871页。

五、立志修身：儒家学为圣贤的工夫论

自《大学》提出“自天子以至于庶人，一是皆以修身为本”，修身，便成为儒家学为圣贤工夫论的主流观点。《大学》把学为圣贤的工夫概括为三纲领八条目，所谓“三纲领”是“明明德，亲民、止于至善”；“八条目”为“正心、诚意、格物、致知、修身、齐家、治国、平天下”。《中庸》以“诚”为合于天道的最高德行境界，认为圣人是天生的诚者，“诚者，天之道也；诚之者，人之道也。诚者，不勉而中，不思而得，从容中道，圣人也。诚之者，择善而固执之者也”。故圣人不学、不修而与天道相合，自然天成地彰显诚之本性。学为圣人者则为“诚之者”，诚之的工夫是“择善而固执之”，具体为“博学之，审问之，慎思之，明辨之，笃行之”（《中庸》）。

孔子把修身高度凝练为“忠恕”两字，并以之为自己的一贯之道，《论语·里仁》篇载：“子曰：‘参乎！吾道一以贯之。’曾子曰：‘唯。’子出，门人问曰：‘何谓也？’曾子曰：‘夫子之道，忠恕而已矣。’”朱熹《论语集注·里仁篇》释“忠恕”云：“尽己之谓忠，推己之谓恕。”其引程子曰：“以己及物，仁也；推己及物，恕也。”[①] 关于“忠恕”之道的意涵，《论语·卫灵公》篇有：“子贡问曰：‘有一言而可以终身行之者乎？’子曰：‘其恕乎！己所不欲，勿施于人。’”观此可知，“恕”就是“己所不欲，勿施于人”。《论语·雍也》篇又有：“子贡曰：‘如有博施于民而能济众，何如？可谓仁乎？’子曰：‘何事于仁！必也圣乎！尧舜其犹病诸！夫仁者，己欲立而立人，己欲达而达人。能近取譬，可谓仁之方也已。”可见，“忠”即是“己欲立而立人，己欲达而达人”。

孟子提出“求放心”的工夫论，把学为圣贤的工夫由修身转向修心。孟子说“圣人，与我同类者”（《孟子·告子上》），“人皆可以为尧舜”（《孟子·告子下》），他认为人人都具备成长为尧、舜那种圣人的先天潜质，并将其名之曰人的“良知良能”，概括而言就是仁与义。孟子说：“人之所不学而能者，其良能也；所不虑而知者，其良知也。孩提之童，无不知爱其亲者；及其长也，无不知敬其兄也。亲亲，仁也；敬长，义也。无他，达之天下也。”（《孟子·尽心上》）至于怎样才可以成为尧、舜那样的圣人？孟子指出的具体路径是“求放心”，即保护好人先天善的德性——仁义礼智之四端。“恻隐

① 《论语集注·里仁第四》，第69页。

之心，仁之端也；羞恶之心，义之端也；辞让之心，礼之端也；是非之心，智之端也。"（《孟子·公孙丑上》）"学问之道无他，求其放心而已矣。"（《孟子·告子上》）这里的"四端之心"也就是孟子所说的"赤子之心"，圣人就是不失赤子之心者，"大人者，不失其赤子之心者也"（《孟子·离娄下》）。但由于人的此种先天善性在不注意时极易丢失，故必须时时护持好，"故曰'求则得之，舍则失之'"（《孟子·告子上》）。孟子还将"求放心"的德性修养功夫做了生动的描写："故天将降大任于斯人也，必先苦其心志，劳其筋骨，饿其体肤，空乏其身，行拂乱其所为，所以动心忍性，曾益其所不能。"（《孟子·告子下》）求放心、动心忍性是孟子为士人、君子指明的成圣修养方法，如果做不到，则反求诸己，"行有不得者，皆反求诸己，其身正而天下归之"（《孟子·离娄上》）。

周敦颐将学为圣贤之要概括为"无欲"。"或问圣可学乎？曰：可。曰：有要乎？曰：有。请闻焉。曰：一为要。一者无欲也，无欲则静虚动直，静虚则明，明则通；动直则公，公则溥。明通公溥，庶矣乎。"①周敦颐将"无欲"两字提示为圣贤工夫的要领，也就是《中庸》说的"诚之"的要领。在《养心亭说》一文中，周敦颐解释道，只有无欲才能立诚，才能进入"明"与"通"的圣境，"盖寡欲焉以至于无，无则诚立明通。诚立，贤也；明通，圣也"②。

至于立诚（诚之）的工夫，周敦颐认为就是《易经》损、益两卦的要义"惩忿窒欲，改过迁善"③。从立人极的角度，有时他又说"圣人之道，仁义中正而已矣"④，这便是圣学的易简之道；从效法天地的角度，有时又言"圣人之道，至公而已矣。或曰：何谓也？天地至公而已矣"⑤。而公是先对自己的要求，"公于己者公于人，未有不公于己者而能公于人"⑥。正，是指动而合道，"动而正，曰道。"⑦合道之动，动静相即，实为妙万物之神应，"动而无静，静而无动，物也。动而无动，静而无静，神也。动而无动，静而无静，非不

① 《周敦颐集》卷二《通书·圣学》，第 31 页。
② 《周敦颐集》卷三《养心亭说》，第 52 页。
③ 《周敦颐集》卷三《养心亭说》，第 52 页。
④ 《周敦颐集》卷二《通书·道》，第 19 页。
⑤ 《周敦颐集》卷二《通书·公》，第 41 页。
⑥ 《周敦颐集》卷二《通书·公明》，第 31 页。
⑦ 《周敦颐集》卷二《通书·慎动》，第 18 页。

动不静也。物则不通，神妙万物”[①]。“吉凶悔吝生乎动，噫！吉一而已，动可不慎乎？”[②]

在圣贤工夫论上，朱熹、王阳明均将“立志”作为工夫之本、之首。朱熹言：“学者大要立志。所谓志者，不道将这些意气去盖他人，只是直截要学尧舜。”[③]朱熹还把“立志”与“居敬”合起来，强调“立志”要以“居敬”的态度来保持志之不失于空：“人之为事，必先立志以为本，志不立则不能为得事。虽能立志，苟不能居敬以持之，此心亦泛然而无主，悠悠终日，亦只是虚言。立志必须高出事物之表，而居敬则常存于事物之中，令此敬与事物皆不相违。言也须敬，动也须敬，坐也须敬，顷刻去他不得。”[④]除具备学为圣贤的志向和理想外，朱熹认为只有努力不辍才能修成圣贤，“圣贤直是真个去做，说正心，直要心正；说诚意，直要意诚；修身齐家，皆非空言”[⑤]。朱熹认为，立志成圣成贤，是因为人皆可以为尧舜，“曾看得‘人皆可以为尧舜’道理分明否？……若见得此分明，其志自立，其工夫自不可已”[⑥]。王阳明在《教条示龙场诸生》中说：“志不立，天下无可成之事。虽百工技艺，未有不本于志者。……故立志而圣，则圣矣；立志而贤，则贤矣；志不立，如无舵之舟，无衔之马，漂荡奔逸，终亦何所底乎？”[⑦]王阳明把立志比喻为种树培根，强调立志贵在专一：“种树者必培其根，种德者必养其心。欲树之长，必于始生时删其繁枝；欲德之盛，必于始学时去夫外好。”“我此论学，是无中生有的工夫。诸公须要信得及，只是立志。学者一念为善之志，如树之种，但勿助勿忘，只管培植将去，自然日夜滋长，生气日完，枝叶日茂。树初生时，便抽繁枝，亦须刊落，然后根干能大。初学时亦然。故立志贵专一。”（《传习录上·门人薛侃录》）

王阳明对于圣贤工夫论的重要理论贡献在于其致良知学说。王阳明曾直截了当地说：“夫圣人之学，心学也。学以求尽其心而已。……圣人之求尽其心也，以天地万物为一体也。”[⑧]他将“明本心”确立为“圣学之要”：“圣人

① 《周敦颐集》卷二《通书·动静》，第 27 页。
② 《周敦颐集》卷二《通书·乾损益动》，第 38 页。
③ 《朱子语类》卷第八《学二·总论为学之方》，第 164 页。
④ 《朱子语类》卷第十八《大学五·传五章》，第 512—513 页。
⑤ 《朱子语类》卷第八《学二·总论为学之方》，第 165 页。
⑥ 《朱子语类》卷第一一八《训门人六》，第 3473 页。
⑦ 《王阳明全集四·卷二十六续编一·教条示龙场诸生》，第 7 页。
⑧ 《王阳明全集壹·卷七之文录四·重修山阴县学记》，第 213 页。

之学，乃不有要乎？若世儒之外务讲求考索，而不知本诸其心者，其亦可以谓穷理乎？”[①]《尚书·大禹谟》有“人心惟危，道心为微，惟精惟一，允执厥中”之说，而阳明则借此推导出圣贤之心与人之本心无异的观点：“彼其自以为人心之惟危也，则其心亦与人同耳。惟其兢兢业业，常加‘精一’之功，是以能‘允执厥中’而免于过。古之圣贤，时时自见己过而改之，是以能无过，非其心果与人异也。”这样便为士人、君子学为圣贤开出了通途——改过明本心。“本心之明，皎如白日。……一念改过，当时即得本心。”[②]

接着，王阳明把圣贤工夫论从明本心转为致良知。他阐述道：“夫心之本体，即天理也。天理之昭明灵觉，所谓良知也。”[③]而良知就是孟子说的是非之心，人人皆具，圣愚平等。“是非之心，人皆有之，即所谓良知也。孰无是良知乎？但不能致之耳。”[④]“是非之心，不虑而知，不学而能，所谓良知也。良知之在人心，无间于圣愚，天下古今所同也。”（《传习录中·答聂文蔚》）若不能认识到这一点，则会走向知行分离，“近世格物致知之说，只一知字尚未有下落，若致字功夫，全不曾道著矣。此知行之所以二也”[⑤]。由此，在王阳明的心学思想体系中，圣贤工夫由修心、明本心，顺理成章地转换为致良知，除致良知外别无其他功夫，“则知致知之外无余功矣”[⑥]，“良知之外更无知，致知之外更无学”[⑦]。而且，这是最简易真切的工夫，“若今日所讲良知之说，乃真是圣学之的传，但从此学圣人，却无有不至者。凡功夫只是要简易真切。愈真切，愈简易；愈简易，愈真切”[⑧]。

王阳明对自己拈出“良知”两字来概括圣学的精髓颇为自得，曾多次说“某近来却见得良知两字日益真切简易。朝夕与朋辈讲习，只是发挥此两字不出。……若致其极，虽圣人天地不能无憾，故说此两字，穷劫不能尽”，“除却良知，还有甚么说得！”[⑨]“区区所论致知二字，乃是孔门正法眼藏，于此见得真的，直是建诸天地而不悖，质诸鬼神而无疑，考诸三王而不谬，百世

① 《王阳明全集壹·卷五之文录二·与夏敦夫》，第152页。
② 《王阳明全集壹·卷四之文录一·寄诸弟》，第146页。
③ 《王阳明全集壹·卷五之文录二·答舒国用》，第160页。
④ 《王阳明全集壹·卷五之文录二·与陆原静二》，第159页。
⑤ 《王阳明全集壹·卷五之文录二·与陆原静二》，第159页。
⑥ 《王阳明全集壹·卷五之文录二·与黄勉之二》，第162页。
⑦ 《王阳明全集壹·卷六之文录三·与马子莘》，第162页。
⑧ 《王阳明全集壹·卷六之文录三·寄安福诸同志》，第186页。
⑨ 《王阳明全集壹·卷五六之文录三·寄邹谦之书三》，第172页。

以俟圣人而不惑。”①

王阳明还将致良知与《中庸》所讲的“戒慎恐惧”结合起来，他把戒慎恐惧作为致良知的工夫，以确保心之良知不失其昭明灵觉之本体，如此则此心时时处于“动容周旋而中礼、从心所欲不逾矩”的真洒落境界，这就是孔子曾描述的圣人的精神境界。“戒慎恐惧之功，无时或间，则天理常存，而其昭明灵觉之本体，无所亏蔽，无所牵扰，无所恐惧忧患，无所好乐忿懥，无所意必固我，无所歉馁愧怍。和融莹彻，充塞流行，动容周旋而中礼，从心所欲而不逾，其所谓真洒落矣。”②

宋明理学家皆以成贤作圣为人生价值追求。周敦颐基于其太极本体论，提出“诚者，圣人之本”以及“主静”而“立人极”的希圣思想，从性体（天道）上说圣人之本性——诚，其学为圣贤的方法为“立诚”；王阳明则发挥《孟子》“良知良能”和心之“四端”以及《尚书》“人心惟危，道心为微，惟精惟一，允执厥中”的“十六字心传”，从心体上说圣人之本性——良知（是非之心），将学为圣贤的方法简约为“致良知”。周敦颐、王阳明的圣学，既体现了儒学成圣的共同价值取向，但也有着不同的哲思特征，即由用显体与立体达用。两者从思维方式上既坚持了儒学传统的天人合一思维，但又分别融贯吸收了道家老庄虚静、坐忘而返本归真的致思方法和佛教禅学顿悟的思维路径。此为另一话题，在此略而不论。

通观历史，华夏文明演进的主旋律是探寻天地人生生不息之道。历代先哲们在孜孜不倦的求索过程中认识到，天地人“三才”一体共生，万物与人不一不异，人类只有诚意正心，修身养性，由安身立命而达至“与天地合其德，与日月合其明，与四时合其序，与鬼神合其吉凶”，方可进入天地人一体生生不息之化境。正是在这一意义上，《礼记·礼运》说“故人者，天地之心”。五千年来，基于人的德性修养关乎天地人三才的和谐共生与长生久视，华夏文明形成了丰富、宏博的圣贤思想体系，确立了“内圣外王”的人生最高境界，这一源远流长的圣贤思想是华夏文明之魂。如上所述，它在各个领域均产生过深远影响，举凡修身、齐家、治国、平天下，无不渗透了圣贤思想的文化基因。历代皆以圣贤治世、贤良安邦、选贤任能为善治，以慕贤希圣、见贤思齐、修身志贤为价值追求，可以说，传统圣贤思想凝结了华夏文

① 《王阳明全集壹·卷五之文录二·与杨仕鸣》，第156页。
② 《王阳明全集壹·卷五之文录二·答舒国用》，第160页。

明关于天地人生生不息之道的理论精华，它矗立于人类文明史的思想高峰，至今仍散发着强大的文化生命力。

编纂“圣贤文化传承与华夏文明创新研究”丛书，主要是想为读者提供一套关于圣贤文化的系统性、研究性读物。本丛书尽量兼顾学术性与可读性、理论与实践的结合，全面解读圣贤文化的理论体系、概念范畴、嬗变脉络、古今实践，结合现代案例，诠释其人文精神、德性修养、治国理政等丰富思想内涵的深层价值，推动圣贤文化在新时代的创造性转化和创新性发展。至于是否达到了这个编撰目标，只能交由读者来回答了。

（钟海连 执笔）

前　言

宿沙氏是传说中炎黄时期的部落首领，生活在今山东半岛胶州湾一带，他是“煮海为盐”的发明者，后世尊其为“盐宗”。2013 年，中盐金坛公司创设“宿沙讲坛”，旨在打造一个以“盐与中华文化”为主题，融人文精神与科技思想于一体的传播交流平台，以传承我国优秀传统文化，传播盐业文明，推动中国盐业的振兴。

2017 年，本着开放与创新精神，中盐金坛公司与南京大学、厦门大学、扬州大学、四川轻化工大学等高校，以及南京图书馆、金坛区图书馆以合作举办公益讲堂的形式，推动宿沙讲坛走进高校、社区，向师生和市民开放，提高讲坛的辐射力和品牌效应，为中华文化的传承做出央企的贡献。

作为一个以弘扬学术品质、提升文化品位为追求的高层次传播平台，宿沙讲坛广邀国内外权威的专家学者用其最前沿的学术成果来展现人文、社会、自然科学的最新动向，坚持就社会各界关心的议题及学术成果做交互式传播。在主办方的积极探索下，宿沙讲坛逐渐形成以下特色：

一是明确受众导向，结合受众的认知水平打造讲坛话语风格。宿沙讲坛开办七年，受到社会民众的普遍青睐，这得益于对受众群体的明确定位及受众需求的准确把握。宿沙讲坛长期在高校、图书馆、企业等地开讲，听众有较高的学识素养，主讲人就古论今、借势发挥，力图全面传播精华信息和知识。如南京图书馆原馆长、南京大学徐小跃教授开讲题为《中国传统文化与人生》的讲座，视域广阔、体系完备、高屋建瓴、深入浅出，极具启发性。徐小跃教授以幽默而富有哲理的学术语言，独到而精辟的理论见解，彰显国学智慧，真正起到了推广传统文化、普及国学经典的作用，获得了热烈的反响。

二是加强选题策划，学术关联生活促进全民共享。宿沙讲坛的选题定位为学术性兼具贴近性，即学术关联生活，内容深入而多元，包含对时代常识、伦理道德、社会热点及行业前景等的个性解读，帮助听众博物致知、开启智慧，实现人格的完善、生命境界的提升。如中盐金坛公司副总经理钟海连博士在厦门大学围绕“王阳明心学的哲学建构及其社会心态建设价值”做讲座，从“老人摔倒不敢扶、医闹”等社会事件切入，阐述阳明心学对于化解当代社会心态失衡问题的借鉴意义，为当代建设健康向上、智慧包容的社会心态提供了重要的启迪。

三是彰显地方特色，扎根本土文化为地方品牌赋能添智。宿沙讲坛注重挖掘本土文化资源，通过介绍地方历史沿革、地理环境、乡贤事迹、文化交融、公共管理、公益事业和艺术建筑等，唤醒人们的家乡记忆，提升地域文化认同感，为当地传播先进文化搭建新的舞台。清华大学梅生伟教授在金坛区图书馆开讲《细说金坛——太平天国与晚清江南社会缩影》，以金坛为背景，介绍太平天国运动的起因、在金坛的活动及灭亡过程，从政治、经济、军事、地理和人文等方面分析晚清江南社会发展历程，为地方文史研究提供重要的学术价值。还有诸如“常州三杰”“茅山道文化”“百年鼓浪屿”等主题讲座，配合丰富的珍贵历史图片，主讲人娓娓道来、松紧有序，听众如漫步历史长廊，领略着乡土文化的魅力和内涵。

如今，宿沙讲坛已开办95讲，美国夏威夷大学成中英、南京大学徐小跃、中国人民大学葛荣晋、中山大学黎红雷、复旦大学苏勇、中国盐文化中心曾凡英、南京大学潘祥辉、厦门大学曹剑波、曹志平、谢清果、黄永锋等知名专家学者受邀传道、释疑、解惑，听众达九千余人。为更好地传播、普及盐业文明，深化并推动学界、业界关于盐与中华文化的科学研究与成果转化应用，中盐金坛公司对宿沙讲坛成果进行了梳理，在讲座实录基础上，增加文学含量、提升阅读品质，最终出版了这本《谈贤论道：宿沙讲坛集萃》，让求知精神在无涯学海中薪火相传，让文化力量在人类社会里生生不息。

“于热闹处安静听”，宿沙讲坛不仅是思想的盛宴、学术的殿堂，更是激发全民文化热情、提升大众人文素养的沃土，它在学术思想、科研成果与听众之间架起一座桥梁，将知识有效地传播给听众，切实地拓展听者的眼光和胸襟。它使古老的盐业文明和现代盐业科技创新成果惠益民生，为创造美好生活贡献盐业人不竭的智慧。

目 录

一、中国盐文化源流

品味盐文明

曾凡英

四川自贡人，中国盐文化研究中心主任，四川轻化工大学人文学院副院长，历史学教授，硕士生导师。中国文物学会盐业文物专业委员会副会长，中国商业史学会川商史专业委员会副会长，北京中盐盐文化传播中心理事。主要研究方向为历史文献学、中国史学史、中国盐文化。

在人类文明漫长的历史演进中，人们对盐资源的认识、利用与开发关系到人类自身的进步和社会文明的发展。盐是维持人体及其他生命体内部机能正常运行不可缺少的主要元素，是人类祖先得以生存和生活的重要物质资源。她从古至今，影响着人类生活的方方面面，是人类进步及其所创造的各类绚丽多彩文明的源泉。

作为人类不可缺少的盐，其种类名目繁多，如果从盐卤资源的来源考察，主要有产生于海水的海盐、产生于内陆湖泊的湖盐或池盐，以及用钻凿方式提卤煎制的井盐。

作为资源加以开发利用以前，人们对盐分的需求是通过食用动植物来摄取的。人们对食盐的认识、利用以及工业性的开采经历了漫长的历史时期。从维系自身体质需要而产生的寻盐意识，到对自然盐泉的利用，再到进行资源性开发和盐卤综合利用，构成了人类利用盐资源的长链。

一、盐与人类发展和史前文明

迄今为止的考古学、人类学研究成果和大量历史文献资料都充分地表明，盐与人类的发展和史前文明有着密切的关系。盐一方面促进了人类自身的进化发展，另一方面，盐又是人类史前文明的“催生婆”，催生了人类早期绚丽多彩的远古文明。

史前人最初过着居岩处穴的原始采集生活，尚未萌发寻找食盐的意识，维持生命所需盐分，凭借本能摄取含盐分丰富的动植物而获得。熟食促进了史前人类体质和大脑的进化，也促进了对盐分需求量的增加，使盐与粮食、水一样，成为人类生存、发展进化不可缺少的食物。这样，早期人类不得不为了生存而四处寻找食盐，人们追逐盐的意识便不断增强。所以，我们今天所观察到的一个有趣现象：围绕古老的天然盐湖、盐池、盐泉和岩盐，往往聚居着许多史前人类。在这些地方逐渐形成早期的原始群落，进而发展成为氏族集团，最终发展为人类文明的摇篮。

考察史前文明发祥之地，无不是自然产盐区或得盐便利之所。远古人类文明发展程度高低与食盐供应便利与否密切相关。被誉为人类文明摇篮之一的非洲肯尼亚北部的图尔恰纳湖，就是一个产盐的巨大咸水湖。从20世纪60年代以来，考古学家在这里发现了近300个史前人类的头骨化石、4000多件各种动物的化石和众多的人类文化遗物。在古老而神秘的东方，黄河、长江流域的远古文明，同样与盐有着密切的关系。

黄河流域，有两个主要的产盐地，即位于河东运城县南面，安邑与解县之间的解池，以及位于甘肃、青海、宁夏交界的盐池群。

在河东解池方圆几百里范围内，考古工作者发现了属于旧石器时代的西侯度、匼河、公主岭、蓝田、南海峪洞穴等文化遗址，这里还广泛地存在着类型各异、风格独特的仰韶文化、龙山文化等新石器时代文化遗物，形成了灿烂的河东文化。甘肃、宁夏、青海的盐池群，包括了大小不同、形态各异的众多盐池。这一广阔地区内，既有丰富的水源，又有丰富的盐利，孕育了西北地区新、旧石器时代五彩斑斓的马家窑文化、齐家文化、辛店文化等诸多文化，与河东文化交相辉映。

长江流域的产盐区，最主要的分布在川东、川北和近海的三角洲地带。这些地区同样发现了大量的旧石器时代的文化遗存和古生物化石。20世纪80年代中期，重庆市博物馆和古脊椎动物古人类研究所在巫山县大庙镇龙骨坡进行了多次考古发掘，清理出各种动物化石数千件，发现了迄今为止我国最早的史前人类“巫山人”的化石。生活在距今201万年至204万年的“巫山人”创造了辉煌的“大溪文化”。随着三峡库区建设和抢救性文物发掘工作的开展，1994年北京大学在忠县哨棚嘴、瓦渣地发掘出流行年代可上溯至商代后期与陶器制盐有关的尖底陶杯和花边陶釜，这是迄今为止古代盐业开发的最早的考古学证据。北京大学、美国加州大学洛杉矶分校与四川成都文物考古研究所因此成立了“中美三峡盐业考古队”，于1999年3月对四川盆地（重点在三峡地区）的古盐井遗址进行全面地考察。这是国内第一次盐业专题考古，也是一项考古学、历史学、地理学、地质学等多学科结合的综合研究。忠县的考古发现不仅填补了井盐科技史的空白，而且对认识三峡地区历史时期社会、经济、文化以及盐业生产对自然环境和地区历史文化产生的影响提供了许多启示。

在东部沿海的杭州湾、太湖地区和长江三角洲地带，从古至今都是重要的产盐区，并广泛地分布着河姆渡、马家浜和良渚等类型的史前文化。

二、盐与国家政权

人类共同的寻盐意识，促使他们从以血缘关系为纽带划分氏族到以地域来区分国民，形成一个个相对稳定的古代民族，进而建立起古代国家。不管是农耕民族还是游牧民族，盐对于他们都具有不可抗拒的凝聚力。

初民时期，人类受自然环境的制约，食物、水等生存必需品虽来源各异，但都有各自的取给之道，或农耕、或渔猎、或交换。唯有人类不可缺少的食盐，相比之下，其分布有限，产量最少。故在原始社会，食盐成为影响人类聚散的主要因素，她像茫茫长夜中一盏耀眼的明灯，将四面八方的人群牢牢地吸引在其周围，创造了他们共同的文明。

位于山西境内的平阳、蒲坂、安邑被誉为中华文明远古帝王之都，是尧、舜、禹三个部落聚居的地方，都在山西解池的周围。中国远古历史上所谓尧舜禹“禅让”的传说，其实质是三帝在不同的时期都掌握了解池盐利，拥有了作为部落联盟首领的物质经济基础。由此不难看出，解池丰富的食盐资源，促进了四周部族的发展壮大。

二里头文化东下冯类型是学术界公认的夏文化的一个重要类型，它广泛地分布在解池四周的夏县、运城、闻喜、绛县、新绛、河津、永济、陕县、温池等地区。著名考古学家张光直先生指出，三代中第一个朝代夏崛起于晋南，商文化系统自东向西发展，后来周文化亦自西向东延伸，其中深刻的原因在于晋南拥有丰富的盐资源。

进入阶级社会后，盐产地以及对盐支配权的掌握，成了民族发展、霸业建立、政权更替、国家盛衰的一个重要因素。

春秋之时，齐桓公首创霸业，正是利用了其地处海滨，占有丰富的鱼盐资源。早在太公时期便推行“通商工之业，便鱼盐之利”，国势得到了迅速的发展。晋文公重耳的霸权得利于解池盐利；楚庄王争霸得益于巫溪盐利；吴越争雄，逐鹿中原，问鼎东周，得力于长江三角洲及沿海的鱼盐之利。战国初期，魏国的强盛和以魏相公孙衍为首发起的合纵之举“五国伐秦”，也是以解池盐利的存在为背景的。解池盐利成了战国时期东方诸侯国联合抗秦的经济基础。

秦统一中国的战争，首先消灭了三晋处于北方的赵国、南方的韩国，主要原因恐怕还是魏国占有解池盐利，国家富庶，力量强盛，攻取不易。秦灭魏国，握有解池之利，北至燕国、东至齐国、南至楚国，遂势如破竹，一举灭亡之。

由此可见，中国古代霸权的嬗变，主要表现为对盐的控制权力的更替。随着历史的发展，盐在国家政权中同样起到了非常重要的作用，它成了无孔不入的文化基因，展示出强大的威力。

西汉帝国中期，汉武帝为了解决经济上的严重危机，倚重了盐铁之利，在全国实行盐铁专卖，使朝廷财政收入大增，出现了中国封建社会国势强盛、经济繁荣的第一个高峰。盐之利成为国家政权赖以存在的强大经济支柱。

三国鼎足局面的形成，固然有其政治、军事、人谋诸方面的因素，但历来研究者对深藏在这些因素背后的经济原因认识不够。曹操能够统一北方，进而挥师南下，企图一举统一天下，其实更多的是倚仗晋南解池和渤海湾的盐利，孙吴能据有江东，权逾三世，更是得益于沿海鱼盐之利，而刘豫州能在荆楚、巴蜀之地立足，进而建立了一隅政权蜀汉，也是得力于川东、川北、川南的盐利。可以这样认为，三国鼎足之势，从其经济地理考察，绝非偶然，三个地区具有丰富的盐卤资源，作为三国鼎立的经济基础。

鲜卑族建立北魏政权，为有效地统治北魏王朝，冯太后、孝文帝进行了一系列改革，最后迁都洛阳，其目的应也在于掌握解池盐利，以之为巩固其统治的经济支柱。

隋王朝建都西安，又营建东都洛阳，其目的也十分明显，即有效地控制解池盐利。唐王朝自安史之乱后，出现了藩镇割据、战乱不休的局面，国家财政收入大受影响，中央集权政治遭到沉重打击。为恢复中央政府的财力和加强对藩镇的控制，唐肃宗和代宗时期，先后出现了由度支转运使第五琦和刘晏这两位著名理财家对食盐的产、运、销进行了一系列改革，特别是刘晏推行的食盐专卖法，不仅使唐后期的财政状况起死回生，更奠定了以后一千多年食盐专卖体制基本格局，后来的宋、元、明、清各朝各代，无不由朝廷严格管理盐的生产、运输、销售，以此来达到用盐利支撑中央财政目的。

三、盐与社会经济

盐利是封建各朝代主要的财政来源。为增加朝廷的财政收入，封建统治者无不企图独占盐利，控制盐的生产、运输和销售。为此，历代盐政变化繁多，令人眼花缭乱，实质上无非是在盐利问题上打主意，借以增加财政税收，以维持朝廷庞大的财政开支。

从春秋时期管仲推行“官山海”，出现早期的盐专卖形态之后，历朝历代沿袭不变，相继出现了汉代的“盐铁官营”、唐代的“榷盐法”、宋代的“折中法”、明代的“开中法”“纲盐法”，以及清代“废纲行票”等形形色色的专卖制度。不管名称怎么变，所有这些至少说明了两个方面的问题：一是盐利在国家经济生活中占有举足轻重的地位；二是国家要与地方和盐商等争利，必须垄断盐的经营。为此，历朝历代都在产盐之地设置机构，委派掌盐官吏（这些人都是封建官僚中最能聚敛财富的人物）。据《新唐书·食货志》记载，唐德宗时，天下之赋，盐利居半，有时甚至超过田赋，占到八成，军饷皆仰给之，支撑着朝廷近百万军队的开支用度。自中唐以降，盐税成为支撑封建政权的特殊财源。

食盐的运销对地方社会经济的影响是巨大的。作为资源性特殊商品，食盐的产地产量均有限度，但社会的发展、人口的增加、经济的繁荣、边疆的开发，盐的需求量也随之不断增加。故因食盐运销而逐渐形成了人们称之为“盐道”的固定交通线路。古代的盐道分为“水道”和“陆路”两类。运盐水道在中国南方和华北平原地区极为便利，长江、珠江流域支流密布，湖泊众多，隋朝开凿贯通南北的京杭大运河，都是主要的运盐水道。陆路运盐又分为大道和小道。大道即官道，这是历朝历代形成并沿用的陆路主要交通干线，可以说多数官道其实就是运盐盐道。大宗的食盐就这样通过水道和陆路大道运销四面八方，食盐的运销不仅把产盐区和销盐区紧密联系在一起，而且对区域间的经济交往与发展、沿途集镇的逐渐出现和经济的繁荣都产生了巨大的影响。

四、盐与军事

远古时期，各部落之间除了亘古的血亲复仇外，人类最早的战争大概是为争夺食盐产地的武装冲突了。

中国古史传说最早的部落战争大概是司马迁在《史记·五帝本纪》中记载的黄帝杀蚩尤的故事："蚩尤作乱，不用帝命。于是黄帝征师诸侯，与蚩尤战于涿鹿之野，遂禽杀蚩尤，而咸尊轩辕为天子，代神龙氏，是为黄帝。"《孔子三朝记》也记载："黄帝杀之（蚩尤）于中冀，蚩尤支解，身首异处，而且血化为卤，则解州盐池也。因其尸解，故名其地为解。"解读这两条远古传说，撩开其神秘的面纱，不难看出黄帝部落与蚩尤部落的涿鹿大战，实质上是为了争夺解池食盐。占据解池食盐资源，在远古时期就等于掌握了对其他部落的控制权。

黄帝部落与炎帝部落也曾在涿鹿东北的坂泉展开过大战，战争的主要意图还是捍卫食盐资源的掌握权。坂泉之战中，黄帝部落之所以能够战胜炎帝部落，并非像司马迁所说的那样，是黄帝"修德振兵"，最根本的原因是黄帝部落早已掌握了解池的支配权，而其周边部落则因要仰食解池盐而听命于黄帝部落。当炎帝部落为争解池食盐"欲侵凌诸侯，诸侯咸归轩辕"，也就是说，炎帝部落的行动引起了解池四周以黄帝部落为中心的众多部落的愤怒，结果可想而知，炎帝部落战败。如果我们坚信黄帝与炎帝两个部落的战争及其后来的融合形成了华夏族的主干，那么我们就不难看出，盐在远古战争、华夏族的形成中所起到的特殊作用。

古代食盐在军事方面的重要性，还突出地表现在盐利作为军费支持着战争，产盐区作为战略性资源产地，兵家必争。春秋时期的大国争霸、战国时期的统一战争、三国鼎足局面形成、汉代大规模用兵匈奴等无数史实，都彰显出盐在军事方面的主要作用。

争夺盐利是历代割据政权对抗中央政府在军事方面的重要手段；而控制、独占盐利又是中央政府削弱地方势力、加强对藩镇控制的主要措施。历代由于盐利掌握在地方而养痈遗患，兵戈不息，战乱不休，盈于史册。

大家熟知的西汉"七国之乱"，其首领吴王刘濞煮海水为盐，以故无赋，国用富饶，恃有盐铁之利，"诱天下豪杰，白头举世"。地方势力擅有盐利，遂至与朝廷兵戎相见。盐利成为地方政权对中央离心力的重要基础。仅以唐代后期为例，此时藩镇割据，战乱频仍，时而中央政府得势，时而藩镇节度使兴兵，究其缘由，实为双方争夺盐利，以之作为军事的强大支柱。唐德宗贞元元年（785），以浙西节度使检校左仆射平章事韩愰为江淮转运使，又加诸道转运盐铁使，藩镇领诸道盐铁使始于此。各地军阀遂以盐铁之利自治，加剧了与中央的对抗。当时李纳、李师古父子即据棣州“因城而戍之，以专盐利”。有鉴于此，唐宪宗时，任命李巽为盐铁转运使，着力整顿盐法，使朝廷赋税大增，达到了唐代的最高水平，增强了中央政府的经济实力，有力地支持了中央政权对藩镇的军事行动，先后平定吴元济、李师道、田弘正、王承宗之乱，无不靠各地盐税以供军需。宪宗后至唐末，唐朝国势日衰，河北盐利复为诸道军府所有，诸道藩镇擅盐利则一发而不可收，发展至唐末，倚仗盐利，拥兵自重，不听中央号令。即便是朝廷控制甚严的安邑、解县两池盐，也为河中节度使王重荣所把持，利入私门，最后唐王朝终被擅有河中盐利的大军阀朱全忠灭亡。

作为商品的食盐在历代边境防务、民族关系中起到的作用亦非常明显。一方面中国古代边区少数民族进攻中原最早和最突出的契机是为了争夺食盐；另一方面，中原王朝防御、平息周边少数民族的武装进犯也倚重盐利。长期以来，中原政府为加强边防力量，在边境地区驻扎大量的军队，政府有限的军费难以支撑庞大的费用。朝廷遂利用运销食盐牟利的商人，将边防军队所需粮草运往边关，以换取对食盐的专卖权。久之，商人厌其运输之苦，便出钱募夫，在边关开荒屯田，就近转输，这对于稳定边塞，开发边疆起到了积极作用。中国近现代北洋军阀、西南军阀的割据混战，无不与盐有密切的关系，因盐而引起的战争更是不胜枚举。民国前期，四川军阀混战，时间长，地域广，大小战役480余次，其中绝大多数是为了争夺川南盐税和井盐产场。1915年袁世凯推翻共和复辟帝制，云南督军唐继尧、蔡锷等人举兵讨袁，护国护法，举义之所以能迅速且顺利进行，最重要的原因就是当时云南盐税收入，除盐务机关必需经费外，全部都拨给了滇军使用。

五、盐与社会生活

在传统社会中，盐税作为朝廷经济基础中最强大的部分，因而对盐业的开发、利用、争夺，构成了我们观察、分析和研究社会生活的重要参数和晴雨表。盐对社会生活具有强大的渗透作用，举凡历史上的民众暴动、秘密社会、地方风情民俗等等方面都满含着盐的因素。

纵观封建社会所谓太平盛世，无不与国家对盐业充分开发及利用、严禁私家染指密切相关。管仲推行食盐专卖之法，汉武帝行盐铁官营，唐第五琦、刘晏、李巽为国争盐，明庞尚鹏整饬盐政，清陶澍变革盐法，这样的史实很多，与之相伴的是国殷民富，四海安宁。与之相反，盐利入于私门，朝纲大坏，社会便动荡不安，最终导致农民暴动或起义。唐末黄巢起义就是典型的一例。

在传统社会里，因盐产生了一个个庞大的社会集团，即盐业群体。中国近现代盐业群体大致可以分为四种类型：第一类是盐商群体，他们控制了食盐的生产、运输和销售。这是一个构成非常复杂的群体，他们有的是地主兼盐商，有的是盐商兼地主，有的是官僚兼营盐业，也有盐商进而成为官员，更有官僚、盐商、地主三位一体者。这一群体直接操纵着盐业生产的主动权，严重影响着一个时代、一个地区的社会发展趋势，财富上是富可敌国的大财团；第二类是广大盐民群体，他们是食盐的直接生产者，有的文献称之为灶丁或灶户。这个群体来自社会各阶层，有失去土地的自耕农，有破产的小手工业者，有被强划为灶籍的自耕农或佃农。他们身份世袭，社会地位低下，往往受到经济盘剥。近代以来，由于盐业生产内部分工日趋细密，不同工序的盐业工人为维护自己的切身利益，逐渐形成了具有近代秘密社会色彩的行帮。如在近代中国最大的手工工场、川南的千年盐都自贡就形成了盐工“十大帮”，即山匠帮、机车帮、车水帮、山笕帮、烧盐帮、牛牌帮、转盐帮、捆盐帮、扛运帮等，这些行帮有自己严密的组织机构和严格的管理系统，甚至还有自己的会馆；第三类是贩卖私盐的盐枭群体，这部分人往往与秘密社会相联系。他们的构成复杂，来源广泛，其特点是以贩运私盐为生计，人数众多、行动诡秘、持有器械，并聚敛大量财富，是社会动荡的重要因素；第四类是个体私盐贩子。这个群体与盐枭群体的本质区别即他们仅仅是为了谋生糊口，他们单独行动，肩挑背负，卖盐度日，生活艰辛。

盐与民俗饮食的关系十分密切。盐是“百味之祖”“食肴之将”，是人们不可缺少的日常调味品和营养素。与盐的产、运、销相关联的各种美味佳肴更是风格独特，回味悠长。谁会想到世界名酒贵州茅台的问世和几经沧桑，竟与川盐销黔有着密切关联；以盐帮菜为代表的川菜是中国饮食文化中的一朵奇葩，各种盐帮菜品的原料、烹制、风味与发展，无不与食盐的生产、运输、销售和盐业群体有着密切渊源。盐对人们日常生活的影响，还表现在围绕盐形成了许多独特的民俗。从民族志和调查材料中我们可以看到，新疆维吾尔族人就把盐作为灵物来崇拜，盐在各民族传统婚礼中给新郎、新娘带来了无穷的欢乐，同时也成了人们诅咒发誓的道具。在古代云贵地区，人们还把盐当作货币，可以交换黄金、麝香和其他工艺品。

六、盐与科技

中国古代劳动人民在盐业生产中有过许多重大科学技术发明。在井盐生产过程中，关键的问题是凿井技术，通过凿井把埋藏在地层深处的盐卤和天然气资源开采出来。根据先秦古文献和考古材料显示，早在古史传说时期，就发明了打井技术，随着自然盐泉的发现，这种打井技术应用于盐卤资源的开发，就出现了盐井。开凿盐井是井盐生产中的一项地质活动，随着盐井的开凿，逐步改进凿井工具和工艺，不断向地层深处进军。

中国井盐开凿史大致经历了三个不同的发展阶段。公元前3世纪到公元11世纪为大口浅井阶段，这个阶段开凿的盐井井口大，井身结构不同，工艺繁简各异，显示出中国深井钻凿技术处于探索时期的某些特征。11世纪中叶，人类深井钻凿技术和工艺发生了一次深刻的革命，四川“卓筒井”工艺的出现，标志着盐井钻凿工艺从大口浅井进入了小口深井时期。这个阶段的一个显著特点就是人们创造发明了使用机械凿井的先进技术——冲击式顿钻凿井法，一种被称为“圆刃”的钻头和一些修治井工具应运而生。“卓筒井”的出现，极大地促进了人类深井钻凿技术的进步发展。明朝中叶以后，随着自流井气水田的开发，开凿史进入了第三个阶段，即自流井深井阶段。这一阶段的主要工艺特征之一，就是钻井过程逐步形成了“开井口、下石圈、凿大口、下木柱、凿小口、扇泥”等六道工序，在工程设计和工艺安排方面表现出很高的水平。这一阶段非常重要的技术进步在于出现了凿井、治井等工具群。钻凿工具的精细分工和专门化，大量新工具的出现，说明古代钻井技术发展到了手工业生产时代的最高峰。

中国古代的打井技术用于井盐开发后，产生和发展了深井钻凿工具、机械和深井钻凿工艺，这不仅在地质钻井史上，而且在机械工程史上都有着重要的意义，不仅使钻凿深井成为可能，也影响到其他矿产资源的钻凿开采，尤其是这种在井盐生产中发明和使用的凿井技术，后来传到西方，对世界采矿业和钻井工程都做出了巨大的贡献，被誉为近代“石油钻井之父”。

七、盐与城市

古代城市是人类文明发展的聚落，现代城市是文明发展的标志。纵观世界城市发展的历史脉络，我们惊奇地发现，早期城市的萌芽孕育于行业。如果说丝织业塑造了苏州、杭州，制瓷业塑造了景德镇，冶铁业塑造了佛山镇这些别具一格的古代城镇，那么作为人类生命之源，盐同样塑造了自贡、运城、盐城这些独具特色的盐业城市。

国家级历史文化名城、千年盐都自贡，从汉代开始就出现了闻名遐迩的“富世井”“大公井”“自流井”等著名盐井，伴随着盐业经济的发展，也走过了“因盐设镇”“因盐设县”，最后将“自流井”“贡井”两口著名盐井井名合并而“因盐设市”，产生了“自贡”这座城市。这就是人们常说的“因利以聚人，因人以成邑”。由天然盐湖河东盐池逐渐兴起的山西运城，也是一座古老的盐业专城，还有滨海城市江苏盐城。所有这类城市的财贸、金融、商业、运输、教育以及职业构成、社会意识、政治风云、生活习俗等无不鲜明地呈现出受盐业经济影响和支配的色彩。

八、盐与文学艺术

盐是一种无孔不入的基因，不同时代的人们都能够从自身的生活中体味她的存在。盐业生产、运销悠久的历史积淀，奇特的生产工艺，壮观的生产场景，含辛茹苦的盐工生活，牵动着文人墨客的情思，许多文坛巨匠给我们留下了珍贵的盐文学遗产，其作品体例或诗、或词、或令、或论，既有气势磅礴的鸿篇巨制，又有娟秀清雅的短歌小调，题材之广泛，体现作者情感之丰富，为其他行业文学所仅见。我们既可以从中观赏到盐业生产的壮美画卷，体味盐工群体的艰辛生活，又能够听到文学家们的豪迈歌啸、探索盐史的足迹沧桑。这些文学作品给我们了解研究历代政治、社会经济、社会生活、盐业科技、民风民俗等提供了崭新但又不可缺少的文献资料，拓展了盐业史研究的空间。

盐业经济对社会生活的渗透，促进了各种艺术形式的发展。在世界各产盐地至今还保存着许多盐味甚浓的建筑艺术精品。会馆、庙宇、住宅、园林、家祠等等，遍及各盐产地、盐运要冲和食盐的集散地。典型如自贡的盐商会馆庙宇，或殿阁巍峨、雄奇瑰丽，或金碧交辉、飞檐流金。无论是建筑风格，还是雕刻技艺，都堪称东方建筑艺术的上乘佳品。两淮盐商不惜花费大量财富，在扬州精心构筑园林别墅，如今扬州城还保存着众多设计讲究、工艺精巧的江南园林建筑艺术精品。

在人类文明发展进程中，盐尽管是渺小的，但它涉及人们生活的领域是无比广阔的。由盐资源的开发利用而衍生并演进的盐政、盐法、盐务、生产、运输、销售、盐税以及工艺流程、技术革新历史，给人们展现出一幅幅气势磅礴的画卷；盐业经济对各时期政治、军事、法律、文学、艺术、教育、科技的深刻影响又为人们呈现出一幅幅美轮美奂的社会历史画卷。

川盐古道：历史与现实的考察

程龙刚

四川自贡人，自贡市盐业历史博物馆馆长、研究馆员，《盐业史研究》杂志社主编，中国文物学会盐业文物专业委员会会长。

近年来，文化线路和线性文化遗产受到各国重视，已经成为各国文化遗产保护的新对象。“丝绸之路：长安—天山廊道的路网”及“中国大运河”在2014年成功申报为世界文化遗产，蜀道、茶马古道等也正在开展“申遗”工作。川盐古道是西南及中南地区重要的道路交通型文化线路，其线路纵横交错，密布于产盐区周围，且具有存续时间长、分布范围广、影响力持久等特点。作为文化线路遗产的川盐古道具有重要考察价值，但缺乏对史料的翔实梳理和系统的实地考察，川盐古道还需进一步的考察和研究。自贡市盐业历史博物馆在2014—2015年度系统开展了“寻访川盐古道”大型学术考察活动，对川盐古道的形成背景与过程、历史作用、路线分布、遗产赋存等进行了深度的考察，得到了较为整体、鲜活的认识。

一、川盐古道主要路线分布

四川和重庆是西南地区的盐产富聚区域，自贡、乐山、遂宁、绵阳、彭水、忠县、巫溪、云阳等地的食盐除供应四川、重庆外，还大规模地外运至贵州、云南、湖北、湖南、陕西等地销售。今天的讲座内容将结合历史文献、沿线碑刻记载以及口述史料等调研资料，将川盐古道的主要路线分述如下。

（一）川黔古盐道

川盐运黔通道，主要依托永岸、仁岸、綦岸、涪岸转运至黔境各地。

仁岸盐道，以四川泸州市合江县城为起点，主线是合江—复兴—丙滩场—胡市镇—土城—顺江场—兴隆场—三合树—茅台村—鸭溪—刀把水—遵义、贵阳等地，逆赤水河而上，水运止于茅台，再转陆运至贵阳、黔西、安顺等地。仁岸主要依靠赤水河逆水而上，该河段滩多水险，实行水陆结合，采用不同船型分段运输的方式。

永岸盐道，自贡、乐山的井盐运到叙永转运，主线是叙永县到普安厅。可分为两条主要分线，其一是经过叙永的雪山关到大定的瓢儿井，再到大方、织金、普定、安顺、永宁、镇宁；其二是叙永到盘县。该段盐道，主要采用人力背运和马帮运输的方式。

綦岸盐道，自重庆綦江上运至贵州桐梓县属的松坎起岸，主线是綦江县运抵三溪—盖石洞—越水镇—牛口石—松坎—新栈—中冈—枧坝—绥阳县—遵义—羊崖关—崖坑场—瓮安县—平越县—都匀县。以綦江水运为主，上岸后通过人力背运、马帮运输分销。

涪岸盐道，以重庆涪陵为起点，溯乌江经彭水至酉阳的龚滩，由龚滩经贵州沿河、思南进入黔境腹地。主线是涪陵县至镇远府，主要支线有两条，其一为龚滩转运至思南、沿河、秀山县城、松桃及铜仁城区，其二为从彭水县运至正安、务川。以乌江水运为主，上岸后采用人力背运和马帮运输方式分销。

（二）川滇古盐道

运往云南的川盐，主要是自流井、贡井、犍为、五通桥盐场及凉山盐源县的食盐。

川滇古盐道主要有三大路线：其一，乌撒入蜀旧路线，即叙永—毕节—威宁—宣威，再从宣威运至沾益、富源等地；其二，大致沿着“五尺道”的路线，即宜宾—珙县—高县—筠连—盐津—豆沙关—大关—昭通—鲁甸—曲靖。上述两条运输路线的食盐主要来于自流井、贡井、犍为及五通桥的盐场；其三，润盐古道路线，四川凉山彝族自治州盐源县以白盐井和黑盐井为主要产地的食盐，经西昌、攀枝花、木里到达云南宁蒗、永胜、华坪及丽江。我们调查发现，上述三条路线与南方丝绸之路、茶马古道、石门道、五尺道及明清时期滇铜京运的部分路段是高度重叠的。

（三）川鄂古盐道

川盐入鄂，在历史上对川盐的生产和运销产生过重要的影响，尤其是在太平天国时期和抗日战争时期的两次“川盐济楚”，海盐运入湖北、湖南受阻，湖北、湖南的食盐大量依靠川盐接济。运入湖北的食盐，主要是产自自贡的富荣盐场、乐山地区的犍为与五通桥盐场、巫溪的大宁盐场、开县的温汤井盐场、云阳的云安盐场、彭水的郁山盐场和忠县的㽏井、涂井盐场等。

川鄂古盐道分布线路，总体上呈“四横一纵”的格局。“四横”即长江线、汉水线、清江线和酉水线，“一纵”即由万县（万州）、奉节等长江盐运码头出发，经陆路翻越大山到湖北恩施，并辐射到湖南凤凰等地。

（四）川湘古盐道

湖南与四川并不接壤，川盐需通过湖北或贵州境内运达湖南。川盐运湘，主要是从恩施、铜仁、酉阳三个方向转运入境。第一，恩施方向的川盐进入湘西主要有两条路，其一是经建始、恩施、宣恩、来凤进入龙山、桑植、永顺；其二是经恩施的建始花坪、景阳双土地、石灰窑、鹤峰，进入桑植，再到张家界等地。第二，酉阳方向的川盐，经湖北咸丰、来凤到龙山，或经里耶、洗车河到龙山，再经桑植、张家界、石门到澧县，到澧县后部分盐又经常德进入洞庭湖流域。第三，铜仁方向的川盐，主要是从涪岸经乌江运至铜仁后，转运入湘西的里耶、凤凰及洪江等地，再转运至沅水，由沅水进入洞庭湖流域。

二、川盐古道文化遗产

川盐古道沿线留下了丰富的盐运文化遗产，有码头、古盐道、古桥、驿站、古村落、古街、古镇、庙宇、会馆、碑刻等物质文化遗产，也留有船工号子、饮食文化等非物质文化遗产。

（一）物质文化遗产

1. 碑刻

川盐古道沿线遗存了部分明、清及民国时期记载川盐运销、盐道修建情形的碑刻，对盐道开通的历史和背景、路线及运盐规则等有重要参考价值。如合江与习水交界的红牵子山上立有清嘉庆十五年（1810）《同结善缘》功德碑，碑文载“周王有千丰之地，夏禹有百世知应”，而“我川黔运盐古道的修建，有我背盐人和乡绅功德而永垂”，反映乡绅、马帮和民众整修当地盐道之事，也可见嘉庆时已有“川黔运盐古道”之称。这些碑记与历史文献、口述资料等结合，能还原区域内川盐运销的历史面貌，其研究价值和文物价值极高。

2. 古盐道、古桥

川盐古道本体的核心组成是古盐道、关隘、古桥、码头、堰闸及闸坝等陆路和水路交通遗址。在贵州赤水发现的古盐道上有许多马蹄印，是马帮运盐留下的历史年轮，也有很多打杵印，背夫和挑夫每到一个地方都要进行休憩，因此古盐道具有浓重历史感。我们调查发现，陆路古盐道遗址较典型的有自贡地区的自流井汇柴口、舒坪镇狮湾村磨刀岭、艾叶大码头等处的古盐道；泸关段古盐道；宜宾筠连县犀牛村及隐豹关段古盐道；金沙县五里坡、毕节七星关等处古盐道；盐津豆沙关、富源县胜境关、宣威可渡关段古盐道；石柱西沱镇楠木垭及桥头镇大寨坎古盐道；建始县花坪镇石垭村、神农架林区红举村段古盐道；镇坪的车湾、代安河及鸡心岭山垭古盐道等遗址。

盐运古桥有很多，如自流井解放桥、善后桥；贡井中桥、济元桥、平康桥；元厚天恩桥、丙安双龙桥；沾益县黑桥、九孔桥；开县七里谭廊桥；恩施永顺桥、步青桥等。

3. 码头

凡是川盐古道重要节点上（古街、古镇）通常都会有一至三个码头。川盐运销的西南和中南地区水运较为发达，食盐转运的码头数量甚多，自贡艾叶滩大码头、艾叶顺海井盐码头、中桥码头、五皇洞码头、重滩码头、自流井老街盐运码头、火井沱码头遗址、仙市盐运码头、詹家井盐码头、邓井关盐码头、宜宾榨子母码头、江津白沙镇朝天嘴码头、仁怀市沙滩乡马桑坪码头、东溪镇盐码头、大同镇盐码头、丙安盐码头、土城盐码头等是较具代表性的古盐运码头。

4. 驿站、古村落

川盐的跨区域大规模运输需要大量的人力及沿线提供食宿等服务，位于交通节点上的场镇、村落和驿站因川盐运输而逐渐繁荣兴盛。我们调查发现，喜德县登相营古驿站旧址、沾益县松林驿站旧址、石柱西沱镇楠木垭驿站遗址、恩施穿心店驿站遗址、富源县胜境关驿站、神农架林区猴子石驿遗址，从文化遗产和规模的角度看，是川盐古道沿线具有相当代表性的驿站。

涉及川盐转运的古镇和古村落数量多、分布广泛，在四川、湖北、贵州、云南、重庆等地都形成了相应的村落景观。

5. 庙宇

川盐古道沿线保存了数量众多的盐商或盐工出资修建的会馆建筑，其中最为典型的是王爷庙，几乎每个古镇都有。盐商祈求运盐路程一帆风顺、一路平安，因此祈求镇江王爷的庇护，在码头设立王爷庙。

（二）非物质文化遗产

川盐古道沿线不仅留下了众多的物质文化遗存，还有诸多反映食盐运输的非物质文化遗产项目，传承至今的主要包含饮食文化、传统背夫号子等。

与盐运活动有关的船工号子、背盐歌及挑夫歌，至今尚有流传。由于水文特征的不同及地方文化的差异，各流域孕育出各具特色的船工号子，这是与大自然搏斗产生的文化力量。

饮食文化方面，主要有仁怀茅台酒、福宝豆腐干、涪陵榨菜、富顺豆花等。其起源、工艺、发展和传播都与川盐运转有着不同程度的关联。

三、川盐古道的价值

一是历史作用。川盐古道带动了相关行业的大力发展，造酒业、造船业、修船业等在川盐转运的发展中不断壮大；促进了人们的就业，背夫是盐运中的主要劳动力，川盐古道的形成与发展，为闲置劳动力创造了大量就业机会；推动了商业的空前繁荣，古镇因盐运而兴，大量商品的交换和商业集聚，使得转运地经济大力发展；促进了文化教育的发展，当地盐商出资教育，使得教育和文化得以发展。

二是遗产、考古价值。川盐古道沿线留下了厚重而丰富的文化积淀和文化遗产，作为文化线路遗产的川盐古道，将单一的古道、关隘、桥梁、码头、聚落等联系起来，并将线路上单一的文化遗产串联起来形成以盐运文化为特色的遗产体系，且沿线分布着众多的僰人悬棺、摩崖石刻、古墓葬、洞穴、碑刻、牌坊等文物点，其遗产价值和考古调查价值极其重大。

三是旅游价值。生物多样性和文化多样性并存是川盐古道所经区域的重要自然和人文特征，沿途自然生态良好、风光优美，是文化生态旅游的黄金线路，其旅游开发的潜力和价值较大。

四是建筑学价值。沿线分布着的吊脚楼、庙宇、会馆、祠堂等民居建筑和经典的古建筑（群），不仅是建筑学研究的“活教材”，而且还具有突出的审美价值。

对川盐古道的研究，可成为盐业历史文化研究的重要学术生长点。以川盐古道及川盐运销为切入点可进一步认识到四川和重庆的食盐产地在历史时期与周边在社会经济和文化层面深刻的关联和广泛的互动，而且还有助于推动文化线路及道路交通型线性文化遗产的研究。

二、世界经济与中国管理哲学

新易学的管理之道

成中英

著名中国哲学家、易学家、管理哲学家，当代新儒家代表人物。哈佛大学哲学专业博士，美国夏威夷大学终身哲学教授、国际中国哲学学会会长、《中国哲学季刊》（英文版）主编。

一、易学是中国文化的源头活水

首先，我给大家讲讲什么是新易学，以及易学对于人生的作用。

新易学新在它的系统性、现代性、分析性，以及知性上的深度、知识上的广度、价值上的高度。

人们要学习易学，在运用易学时取得更好的发展，更好地同天地、宇宙、自然万物进行沟通，让生命更有内涵、更有价值。

易学里存在一个哲学的前提——天道和人性是密切相关的，这也是中国文化特点之体现。易学认为人与天是一体的、统一的，人是由天地内在发展出来的，人与天在原始点上、起点上是一致的。

宇宙发生的持续过程——从创造力到粒子世界、物质世界、生命世界，再到人的心理世界、精神世界，这个过程就是“易”。这个过程是由内而外的，而由外又能回复到内。易使道之所以为道，道的形成是因为有易的存在。要了解易学，就需要不断挖掘、不断思考。上述宇宙本体不同阶段的持续发展是从本到体的过程，是有内涵、有组织、有方向的，它们内外兼具、相互辉映来实现宇宙的能量。本是根源，体是体系。

我早期在读冯友兰、胡适等人的中国哲学史著作时发现其中没有指明中国文化的源头，没有一个真正的开始点。所以，早在高中时代，我就产生了探索文化源头的想法。

中国的历史是易学的历史，中国历史具有易学性。《易经》是中国文化的圣经，但在王阳明以后易学逐渐演变为民间习俗、民俗信仰，在清代逐渐消隐，到了近代竟被认为是一种迷信，与占卜画上等号。总之，中国易学的自觉度没有得到好的维持，用而不知，缺乏批判的观点。

《易经》是中国文化的源头活水，是一套精致的宇宙论、知识论、方法论，如何把它发挥出来、外化出来，展现成为各种行为，在今天是一件很重要的事情。现在，“一带一路”建设正体现出以《易经》为代表的中国文化精神，将人的智慧转化为促进世界和平、实现共同繁荣的强大力量。

二、新易学的内涵

易学包含什么？它包含用和行。管理是它的用，这是一种大用，除此之外，伦理也是一种用，所谓仁义之心，推己及人，己欲立而立人，己欲达而达人，这是一种伦理的关怀、一种天地之心的关怀。我们对伦理关系加以规范就成为管理，所以管理是外在的伦理，伦理是内在的管理。将伦理的内在需求推广至外在的管理，将外在的管理落实到内在的伦理，形成一种良性循环。

要肯定这个宇宙是一个本体的宇宙，有根源，有体系，用宋明理学的话来讲，有它的气质、义理在里面，它是本体。我们怎么认识它？这个认识包括符号化，包括诠释。但问题是，我们常常会陷入一个圈套里面。先人的易学研究，第一是不知道本，第二是不知道体，第三是搁置知识的障碍，不认识知识和超越知识，就不能够体现知识，如果存在一种知障，就无法贯通成为一个整体。

我们要坚信《易经》不是迷信。当然，在不了解事物本体的情况下，任何信仰都可能成为迷信，因为你不知道它的所以然，不知道它的来龙去脉，你对它的本和体都没有认识，不知道它的边界，不知道它的功能。

我在《C 理论》这本书中谈到五行，有人说这可能有问题，其实这些人没有看懂五行是什么意思，不了解五行所代表的符号是什么。所以，大家要从心态上有所改变，要有一种自觉，有一种对易学的自觉。反过来，从客观上来说，易就是变化，就是变异。这个变异有不同种类的变异。变异最根本的方式是从一个“是”的东西变成一个“不是”的东西，这就叫“阴阳”。但是，如果你抽象地讲“是”和“不是”就会成为逻辑上的一对矛盾；而具体来讲“是”和“不是”，就会成为一种辩证。“不是”就是“是”，“是”也是“不是”，我们需要对“是”和“不是”进行一种重新整合。组合之后又有了对“不是”的一种挑战，然后对它又需要重新整合，这就是生命不断发展的道理。那么，在这个意义上，对易的认识很重要，需要不断扩充，不断整合，这需要一个过程。

所以，我们今天先讲本体，再讲知；或者说先讲知识论基础，再讲本体，最后再讲用和行。知涉及思和学，思和学结合发展形成对事物的知觉，对其真相的一种相对肯定，这就是相对于假象而对真相的理解，这就是知。既然知来源于思和学，那么思和学又来源于什么呢？思和学来源于观和感。也就是说，观和感形成思和学，思和学又形成了知，即知识。接下来，从知识到判断，再认识什么是本、什么是体，再到用和行，这是一种知识的持续。我们现在从本体来谈知，也就是知是怎么成为知的，有一种本体的关系。

易，作为古字，这个符号如图：

金文易字

对“易”的解释有多种可能。汉初基本上解释为“日月为易”。日字应该是没有问题的，下面像是一个月字，就是“阴阳谓之道”。但这样，其实对易的了解不全面。

后来，有人反对这个说法，就出现了第二种解释，即把下面的部分当作“水”，太阳从水面出来，“日出为易”。我赞同这种说法，因为这样解释表达了太阳潜在的一种动力。从对自然的观察来看，这个部分应该是一个天然的云气，有时候太阳被云气给掩盖了，有时候它又出来了。从阴阳来说，阴是暗的，阳是光亮，易是云气。

从这种云气的角度上看，易是一个秩序与发展的概念，易是变化的源。我们从对易的认识到对道的认识，道应该说是易的体现，即“易是道的原始”。所以，易和道的关系需厘清，易学和道学不能完全混为一谈。说“道”的时候联系到道家，联系到老庄，而“易”是对变化的认识。一个是物质的变化，一个是人的变化，这就是易和道的差别。

还有一种说法，认为“易”看上去好像蜥蜴一样，像一个早期的变身虫，把它写成这个样子。

我觉得日出说有道理，这“易”字下面的几撇看起来像几条腿，但是靠近来看，更像云气，就是这样表达的。本体学的观察，是要回到本体来解释文字，而不是文字来规定本体。

后来，又主张得意忘象，又回到自我。但是，现代这个得意忘言、得意忘象又太多了一点。只要知道这样生生的关系，而且是生生可持续的关系。父母生育子女不是随便的，其实需要很多条件，这个条件是开放的条件，体现在人的层次上，生命的层次上面，具有很深刻的意义在里面。

新易学一定是整体的，其次是它宇宙论的前提和本体论的基础，它的认知、方法的阐述以及它实质的内涵。我说的新易学还包括本体学、宇宙论的基础，重新把它的内涵给以现代的诠释，找出它的哲学前提，给予它现在的含义，找寻它的本体宇宙、知识、人性、德性、管理的层次和内在之道。从本体论角度，是本体知用行；从认知论角度，是观感知本体用行，其中观感是知的体验。这样就是同时从认知和本体思考来借鉴问题。古人没有想到和考虑到的问题，虽然或多或少会有相应的含义，但是没有得到整合。一体化本来是中国的思维特征。

有动态的整体论，整体中包含部分，部分中包含整体。整体和部分之间的关系是相互映射的，是一种全息论，在今天，纯粹西方哲学发展的语言是分别发展的、完全客观的思考；中国的语言兼含主观，横跨体用，这也是新易学基本的认识。尤其要考虑到西方的发展，来界定我们自己的发展，来凸显在人类思考中的重要地位，这是新易学重要的意义，让我们能发展自身。

用就是行，行是主观的发展，用是客观的致用。这是人类目前面对的重要问题，这个问题在中国是一体化的，在西方是分开论的。所以，从整体上来说，中西可以有互补互成的关系，也可以有整合西方的优势。从理论上讲，我一直认为在整体发展中，在易学的发展和整体基础上，中国哲学更能解决西方的问题，大家要有这样的认识，才能产生这样的信心，当然这是一个需要持续不断思考和探索的问题。

三、易之用与人之责

今天，我想说明占卜的基本用途。知识是一种有所为、有所指的意识，这种意识在这种环境下是知。知本身离不开知者，所以知不是独立的，是把符号纳入主观意识，同时又通过符号指向客观事件。

不是遇到所有事情都需要去占卜，因为人已经有累积下来的潜在的知识，已经有潜知和常知，根据这种知识就能产生基本的判断，产生就像《易经》中的象所表现的基本信息，是对宇宙自然基本形态的描述。

在《易经》中，有个很清楚的关系就是事物之间的阴阳关系，所以中国的词语多走向双语化。比如本体、象数、义理等，总有一样相对的概念存在。事实上，八卦中有四对相对的事物，即天地、水火、雷风、山泽。相对不是绝对的反对，而是内在有相应。反对不是矛盾，矛盾是绝对的否定。这是中国对宇宙体验再体验的一种认识，有它最稳定的自然结构。五行的概念是最基本的，比如金木水火土。水的概念、木的概念、土的概念等这些概念不是单一出现的，而是在整个生物环境中出现的。

《易经》的发展是长期观察宇宙，累积沉淀出的知识结构。阴阳中有四时才成为八卦，八卦又涵射了五行的概念，在这个概念之下，也同时产生了时间的概念、空间的概念，再把它抽离出来之后，成为普遍性概念，在落到实处的时候要讲究配对，所以涉及三个系统——八卦系统、五行系统、干支系统之间的相应关系，必须在经验上配合，才能找到既是整体的，又是部分和整体相互干涉的，还是独立运行、整个相应的活泼生动的宇宙。在其中，人扮演一种组织的、固定的、规范的作用。人是宇宙自然秩序的规范者。规范的程度取决于人的知识程度、能力程度、智慧程度。天生人，人就要弘道。从其个人的修德成德、修己成仁，然后到齐家治国平天下，甚至到赞天地之化育，与天地参。

人的这种动态的概念很重要，宇宙是动的，金木水火土是最基层的对象，但是它们也是动的。动词是汉字的主体，字再成词，说明一些功能，词再成句，句成文。中国人在比较稳定的发展中掌握自然的秩序。社会或人的心理遭受的变动比较大，所以要在宇宙的稳定秩序中恢复人的稳定发展。虽然分久必合、合久必分，最后还是要将分、合统一在一个秩序里面。宇宙在运行中总会有所变革，这里的变革是不断的，假设变革不是很好，就会有革新的活动，所谓顺天意而应人事，这是一种发展的方式，所以不否定改革和创新的重要。《易经》背后的宇宙观，就是既要稳定又要发展，既要守陈也要开发，要与时俱进，要产生问题解决问题。这是对内在生命存在的认知，占卜只是求得知识的一种方式甚至只是一种假设，一个真实的卜卦只是在宇宙众生中找到一种自然的表达方式。这是宇宙创生的过程，好像胎儿进化的过程，然后出现一个卦象，面对卦象的结果，如何处理？就好像本来有一个目标，针对这个目标出现了一个卦象，或者说是要求 x 的解，x 可能有多种解，一般来说六十四卦可以分成吉卦、凶卦、一般卦等，所以，对卦的吉凶判断可能准确也可能不准确，它不是绝对准确，也不是绝对不准确，而是在于能不能清楚地掌握知识，启发自己知道该怎么做或不做。所以这是从活动的生命中，掌握一个活动的方式。既认识了宇宙的自然规范，又掌握了自己的自然意志。

四、新易学中的德性与管理

新易学系统对道德有什么影响，对管理有什么关系，对伦理有什么关系？

这就说到易学和人的德性的课题上来了，在用与行上面，用和行是分开看的，用就是运用知识、概念、认识，把它作为行为的准则来规范和组织，所以用更外在化一点，外在化的用是发自于内在的认知和内在的理解。人应该胸有成竹，自己心中有一本经，有一个方案，有了方案才能推行，这是管理的基本原则。方案是什么，目标是什么，要达到什么样的理想程度等问题，然后再找方法和实践过程，以及资源是什么，有多少资源可以支持这个方法或方案，在什么时间、什么空间、什么条件之下来完成这个工作，这是要说的基本原理。伏羲画卦就是提供了宇宙图像，提供了一种观察的原则。让人们认识到与宇宙的关系是一种一体同源的关系。在实践运用中，占卜从过去推测未来或现在，是一种技术和需要。

我们应该掌握五行的某些关系，这个关系包括生克、反克、反生的关系，它让我们在处事上更加符合自然规则。随着人越来越多，慢慢组成各种各样的社群，再组合等，使得成为一体。所以，中国政治体系的成立和西方不一样，中国是从下而上，具有很高的内部共构性，在这种情况之下，中国要解决的问题后来慢慢变成人的修养问题，包括在这个过程之中会遭遇什么样的困难，会遇到什么样的麻烦，应该有怎样的行为方式，怎样调整自我的目标和技能，把整体的生命力，以及对整体的关怀投入到自我之中，让自我管理能够发挥，不需要别人管理，所以这里有外在管理和内在管理。外在管理就是管理，没有外在管理就没有自觉。人在生活或工作中出现的错误，从根本上讲有两种情况：一种是出发点不坏，不知道自己犯错；还有一种是故意犯错。故意犯错涉及人的道德伦理问题，若明明可以不犯错而故意犯错，就是私心、私欲的表现，为了好处或是一时需要，而置他人利益或社会利益于不顾，所以，这个时候就需要法律的规范。

君主的君就是代表有才能，愿意无私地为大众服务之意。做圣贤虽然苦，但是很快乐，因为他有这个能力，并不是所有人都有这种能力。为了家庭、为了族群，而选择做指挥、做领导，那是一种无私的奉献，不是每个人都能够这样做的，他首先要有这样的能力，其次要有这样的智慧，还要有这种德行，才能得到人们的信任。这样看来，中国所谓内圣外王的治理之道是需要经过长期的磨合而形成的，所以，它形成的真正形态与西方不一样。

再谈谈内在发展。人处在天地之中，面临各种各样的环境和社群的发展，人在事物中不断调试和发展，成为更好的自己。刚开始人是靠父母，人不可能一出生就会走，需要父母的呵护。父母让人懂得生存，这个培育阶段非常重要。这个过程中产生了内在的响应，使自己产生一种德，这种德就是整体资源的发展。从这种意义来说，自然本身也是有善意的，从无机物到有机物，从低等生物到高等生物，从高等生物到人，经历着养育或培育的过程。这个培育过程后来变成一种教育，能够率其性而谓之道。修这个道来教育大家，就是一种教。从这个过程可以看到易学关于宇宙发展状况的描述。人要更好地发展自己，也更好地帮助他人、发展他人。所以，道德化的内在伦理是从宇宙论内在关系里发生的。

大家要掌握本体、观感到用和行。用是外在化的规范，是一种需要，要满足这个需要，就要内在的认知和体验。我这样做是为了满足内在的需要，而我这样做是因为我有这个能力这样做。这个应该变成一种能力，有这样的能力就是德，德是启发出来的，是潜在意识支撑的。因为有这个性，就有这个德。孔子说所谓人之生也直，直就是德，实际上就是天地给人的资源，就是性，有性作为支撑，才能自觉。孔子没有说什么是善，这本身就是善。宇宙的演变过程是从无序中成为有序，但是也有失败的地方，有的星球无法变成像地球一样的星球，人要经过很多努力才能成为有灵性的动物。所以人之生也直就是性，性相近，习相远。

人之生就是天意，就是自然。所以要读经典，要有整体性的认知作为一种佐助，一种对宇宙认识的方式，一种对变化认识的方式，古人写书的原始意图和意义就在于此。这个意图能够传达给后人，但是有时候会偏颇。人为什么有德？是因为他应该有德来实现和做好他应该做的事。如果是不能做或没有这个能力，就是不应该。我们只能同情下层次生物，而不是消灭它们，世界本来就是多层次、多种类的。在整体环境中发挥自己的德，经过教养的过程，发挥最初的德对人的关心，对人的信任，再自觉发挥在实际生活中，尤其是家庭环境中，因为家庭是教育自我的重要环节。以后的持续发展，家庭的其他的问题是另外一回事，但大多数情况下，家庭是个人成长、成为更好的人的条件。所以，在这种情况下兄友弟恭、父慈子孝是正常的感受，不需要外加。

孔子一生很坎坷，他晚年好易，对自己那么有德却最后也没有位有过思考。德要发挥作用，一定要在群体中有位。易学很重视位，就是整体中的定位。孔子在《说卦》里面认为人应该居位应时，从位的问题变成时的问题，求得时中，时而后效，有一个阶段性、层次性的结构，在一个阶段是这个位置，在另一阶段就不是这个位置了，但是生命的价值还在。在求得时的生命安排中，作为一个书生，孔子会有遗憾，有其内心的不甘。

从外而内、从内到外，都可以掌握自己生命的价值和其运作的卦象。因此每一个卦不只是吉凶的表现，还可以代表道德的规范。

易学包含道德学，这个道德学用老子的话来讲是道与德的相应。这是历史的文字记录，我们只需要陈述，不需要怀疑。因为中国出土资料只有商代的青铜器，夏代没有文字记载，所以西方不承认商之前的中国历史，这是非常不合理的。《史记》和其他文史资料中合理的历史描述是空论吗？为什么西方会追溯很早之前的历史，而中国不去追溯？这是需要纠正的，要有自己的方法论，需要我们自己掌握哲学思维的起点和文化起源，知己知彼，不受西方的影响。

作为管理者要注意的就是我们如何掌握自身的能力和德性，来建立一个良好的组织，不管是企业的还是行政的，都要在这个世界上进一步受到尊重，再进一步对世界做出贡献。中国思想系统在本质上对于创造力的认识是超过西方的，但是，在精细掌握和控制能力方面，西方超越了中国，所以我们还需要加强对精细掌握和控制方面的重视。以上就是对新易学中德性与管理的介绍。

管理和伦理之间存在必然的关系，之前大家只谈管理不谈伦理。哈佛大学曾开设一门关于企业精神的课程。也许企业精神也不是一个最好的词，用"企业发展设计"更好一些。因为企业的基本原则是成功，是赚钱，要把利益最大化。这也构成包括哈佛大学管理学院在内奉行的原则。除了赚钱之外，企业在发展中也会有一些规则违反社会伦理的行为，不一定是明显的，也可能是间接的。在企业发展设计里面有一种策略问题，或者说是战略，还有战术。如果围绕的中心目标只是成功和盈利，是不是随便就可以设计一些陷阱或圈套？在有些战术上面是不是和实战一样，有无所不用其极的现象？比如古时有名的三十六计，有诸如反间计、美人计，中国文化强调策略文化上要用计。那么在这里有没有一个底线，底线在哪里？这涉及一个自我规范的问题。哈佛大学管理学院当时没有涉及关于企业伦理的课程，我当时建议应该开设这样的课程。比如为了盈利，有意或无意而为之地无限损害他人、环境，这些都构成企业需要考虑的问题，后来哈佛大学就开设了这样的课程，每一个管理学院的课程都有了一个伦理的审视，这是二十五年前的事了。

个人是群体的基础，群体又会影响个人。比如现在互联网时代，我们面临的一些基本问题和群体的问题。一方面我们受益于互联网，另一方面又受害于互联网。在伦理缺失的情况下，就好像接了一个电话，这个电话代表某种权威或利益，当我们用防卫心去检验对方的时候，对方使用的身份可能是真实的，但他的目的却是欺骗以获取自身的利益，让我们防不胜防。如果完全以最大利益为目标，利益就涉及个人的投机取巧心理，那么就可能会以损害他人利益为代价。所以在很多新的获益机会里面，我们每个人应保持警觉，同时也要维护住自己的道德信念。

昨天我谈到对管理要有一个全面的认识，从宇宙哲学和个人对世界的认识论，再到价值的眼光。今天我要特别提到这三种理性。这实际上就是孔子提到过的"智、仁、勇"。

仁就是价值理性，叫道德理性也好，是自我的维护，是人认识到自己后，在反思之中而产生的信念。当然这种信念是透过某些方式，比如通过宗教或家教的方式产生的，这是一种道德的诉求。在这种诉求之下，做事会求心安理得，然后再从利益的考虑、合理的要求，追求人生的幸福与美满。

智就是知识理性。一定要知道这个是真的，就像科学知识一样，它可能还不够完全，但是要在你自己的认知里认识到它是真的，这一点就很重要。在这样认知到真实的基础上，假使有失败，那也是可以承认的，是允许的，因为也是合理的失败。但是如果没有知，你因为失败或受骗而感到不平，去害人，这就是你的责任了。

勇于实践，有正确的对象、正确的方法，勇于去改正，最后获得成功这个就是勇，是实践。

五、新易学的管理哲学

我讲讲什么是管理，回到我们今天的主题。

首先，要把中国的管理和西方的管理这两个概念分开。西方的管理有一个层次，从手（技术）的操作到系统的控制。

在汉语中，管理为什么要叫管理？“管”和“理”是人们一直在使用的词，它们都是动词。“管”是产生一种集体行动的一致，是使集体行动一致的方法。“管”也是乐器中的管，就是那个在其中形成声音的“管”。在练兵等时候，用乐器发出声音来大家就可以有一种统一的行动步调。比如在军队操练或作战时都会有音乐或鼓声。因为声音直接被听觉神经感知，直接来感动人心，这是管的音乐性，来使人心一致。在中国传统中有这样一个“管”的方式来训练达到行为的一致。达到之后，再形成一种内在的理路，一种内在的规则。从外在的声音到内在的规则，就形成一种自外而内的管理。外在的声音可以引起内在的理性觉醒以及对规则的认识。外在的环境、声响、颜色都会对人产生影响，比如外在如果不好，人的内在也是会紊乱的，产生紊乱的心理；外在好的时候能引发内在形成一种理性的自觉。这就是管理和伦理的关系。

管可以由外而内，理可以通过音乐、语言、符号由内而外。易学的八卦是通过象来表意传情，而音乐也是有五音、五行的，不只是自然之气的运行过程，它也对人的内脏等产生影响。在中国很强调内外一致，里面有一个基本规则是我们可以由外而内地发挥象征化的认识，也可以从内而外地治理一些规则、一些符号。在内外交融的情况下达成更好秩序的限定，达成更好的管理目标。

在管理层次上，有外在的工具很重要。我们怎么掌握外在的工具，来达到管理人的目标呢？管理人不是机械地管理，管理者在管理他人的时候，也充实了自己，还是自我的实现。一个领导不只是机械地发号施令，他还需要把自我的内在理性显现出来成为大家可以遵守的原则，以身作则，他的管理成果也是自己的成长方式。我们要对机器有一个认识，“工欲善其事，必先利其器”，这个“器”是要改变的。中国文化最大的缺点就在“器”上，比如，机器发明后我们没有再精化，我们很习惯地使用，没有再推行和发展，这是农业文明会共有的特点。现在有了新的器具，人类已经能够发展出高度的人工智慧。我的认识是，人工智慧可以做到相当高的程度，如果管理人工智慧时不是一种放纵的态度，最后也不用担心电脑或机械人占领人的领域。这种控制就需要去思考，要变成目标发展一体化的部分，而不是使工具超过人本身而变成另外一个异体。人要通过操作技术来控制机器，机器是可以被操作的，手来操作工具，谁来控制指导手呢？大脑的神经，也就是知识体系。那么，哪些能更好地实现目标和价值呢？我这里说的价值也是有层次的，比如我们说到最高的价值，什么是最高的“真”“善”“美”，比如宗教，达到一种无形的超脱，一种深刻的智慧，是个人的或群体的，这个价值的判断，是个人的，可以自己去追求。但是我们说的是一个整体，对集体来说，心所要求的目标是什么？每个企业都应有一个可以追求到的目标，而不是把它变成一个抽象的目标。比如追求真善美当然很好，但追求的是里面哪一个具体的目标来对这个社会或者集体的人发挥作用？这中间当然也有利益的考虑在里面，我想这个不能否定，在利益的追求中，应该是利和义的一致，个人利益与群体利益的一致，社会利益与公司利益的一致，是通过社会责任或关怀实现一种高度的价值，在这个后面发挥指导作用的力量就是所谓“道”。

前两天我们已经把基本的哲学原理讲清楚，先了解“道”这个本体，在我们生活体验当中，在我们的观察之中，我们认识到了生命的本体、宇宙的本体、社会的本体，他们之间的一种关系是什么，我们从中吸取能量，来充实心中的价值，又怎样用这种心中的价值，来理性地设计和完善我们的知识体系，然后把它实践成为一套 technology（技术），成为一种可操作的体系和机器。最后还涉及我们要什么样的办公系统，我认为也是非常值得考虑的问题。比如说我们可以有许多不同种类的机器人，让它做一些不需要人们重复做的工作。

这样就构成一套 C 理论的管理层次。我们也可以从下而上讲。对西方来说，它从实际的需要开始，根据社会发展的具体情况来逐渐完善，这是一个从下而上的过程。中国管理与西方管理有一个巨大的差距。西方管理在工业革命之前，它的管理基本上还是宗教式的或是政教合一式的统治。大家在这种统治的要求之下，结合社会文化发展的经验，来制造工具，来满足社会的需求。但是这个状态是非常固定的状态，比如叫 Smith 的祖先大多都是做器具的，姓名都跟职业有关系。后来慢慢有新的环境和社会现象出现，世界观改变，人们回到人文的一种自觉，开始追求人的欲望和需要。所以，从文艺复兴到宗教改革，从宗教革命到工业革命，中间还经过一个启蒙运动。这个过程中，人们开始发现理性的重要性，人可以有理性，可以有知识，人开始满足社会和个人的需要，不需要完全依赖上帝。所以，在科学革命基础上，产生的一种工业制度，有利于社会的发展。资本主义的产生，能够集中资本大量生产，这样产生的管理方式是从下而上的。这样的管理制度是在 19 世纪的英国逐步发展起来的，基本形态就是工厂管理，利用科学方法来进行工厂管理，它的目标就是通过大量生产来满足市场的需要，并以此来满足社会需求，它是这样一个发展的途径。

那么，讲中国管理方式是不是就要废除西方管理方式呢？并不是说中国管理体制里面要废除这些。人类社会的需求，这种工业革命的基本需求，需要有一个理性的规制，在这个当中，对管理功能的认识并没有改变。并不是说我们讲中国管理体系就要废除一些实际操作的管理方式，这是普遍化的，是社会的需要，并不是说分什么西方东方。比如 C 理论中涉及的计划、决策、领导、组织，这些都是需要的。问题是这些工人怎么整合起来，怎么向着更好的目标进发。社会的进化是整体的进化，而不是个别的改变。就像科学一样，从部分开始，慢慢有了全面的认识。需要一个全面的、理论性的改变，不是归纳的演绎，而是演绎的归纳。在机器制作和技术要求的过程中，来发展知识体系，知识体系再来改变机器和技术，都有不同的循环，“手”跟“机”之间有一个良性循环，“脑”跟“手”之间有个循环，“脑”跟“机器”之间也有个循环，这是西方工业管理的长处。它是人类社会走到一定程度的产物，但是它需要不断地循环。要进一步扩大到人的层面去考虑，它发展到一定的高度，需要找寻新的价值观，找寻人类的目标，找寻全球化的共同价值，建立全球化的生命共同体，这就需要新的文化因素，这是西方缺少的。中国文化是在一个安定的天、地与人的交互和影响中逐渐形成发展的文化体系，对生命的本体，对宇宙的本体有一个深刻的认识。

我们说的管理科学是脑、手、机之间的循环，或者叫美式管理，这是工具性的管理，管理人像管理机器一样。这是在一个具有科学性的体系当中来整合企业资源，达到企业目标。但是怎么实现人的目标？人到底发挥什么作用？是不是因为机械的发展而代替了人的价值、人的内心、天地之道？这是中国文化可以给世界的贡献。但中国哲学只有“道”与“心”，缺少“脑”“手”“机”，这是中国哲学面临的问题。所以整合起来，从下而上与从上而下，在结构上有科学的构建，在内部有人的自我管束，提升人的价值，这需要哲学的考察。

C 理论涉及的 C，每个 C 代表的都是一种功能。五行是相生的系统，这个结构是中国管理在上面的两层道与心之间相生的结构（如图）。

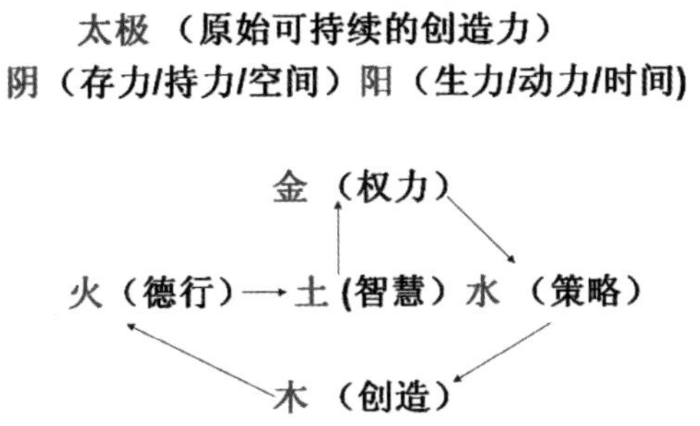

C- 易：太极阴阳的五行的诠释

我们的结论是：C 理论即道即心，通过整合人的工具性、社会机能，形成一个内在的道德力、创造力的活动。这个活动有较高的力度、价值和成果性，这就是我们说的新易学的最高发展。

儒家思想与现代企业管理创新

黎红雷

中山大学中国管理哲学博士、美国夏威夷大学比较管理哲学博士后，中山大学教授、博士生导师，博鳌儒商论坛理事长。著有《儒家管理哲学》《儒家商道智慧》《人类管理之道》《中国管理智慧教程》等十余部，从2017年起，连续主编《企业儒学》年鉴。另在《中国社会科学》《哲学研究》《管理世界》等杂志发表学术论文200余篇，被学界和企业界公认为“当代企业儒学的开拓者”。

我曾受哈佛大学的邀请去作报告，其间麻省理工学院企业家精神研究中心的主任罗伯茨教授提了一个问题。他说，在中国改革开放后成长起来的企业家，特别是民营企业家，在他们创办企业之前，基本上没受过现代管理科学的训练，没读过MBA、EMBA，去学习也是之后的事情了，那么，中国的民营企业家靠什么来办企业？

罗伯茨教授提出这个问题，我当时愣了一下。所谓“不识庐山真面目，只缘身在此山中”，我们还真的没有思考过这个问题。开放是向欧美开放、向欧美学习，学市场经济、学企业管理，我们自然而然地认为，我们的企业家管理企业所依靠的就是欧美的这一套。但是，罗伯茨教授的问题显然不能这样回答，我大概停留了差不多1分钟，最后回答了四个字——文化资本，英文叫“capital culture”。什么意思？我们办企业需要投资，那是金融资本，但是，投资是要钱生钱的，谁来生钱？人。而人是文化的产物。中国民营企业家有个很好的文化传统，流传了几千年的文化传统，这就是以儒家思想为代表的中国传统文化。尽管一百年来大传统被打倒了，但是，小传统还在。什么叫小传统？我们的爸爸妈妈、爷爷奶奶，从小教我们怎么做人，怎么做事，这些“老人言”就是我们的小传统，与生俱来的文化基因。比如老人言“在家靠兄弟，出门靠朋友”，我们办企业，就会把员工当兄弟，抱团打天下；老人言“上梁不正下梁歪”，我们当老板的，就要以身作则，言传身教；还有老人言“和气生财”“善心有善报”如此等等，这些，就是我们从小就接受的做人做事的“小传统”，我们的企业家就是靠这个去做企业的。小传统连着大传统。孔子说：“三人行必有我师焉。”根据我的观察，中国的民营企业家，起码接受过三个老师的教导：一个是老人言，就是家风家教；一个是圣人言，就是国学经典；再一个是前人言，就是传统商道。第一个是老人言，所谓“不听老人言，吃亏在眼前”，当然老人言也有过时的东西，但是几千年的家风、家教传下来，肯定是好东西传下来，不好的东西自然就淘汰了。第二个是圣人言，很多企业家还是想读书的，早在“国学热”之前，很多企业家自己都读了四书五经、诸子百家。近十几年来，各个高校都办了很多国学班，我们是2006年办了华商书院，专门探讨如何运用国学经典治理企业。最后，前人言。毕竟我们是企业家，古代就是商人，在商言商。中国有悠久的经商传统。“陶朱事业，端木生涯”，很多人只知道子贡，不一定知道端木。其实子贡就是端木，端木赐，复姓端木，名赐，字子贡。“经商不损陶朱义，货殖何妨子贡贤。”从司马迁的《史记·货殖列传》，直到明清时期流传的《陶朱公商训》，这些都是传统中记载的商道。

当然，现在我们已经进入了21世纪，面对的是全球化的大环境，我们不可以只躺在老祖宗的遗产上吃饭。所以，我提出现代商道，要重铸中华商魂。重铸之路：儒学为道，西学为术，以道御术，中西合璧。任何文化都有道和术，三十多年来，我们中国人学习西方管理科学技术，学的是人家的术，但要提醒大家的是，西方企业也有自己的道，就是德国思想家韦伯讲的“新教伦理与资本主义精神”。但是，我们中国人学不到，因为我们不信基督教。虽然现在有很多人信基督教，但是，大多数中国人不信基督教，我们信的是几千年的优秀传统儒学之道。至于术，我们在恢复传统的同时，不能故步自封，要把西方的先进技术和管理科学融合进来，这就是我们要走的路。

我观察了三十多年来成功的中国民营企业家，最后，总结出了适用于当代企业治理的儒家八大商道。具体来说，就是：组织之道——拟家庭化的企业组织形态；教化之道——教以人伦的企业教化哲学；管理之道——道之以德的企业管理文化；经营之道——以义生利的企业经营理念；品牌之道——诚信为本的企业品牌观念；领导之道——正己正人的企业领导方式；战略之道——与时变化的企业战略智慧；责任之道——善行天下的企业责任意识。

第一，组织之道——拟家庭化的企业组织形态。中国是世界上最重视家庭的民族，而家庭是人类社会组织最基本的形式，儒家对家文化的影响相当深刻，所以家国一体，修身、齐家、治国、平天下。没有国就没有家，当然没有家也就没有国。《论语》有言："四海之内，皆兄弟也。"孟子曰："老吾老以及人之老，幼吾幼以及人之幼。"后来到北宋，张载提出："民吾同胞，物吾与也。"天下的兄弟姐妹都是我的同胞，都是同一个父母，就是天地所生的。有人会奇怪，天地怎么会是父母？而现代科学的发现，恰恰证明了儒家这个论断的正确性。地球上的人是怎么来的，如果相信进化论的人都知道，人是猴子变的，是一条很长的生物链，最后追溯到了海洋中最早的无机物，在海水中碰碰撞撞变成了第一个有机物的细胞，这大概就是地球上所有生物的"父母"。现代进化论，用儒家的话来说，就是天地生人。现在不少企业家把儒家的家庭观运用到了企业管理当中，比如苏州固锝公司的幸福企业大家庭建设，老板把自己当成"大家长"，员工则把企业当成自己第二个家。苏州固锝公司创造性地运用儒家的家庭观与拟家庭观建设幸福企业，形成独具特色的"拟家庭化组织"，实现了当代企业组织中经济契约与心理契约、效率逻辑与情感逻辑之间的融合。这不但为中国企业走出了组织建设的新路子，而且为当代企业组织理论的发展提供了有益的启示。这就是所谓"拟家庭化的企业组织形态"。

第二，教化之道——教以人伦的企业教化哲学。儒家提倡教育，特别强调教化，教育与教化有什么不同？教化，就是"随风潜入夜，润物细无声"，儒家讲言传身教。当父母要教化子女、当老板要教化员工，都要以身作则。孔子曰："君子之德风也，小人之德草也，草上之风，必偃。"老板的品行就像风一样，员工的品行就像草一样，风往哪边吹，草往哪边倒，这就是企业文化的概念。什么叫企业文化？企业文化就是企业家精神的体现。老板准备办什么样的企业，准备让企业有什么样的风气，什么是好的，什么是不好的，提倡什么，反对什么，这就是企业文化。孔子说过："君子学道则爱人，小人学道则易使。"这里讲的就是管理者与被管理者之间的互动关系。君子是老板，学了这个道理，关怀你的下属；员工学到了，企业才能够把他们组织起来，进而实现企业的目标。典型案例是东莞泰威公司的"儒学愿景"。企业是由人组成的，而人是需要教育的。在西方古典管理理论中，对于企业员工的“教育”，仅限于专业技能的培训。而在儒家看来，对于人的教育，更根本的是伦理道德的教化。东莞泰威立志以儒家思想构建学校型企业，积极推行人伦教化，为社会培养德才兼备的栋梁人才，走出了不同于西方企业的人才培养路子。

第三，管理之道——道之以德的企业管理文化。儒家强调“德”字，但并不否认法治，而是德法并济，以德为主。关于儒家的管理理念，孔子说过一句著名的话：“道之以政，齐之以刑，民免而无耻；道之以德，齐之以礼，有耻且格。”如果光靠政治、法律、刑法的手段来管老百姓或者管理员工，老板规定做到的就不罚你，那没规定到的呢？有人说，中国人比较会钻空子，“见到绿灯赶快走，见到黄灯抢着走，见到红灯绕着走”。可想而知，光靠法律和规章制度是管不好中国人的。儒家提出“礼治”，这里的“礼”，既包括道德规范也包括法律制度。“耻”是懂得羞耻，不好意思做坏事。这里的“格”字有两种解释，一个是革除，去掉不好的东西；一个是人心归服，我觉得这两种解释并不矛盾。一个企业家、一位领导者，推行善的文化，员工自然向善，这样一来，大家把恶革除掉了，就与你同心同德了。典型案例是海航集团的“以德治企”。海航集团董事局主席陈峰曾说：“以德平天下人心，大家就会无怨无悔地跟着你走。”海航集团通过持之以恒的努力，致力于塑造新时期的商业文明，创立了独特的经营和管控机制，把社会、他人、自身利益融为一体，创造了以中华优秀传统文化为底蕴的崭新管理模式，使中国特色的社会主义核心价值观和世界级企业的管理制度融为一体，确立了中西合璧的普适性企业文化。正是这种“软文化”与“硬制度”的相辅相成，构成了企业健行致远的不竭动因。

第四，经营之道——义以生利的企业经营理念。现代人对儒家的义利观存在很多误解。比如，经常挂在人们嘴边的“君子喻于义，小人喻于利”，这其实讲的是在上位的执政者与在下位的小民百姓，对于义与利的不同态度，而不是讲义利之间的关系。根据我的研究，真正体现儒家义利观精髓的，是《左氏春秋》中孔子本人讲的这句话：“义以生利，利以平民。”讲道义必然产生利益，而利益则要满足老百姓的需求。我们现在做企业，应该提倡“利他主义”。正如阿里巴巴集团创始人马云所说，考量一个企业是否成功，不能只看你这个企业有没有成功，而是要看你的客户有没有因为你而成功。放弃自己的利益，让别人先成功，最后自己也成功，这才是最佳的经营哲学。

第五，品牌之道——诚信为本的企业品牌观念。一个企业从小到大，要逐步形成自己的品牌。现在一提到品牌塑造，就是西方的营销技术。其实，中国传统商道有一句老话，“酒香不怕巷子深”，首先把自己的产品做好，自然就会有人来买，在这个基础上再去推销，品牌自然就树立起来了。企业靠什么树立品牌，就是诚信。孔子说过：“人而无信，不知其可也。”信用是人的第二张脸皮，一个人、一个企业如果不讲信用，大家就不知道如何跟他打交道了。而外在的信用来源于内心的真诚。《中庸》上说：“不诚无物，是故君子诚之为贵。”方太集团董事长兼总裁茅忠群提出“人品、企品、产品，三品合一”的理念，就是儒家诚信观在企业品牌塑造中的运用。茅忠群最敬佩的企业家是日本的稻盛和夫。他指出：“稻盛哲学与儒家文化一脉传承，他说自己就是向孔子、孟子和王阳明学习，这三个人都是儒家文化的代表。其实很多人都怀疑儒家文化能不能把企业经营好，我觉得稻盛和夫给了我们一个样板，就是用儒家文化一样可以把企业做得很好。”作为中国本土化的企业家，茅忠群真心服膺孔子，真诚地运用儒家思想去管理、经营和领导企业，并在“以道御术”的原则下将中国传统文化与西方管理科学技术紧密融合，为当代儒家商道的发展做出了积极的贡献。

第六，领导之道——止己正人的企业领导方式。中国的领导文化，它不是管人的，而是理人的。怎么理？以身作则，引导他们。孔子说：“其身正，不令而行；其身不正，虽令不从。”中国企业的教父式人物联想集团创始人柳传志说得好：“以身作则不是企业管理的第一要素，而是唯一要素。”这也有现代回响，德鲁克说：“一个有能力管好别人的人不一定是一个好的管理者，而只有那些有能力管好自己的人才能成为好的管理者。”

第七，战略之道——与时变化的企业战略智慧。企业的战略要适应时代的变化，《周易》有言：“时止则止，时行则行，动静不失其时，其道光明。”我在华商书院上课时问学员，如果只用一个字来描述孔子，你们认为哪个字最合适？很多同学都提到德、仁、道等等。那么，你们知道孟子用什么字吗？——“时”。孟子说：“孔子，圣之时者也”。很多人说儒家保守落后，其实真正的儒家是与时俱进的。不跟着时代前进，是陋儒小儒，跟着时代前进就是大儒伟儒。《中庸》有言：“君子之中庸也，君子而时中。”儒家的时变观对于现代企业的战略变革依然具有重要的指导作用，海尔集团首席执行官张瑞敏的“五次战略变革”就是生动的例子。海尔的第五次战略变革，“企业平台化、用户个性化、员工创客化”的网络化战略，是一种“共创共赢”的模式。这是对迄今为止世界上所有的管理模式，包括欧美管理模式、日本传统模式，以及海尔本身以往成功的管理模式的彻底颠覆。张瑞敏曾经到欧洲和美国考察，看能不能找一个学习的样板，但是没有找到，“学颠覆真的没有榜样”。那么，张瑞敏的管理理念来自哪里呢？全球最具影响力的“五十大管理思想家”颁奖典礼在英国伦敦举行，张瑞敏被授予“最佳理念实践奖”。榜单创始人斯图尔特·克雷纳在颁奖典礼结束接受媒体采访时这样说道：“海尔的管理真的具有启发意义和创新精神，过去我们从西方的企业寻求灵感，现在我们放眼全球，海尔就是在管理创新上最杰出的企业之一，这也是为什么他获奖的原因。”张瑞敏本人则在演讲中，谈到了自己颠覆性管理理念的灵感源泉，他说：“《易经》否卦有句爻辞‘倾否’，而非否倾。主动颠覆封闭的局面，而不是被封闭的局面所颠覆，这是我们现在一直要探索的主要原因。‘倾否’不是只倾一次、一劳永逸，而是要根据时代不断地颠覆，不断地‘倾否’。我们永恒的追求是什么？就是为了使海尔真正变成一个时代的企业。”我们有理由相信，植根于博大精深的中国传统文化，特别是与时变化、生生不息的《易经》哲学，海尔一定能够实现自己的目标，并继续引领当代世界企业管理理论和实践的新潮流。

第八，责任之道——善行天下的企业责任意识。2008 年金融危机以来，企业的社会责任问题越来越引起学界和企业界的重视，遗憾的是，直到目前为止，西方的企业社会责任理论还相当不完善，并没有形成共识。其实中国人很早就有深刻的责任观，孔子曰：“己欲立而立人，己欲达而达人。”孟子曰：“穷则独善其身，达则兼善天下。”这就是很好的责任意识。企业讲责任不是作秀，而是要发自内心把自己的事情做好，把身边的人照顾好，不断扩展，最后兼善天下。大连万达集团董事长王健林提出八个字“共创财富、公益社会”作为企业的核心价值观。万达要求所有员工，在入职时就要签订合同，每年要为社会义务地做一件好事。这是把慈善变成企业的文化，发自内心地做，持续不断地做，最后成为一种习惯。

以上这些讲了我所理解的儒家商道智慧。我的研究成果已经完成，由人民出版社出版。我的结论是，当代企业管理理论，从对物的研究转向对人的研究，从对企业本身的研究转向企业与环境关系的研究，从管理科学转向管理文化，从刚性管理转向柔性管理，从集权管理转向参与管理，从常规管理转向创新管理。当代中国企业家的儒商实践及其所形成的“儒家商道智慧”，正好超越了 20 世纪西方管理理论的教条，引领着当代世界管理理论发展的新潮流，在企业的组织、教化、管理、经营、领导、品牌塑造、战略变革、社会责任等方面，提供了鲜活的经验和深刻的启迪。

总的来看，过去一个世纪以来世界上的企业治理方式，可以说有三种经验、三个版本。美国经验是管理 1.0 版，以简单的组织应对简单的环境；日本经验是管理 2.0 版，以简单的组织应对复杂的环境；现在我们的中国经验是管理 3.0 版，以复杂的组织应对复杂的环境。我在思考，当代管理理论正在面临着根本性的“范式转移”，曾经引领风骚的西方管理理论，已经不能独自应对当代世界经济全球化、企业国际化、文化多元化、信息网格化背景下的企业治理实践的需求，东西方管理理论的相互补充与不断融合已成为必然的趋势。

平台数据分析支持与网商经营绩效：产品创新视角的实证研究

郑称德

南京大学商学院教授，南京大学盐城电子商务研究院院长，兼任江苏省互联网服务学会理事长、澳门科技大学等客座教授、江苏省政府电子商务咨询顾问等。主要研究领域：电子商务、商业模式创新。

近年来，B2C开放平台成为电子商务市场的热点趋势。自2008年我国首个B2C开放平台天猫商城建立起，京东商城、苏宁易购、亚马逊中国、国美在线和当当网等大型垂直型B2C企业也纷纷仿效美国亚马逊，将平台开放给第三方卖家，允许外部商户甚至是竞争对手在自己的平台上销售产品，这些第三方卖家通常称为网商。由于平台企业可以为网商统一提供在线订单、物流和支付等服务，使网商专心致志于产品销售而吸引了众多商家入驻平台。然而，一个关键问题随之而来，网商开始面临着激烈的同类目竞争。例如，京东商城成立3年，网商数量激增到3万多家，14个商品大类平均每个类目集聚了超过2000家竞争性网商；天猫商城平台内更是入驻了近10万家旗舰店和专营店，每个类目网商超过5000家。网商面对众多同类目竞争者如何生存和发展，不仅是网商自己思考的焦点，也是B2C开放平台需要解决的管理难题。

为了增强网商的运营能力，避免恶性竞争，一些平台企业为网商提供了数据分析支持服务，如天猫商城的数据魔方、量子恒道和淘宝指数，京东商城的数据罗盘等。天猫和京东官方均宣称，这些数据分析工具可以帮助网商监测、采集、分析和挖掘竞争对手、消费者行为、畅销产品与流行趋势以及店铺流量等数据，指导网商业务经营，实现销售增长。查看目前研究文献可以发现，无论是学者、平台企业还是网商均将这些平台数据分析支持视为店铺营销管理工具，网商可利用其数据分析结果优化店铺页面结构、产品布局、客户服务方式和促销策略，以此提升店铺流量、转化率和客户体验。从市场信息与企业产品创新关系视角看，平台数据分析工具能够在全网获得行业内外的客户需求、产品技术和市场变化等市场信息，这些市场信息可作为网商创新产品的重要依据。故而，除了营销管理，平台数据分析工具还有可能通过帮助网商进行产品创新而提升网商经营绩效。

我们拟从产品创新视角，探讨平台数据分析支持对网商经营绩效的影响，以从一个新的视角进一步揭示平台数据分析支持对网商经营的作用。与此同时，企业产品创新也会受到竞争强度的影响。在竞争激烈的B2C开放平台，网商可能会由于所获创新租金减少而失去产品创新动力，从而减弱平台数据分析工具对于网商产品创新的支持作用。

一、理论与假设

（一）网商产品创新与经营绩效

产品创新可用产品创新性（Innovativeness）和产品创新倾向（Innovative propensity）两个维度衡量，其中，产品创新性是所创新产品与市场现有产品的差异程度，产品创新倾向是指企业推出创新产品的频率和数量。根据电子商务价值理论，电子商务企业的产品创新能够驱动奇异型价值。创新产品的奇异型价值由于满足了现有市场中客户的差异化购物目标，能够帮助电子商务企业抓住“注意力占有率”和提前占有稀缺资源而形成一定的垄断地位，获得较好的熊彼得租金。奇异型价值也能提高品牌感知和声誉，形成更高的切换成本和用户口碑，切换成本会带来重复购买和减少维持现有客户的成本，而用户口碑则能吸引更多的新客户同时降低获取新客户的成本。可见，网商的产品创新会通过奇异型价值提高店铺的浏览量、销售额和利润。产品创新性越高，竞争对手跟进越慢，网商的创新产品将能产生更大的初始市场份额。当模仿者进入时，又由于在线市场存在从众行为（Herding behavior），许多消费者依然会选择购买具有较大销售数量的先发者产品而不是价格更低但销售量少的跟进者产品，从而使得创新产品能够保持较长获利时间。因此，产品创新性越高，网商经营绩效就越好。

假设 1：产品创新性显著正向影响网商经营绩效

当单个创新产品逐渐被众多竞争对手模仿导致市场份额和利润率降低时，如果网商具有高度的产品创新倾向，会不断引入创新产品，通过多重创新策略（Multiple innovations）使网商在产品层面获得一系列的较高销售量和短暂垄断地位，累积起来可转化为企业层面的持续盈利能力。故而，高度的产品创新倾向能使天猫平台内网商继续获得良好绩效。

假设 2：产品创新倾向显著正向影响网商经营绩效

（二）平台数据分析支持与网商产品创新

平台数据分析工具能够帮助网商对行业、竞争对手、消费者和自身店铺的浏览、交易、收藏、搜索等数据进行整理和分析，使他们精准地分析出行业发展状况、企业竞争地位、竞争对手动向、消费者特征与购物行为，还能使网商了解自身产品与竞争对手在技术特征、外观和包装等方面的差距。如果网商在组织内整合、吸收和利用这些信息，可以精确地评估现有市场需求和发现新市场，通过市场导向不断发展出渐进式创新产品。因此，平台数据分析支持有助于提高网商的产品创新倾向。

假设 3：平台数据分析支持显著正向影响网商的产品创新倾向

平台数据分析工具不仅能帮助网商掌握所在经营类目的客户需求和主要竞争对手状况，还能获取和分析其他行业的产品、技术、客户需求和竞争对手等信息。Sandvik & Sandvik、Luca & Atuahene-Gima 的研究表明，行业外的市场信息能帮助企业获得多样化的技术和客户需求信息，产生与本行业现有产品不同的产品创意、灵感和改进方案，有效增强企业的产品创新程度。

假设 4：平台数据分析支持显著正向影响网商的产品创新性

（三）平台数据分析支持与网商产品创新：竞争强度的调节作用

B2C 开放平台可视为由网商、消费者和其他服务商有机结合而成的一个商业生态系统，平台内每一产品类目下的网商可类比于一个物种，相同产品类目下的网商相互间构成种内竞争。网商创新产品的倾向和创新性对应于物种个体的生长速度和生长形状。

生态学中“种内竞争—物种个体生长”理论指出，种内竞争作用不仅可通过降低出生率、增加死亡率的方式影响物种群数量动态，而且可以在个体水平上改变物种生长的速度和形状。在高强度的竞争环境中，物种个体的生长速度与竞争指数呈负相关关系，但同时物种个体会依据自疏原则，努力提高生长形状（如树木的直径）和增大个体间距离以降低竞争指数。依据该理论可推测电子商务生态系统中的竞争强度与产品创新关系：在 B2C 开放平台内，网商的产品创新频率和数量会随着竞争强度增加而减少，但产品创新性会增强，因为网商希望以此拉大与竞争对手的差距而降低竞争强度。这意味着，随着竞争强度加大，网商的产品创新倾向会降低，平台数据分析支持对网商产品创新倾向的效用逐渐减弱，但网商的产品创新性会提高，平台数据分析支持与网商产品创新性依然呈现正向关系。

假设 5：竞争强度显著负向调节平台数据分析支持对网商产品创新倾向的影响

假设 6：竞争强度对平台数据分析支持对网商产品创新性的影响无调节作用

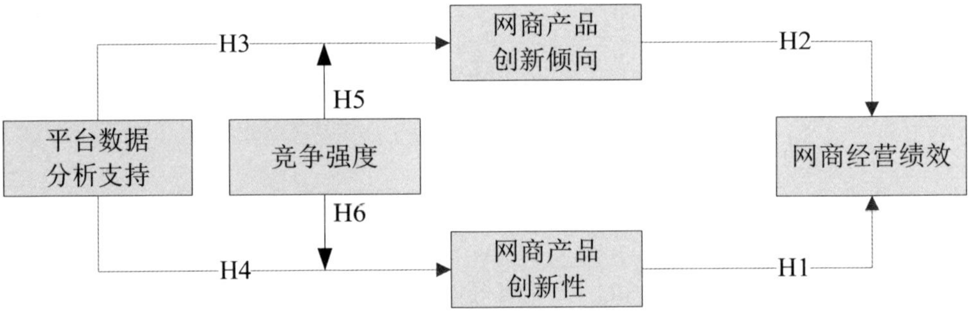

图 1 研究模型

二、研究方法

（一）问卷设计与样本数据收集

问卷设计通过三个步骤完成，首先基于对现有相关研究和文献回顾，选择适用于电子商务环境的关键构念量表，并根据 B2C 平台环境进行修正，形成问卷初稿；第二步，征询 3 名天猫平台中大卖家及 3 名电子商务领域教授的意见，根据他们提出的建议对问卷初稿进行了相应的修改，形成了问卷的第二版；最后，研究团队收集了 30 份问卷样本进行预测试，并根据预测试过程中受访对象的反馈及预测试的结果对研究问卷进一步修正，形成最终调查问卷。最终问卷主要分为两个部分，第一部分是受访网商的基本情况，第二部分是主要变量的测量。

我们选择天猫商城作为对象平台，研究其提供的数据分析支持对平台内网商产品创新的作用。天猫商城是中国最大的B2C开放平台，占据国内B2C市场超过50%的份额。自2010年起，天猫平台为网商陆续开发了数据魔方、量子恒道、生E经、淘宝指数、订单慧等市场数据采集和分析工具。天猫平台市场内网商间竞争也十分激烈。因而，天猫商城符合研究要求。我们在天猫商城不同经营类目下随机选择网商样本，通过天猫商城提供的即时通信工具——阿里旺旺与被试进行交流并发放调查问卷。数据收集持续了6个月，共发放问卷1000份，收回332份问卷，其中有效问卷309份，有效问卷回收率为30.9%。

（二）变量测量

1. 网商经营绩效

基于数据的可获性，我们对网商经营绩效测量采用财务指标直接测量。但同时考虑以下几点：(1) 量表要能测量产品创新产生的业绩。产品创新的主要目的是通过增加和创造客户价值，摆脱同质竞争而取得相对竞争对手的更高绩效。因此，产品创新绩效应是相对竞争对手取得的效益；(2) 量表要能反映产品创新对店铺整体效益的带动作用。因为创新的产品也会提高其他产品乃至整体店铺的销售额，我们不能单独测量创新产品的业绩，而是要查看网商整体经营绩效；(3) 测量指标要体现网商经营的特点。天猫平台内网商的绩效并不仅仅由一般企业的财务指标反映，还包括店铺流量、收藏量、声誉等级、类目排名等。因此，我们借鉴Li and Atuahene-Gima的企业绩效量表，询问被试企业相对主要竞争对手取得的业绩，同时也借鉴天猫商城评价店铺经营效果的指标构建绩效量表。最终采用6个指标测量企业绩效，让网商通过与主要竞争对手的比较，回答以下几个方面的问题（1=非常低，7=非常高）：(1) 与同行业主要的竞争对手相比，我们店铺的点击率/浏览量；(2) 与同行业主要的竞争对手相比，我们店铺收藏量；(3) 与同行业主要的竞争对手相比，我们店铺信誉；(4) 与同行业主要的竞争对手相比，我们店铺销售额；(5) 与同行业主要的竞争对手相比，我们店铺利润；(6) 与同行业主要的竞争对手相比，我们企业的市场地位/店铺排名。

2. 产品创新倾向

产品创新倾向可以通过网商推出新产品的数量和频率测量。我们借鉴

Roberts、Atuahene-Gima 对产品创新的测量方法构建了包括四个测量条目的量表，并让样本企业对这些条目描述的同意程度进行打分（1= 非常不同意，7= 非常同意）：(1) 我们企业推出的产品 / 服务的种类越来越多；(2) 我们企业在不断地提高产品 / 服务的质量；(3) 我们企业的产品 / 服务所面向的客户群体越来越广；(4) 我们企业的新产品的技术在不断提高。

3. 产品创新性

该变量测量借鉴 Tamer，*et al.* 的量表，我们让网商通过与竞争对手比较，回答以下问题（1= 非常低，7= 非常高）：(1) 相比于竞争对手而言，我们总是第一个向市场上推出新产品。(2) 相比于竞争对手而言，我们产品的技术总是领先的。(3) 相比于竞争对手而言，我们非常注重研究和开发新产品。(4) 相比于竞争对手而言，我们非常注重产品的宣传。

4. 竞争强度

对竞争强度的测量，许多研究采用行业市场集中度这一客观指标。但在天猫平台内，行业具有很强的细分性，一个一级产品类目包括了很多二级、三级甚至更细的产品类目，一级类目的行业集中度很难反映二级和三级某个具体类目的竞争强度，即使直接测量各级类目的行业集中度也很难反映其竞争强度，因为不同类目间还存在着产品交叉和重叠。因此，我们借鉴 Tang 和 Kim and Atuahene-Gima 的成果，使用"企业感知的竞争强度"作为测量变量。量表包含五个测量条目，让样本企业分别对以下条目的同意程度进行打分（1= 非常不同意，7= 非常同意）：(1) 我们企业所在行业的竞争非常激烈；(2) 在我们企业所处的行业内有很多促销战；(3) 我们店铺能够提供的任何产品或服务，竞争对手都很容易模仿；(4) 价格战已经成为本行业的一个基本现象；(5) 几乎每天我们都能感觉到有新的竞争活动发生。

5. 平台数据分析支持

我们借鉴 Troy，*et al.* 的研究成果，测量平台内网商通过天猫平台技术支持在消费者、竞争对手、产品及技术等方面的市场信息可获性。该变量包含了 5 个测量条目（1= 非常少，7= 非常多）：利用天猫平台的数据魔方和量子恒道等数据分析工具 (1) 能够获得关于顾客需求的信息；(2) 能够获得关于竞争对手的信息；(3) 能够获得关于产品本身的信息；(4) 能够获得关于产品技术的信息；(5) 您个人认为，利用天猫平台的数据分析工具获得的市场信息。

6. 控制变量

为了控制其他影响网商创新行为的变量，我们借鉴 Kim and Atuahene-Gima（2010）的研究，将店铺经营年数和店铺所属经营类目作为控制变量。

三、数据分析及假设检验

（一）样本描述性统计

表 1 是 309 份有效样本的描述性统计。从表中可以看出，大部分网商经营时间为 1—5 年（占总数 61%），与天猫商城成立时间相吻合，而且相当一部分是 1—3 年的新进入者。经营年数在 7 年以上者是因为原先在淘宝网经营一段时间后于 2008 年再升级到天猫商城。网商年销售额及员工人数的分布说明中小网商构筑了天猫商城内各行业的“金字塔”底端。样本的行业分布符合艾瑞咨询对我国 B2C 行业的调查结果，服装箱包类、3C 家电类、化妆品类、母婴类和图书音像类占据市场份额前五位。

表 1 样本描述性统计

变量名称	变量选项	样本数	百分比
受访者性别	男	131	42.3%
	女	171	57.7%
受访者职务	老板及主管	166	53.5%
	客服	143	46.5%
经营年数	1 年以内	74	24.2%
	1—3 年	129	41.6%
	3—5 年	62	20.0%
	5—7 年	27	8.7%
	7 年以上	17	5.5%
年销售额	10 万以内	111	36.1%
	10—20 万	24	7.7%
	20—100 万	78	25.2%
	100 万以上	96	31.0%
	5 人及以下	177	56.5%

续表

变量名称	变量选项	样本数	百分比
员工数量	6—10 人	54	17.4%
	10—20 人	24	7.7%
	20 人以上	54	17.4%
	服装箱包	76	24.5%
	3C 家电	40	12.9%
所属经营类目	化妆品	20	6.5%
	母婴	20	6.5%
	图书音像	15	4.8%
	其他	138	44.8%

（二）量表的信度效度检验与相关性分析

由于本研究所使用问卷的测量项都来自或改编以往的文献，很多学者都曾使用这些量表测量相关变量，因此问卷具有一定的内容效度。对于构念效度，我们通过因子分析来检验。经检验本研究样本数据的 KMO 值为 0.889，Batrlett 球形检验卡方值为 5338.662（自由度为 300），非常显著（0.000），表示适合进行因子分析。采用 SPSS19 对 25 个测度项进行主成分提取和最大方差旋转，一共析出了 5 个因子，5 个因子一共解释了 71.372% 的方差，所有测度项都在相关因子上有较高载荷（>0.6）。因此，量表具有较好构念效度。量表的信度检验结果显示，平台数据分析支持、产品创新倾向、产品创新性、竞争强度、平台内企业绩效的 Cronbach’s Alpha 系数分别为 0.875、0.838、0.868、0.902、0.933，信度检验通过。

各变量的皮尔逊相关分析如表 2 所示。“竞争强度 * 平台数据分析支持”与平台数据分析支持、竞争强度的相关系数为 0.869 和 0.689，可能存在多重共线性问题。我们采用中心变换方法对平台数据分析支持和竞争强度两个变量先中心化再相乘构建新的交互项。中心化处理后，相关系数分别变为 0.113 和 –0.380，均小于 0.5 的临界值。

表 2 相关性分析

	经营年数	所属类目	平台数据分析支持	产品创新倾向	产品创新性	竞争强度	竞争强度 * 平台数据分析支持
经营年数							
所属类目	-0.061						
平台数据分析支持	0.156**	0.067					
产品创新倾向	0.061	-0.031	0.339**				
产品创新性	0.217**	0.002	0.351**	0.355**			
竞争强度	0.133*	-0.128*	0.283**	0.448**	0.059		
竞争强度 * 平台数据分析支持	0.188**	-0.002	0.869**	0.450**	0.288**	0.689**	
网商经营绩效	0.341**	0.024	0.371**	0.318**	0.531**	0.058	0.231**

** 在 0.01 水平（双侧）上显著相关

* 在 0.05 水平（双侧）上显著相关

（三）假设检验

我们采用多元回归分析方法对假设进行检验。表 3 给出了产品创新性和产品创新倾向对网商经营绩效的回归结果，表 4 是天猫平台数据分析支持对网商产品创新性和产品创新倾向影响的回归结果。从表 3 可以看出，产品创新性和产品创新倾向对网商经营绩效的影响高度正向显著（Beta=0.421，p=0.000；Beta=0.153，p=0.002），假设 1 和假设 2 得到支持。表 4 显示，平台数据分析支持会显著正向影响网商的产品创新倾向（Beta=0.367，p=0.000）和产品创新性（Beta=0.322，p=0.000），假设 3 和假设 4 得到支持。“竞争强度 * 平台数据分析支持”交互项对产品创新倾向为显著负向影响（Beta=–0.254，p=0.000），但对于产品创新性没有影响（Beta=0.040，p=0.461），假设 5 和假设 6 成立。

表 3 回归分析结果（因变量为网商经营绩效）

变量	非标准化系数（B）	B 的标准误差	标准系数 BETA	显著水平（P）
经营年数	0.240	0.047	0.243	0.000**
所属类目	0.021	0.023	0.043	0.357
产品创新性	0.395	0.047	0.421	0.000**
产品创新倾向	0.158	0.051	0.153	0.002**
常数	0.924	0.317		0.004**
R2	0.354			
修正 R2	0.346			
F 值（P）	41.722（0.000**）			
标准估计误差	0.875			
N	309			

** 在 0.01 水平（双侧）上显著相关

* 在 0.05 水平（双侧）上显著相关

表 4 回归分析结果（因变量分别为产品创新倾向和产品创新性）

变量	因变量为产品创新倾向				因变量为产品创新性			
	非标准化系数（B）	B 的标准误差	标准系数 BETA	显著水平（P）	非标准化系数（B）	B 的标准误差	标准系数 BETA	显著水平（P）
经营年数	0.008	0.050	0.009	0.871	0.174	0.057	0.165	0.002**
所属类目	–0.009	0.026	–0.020	0.711	–0.008	0.029	–0.015	0.782
平台数据分析支持	0.345	0.050	0.367	0.000**	0.334	0.056	0.322	0.000**
竞争强度 * 平台数据分析支持	–0.223	0.046	–0.254	0.000**	0.038	0.052	0.040	0.461
常数	4.192	0.252		0.000**	2.659	0.283		0.000**
R^2	0.180				0.152			
修正 R^2	0.169				0.141			

续表

变量	因变量为产品创新倾向				因变量为产品创新性			
	非标准化系数（B）	B 的标准误差	标准系数 BETA	显著水平（P）	非标准化系数（B）	B 的标准误差	标准系数 BETA	显著水平（P）
F 值（P）	16.969（0.000**）				13.591（0.000**）			
标准估计误差	0.953				1.071			
N	309				309			

** 在 0.01 水平（双侧）上显著相关

* 在 0.05 水平（双侧）上显著相关

四、研究结论与启示

我们从产品创新视角，探讨了 B2C 开放平台的数据分析支持服务对于网商经营绩效的影响。研究结果发现，平台数据分析工具能够为网商的产品创新提供有效支持，产品创新也能够显著提升网商经营绩效；但当 B2C 平台内竞争强度加剧时，平台数据分析工具对于产品创新倾向的支持作用会逐渐减弱，而对于产品创新性依然有正向作用。研究结论可为网商经营和 B2C 平台管理提供以下启示：

第一，网商应将平台数据分析工具视为产品创新驱动而不只是营销分析工具，充分利用这些工具所挖掘的客户需求和行业趋势等市场信息进行市场细分、产品定位和产品创意，从而通过产品创新进一步提高经营绩效。

第二，网商不能仅仅看重产品创新速度和数量，更应注重产品创新性。从电子商务生态系统视角看，随着平台内同类目网商的种内竞争日趋激烈，容易造成网商死亡率上升，而高度的产品创新性能够减少网商间生态位重叠密度，产生种群的自疏效应而减弱竞争强度。为了提高产品创新性，网商应注意利用平台数据分析工具加强对本行业外的产品技术和客户需求等信息的采集和分析，为产品创新提供更为丰富的创意和方案。

第三，对于 B2C 开放平台，应该重视数据分析工具的产品创新作用，并以支持网商产品创新为导向进一步加强数据分析工具的市场信息分析能力，尤其是要帮助网商了解所在行业之外的产品和客户需求信息以增强网商的产品创新性。从生态学中物种多样性与群落生产力关系看，网商的产品创新提高了平台内物种多样性，由于当前 B2C 开放平台依然处于发展初期阶段，网商物种多样性的提高会增强平台整体生产力。从 B2C 开放平台的双边市场特征看，网商物种多样性的提高也会通过网络外部性吸引更多的消费者。

三、哲学智慧与人生修养

德性与价值
——良知思想的启示

张新民

字止善，号迂叟，任贵州大学中国文化书院荣誉院长、国际儒学联合会理事、中国明史学会王阳明研究会副会长、中国孔子学会理事、中国孔子基金委员会学术委员、中华儒学会副会长、贵州省儒学研究会会长。

众所周知，先秦儒学在轴心时代创立了一系列在中国思想史上的重要命题，奠定了中国文化发展的方向，以后到唐宋，尤其是宋代，逐渐沉淀下来独具中国文化价值的一些人物。在朱熹之后，又一座思想发展高峰是王阳明。王阳明创立了一个心学思想的体系，代表了理学之外的另一番新天地、新气象。

我们分析王阳明的思想发展，要抓住他生命中的一个象征性的转折事件——龙场悟道。从开悟、悟道的角度去探索，去把握阳明自我认知的、建立在经验基础上的一种理论方法。

这套直观的体验方法在先秦也有，但是当时并没有明确点出“悟道”或“开悟”这个词，比如孔子“五十知天命”是一个开悟的境界，“六十耳顺”“七十从心所欲而不逾矩”也是一个开悟的境界，孟子“万物皆备于我”肯定也是一个开悟的境界，只是没有明确点出。宋、明以后，东方体验哲学可以说大放光彩，涌现出一拨一拨的上悟天道、下开人文世界的学者，阳明可以算是其中的一个重要代表。阳明龙场悟道，构成了他前后两个思想发展阶段的分界点，所以，以龙场悟道为一个时间坐标。我们可以看出，在龙场悟道之前，他主要是从功夫、方法论来证本体，即从方法进入本体；而在龙场悟道之后，他从本体开启方法，来帮助形成自己的一套思想体系。

从功夫和本体打成一片来看，西方也有类似的问题，比如伽达默尔，他有一本《真理与方法》，讲真理一定有一套方法来实现、来展开，反过来，假如我们要把握真理，认知真理，也要有相应的一套方法。伽达默尔的解释学具有一套知识学的体系，而在中国文化中更多的是一套智慧之学，直接去把握这个世界的万物和生命源头的真相。比如，龙场悟道就是一种顿悟、大彻大悟，闪电式的飞跃，去证悟真实的本体。

假如我们认真观察一下阳明在悟道之前一系列的活动，就会发现实际上他有一个渐修、渐悟的过程，渐渐地进入那个道境，这个渐修的过程也是一个不断寻找方法的过程。什么样的方法适用于证悟本体，而本体是超越性的，也是内在性的，可以沟通天、人和外部世界的行为，因此，我们也把这个过程称为一个智慧建构的过程。

关于阳明一生的经历，我们只能简单回顾一下。他十一岁开始立志反抗科举，认为科举不是人生要追求的第一大事，成圣成贤才是头等大事。也就是说，他在十一岁时已经有一个目标，这个目标不是阶段性的，而是终极性的。要成圣成贤，完善自己的人格，实现自己生命全部的创造活力，把人生一切可能性、至善的本性实现出来，需追问它的根据是什么，那一定有个本体，是无限超越的。到底这个本体是什么样的呢？其实之前阳明也曾找寻过很多方法，也有很多“小悟”，比如在十七岁时同道士探讨长生不老的问题，这时他已经在用心学的方法在做功夫。再如练习书法，练书法一定有一个临帖的过程，阳明看帖，然后凝神静思，把帖上的字印在心上，即把外在的字内在化，然后再用手把心里的字写在纸上，即把内在的字外在化，这个时候他已经在用心法的功夫来写字，心、手所写的字，完全三位一体，这是他建立心学过程中早期的一个重要发展向度。所以，后来阳明讲人的存在和外在世界的关系是一个整体，整体不排斥局部，局部也会影响到整体。

生命活动一定有心的知觉活动在，发动为念头或意向性行为，而人的意向性行为一定是有对象的，是指向外物的，而这个外物与人的内心打成一片，这是一个整体的生命存在发生认知的过程，其中任何一个环节不能从生命整体中割裂出来。阳明在两次科举失败以后，旁人劝说他再考，他不动心，说“以动心为耻”，因为本体之心是超越是非、超越功利的。他认为，科举不中不是我人生的耻辱，因为人生都有成败，应该尽量去化解掉不好的因素，争取更好的积极因素。而在功利的境界中容易丢掉本心，我以这个为耻。可见，他在大悟之前有无数的小悟。所谓不疑不悟，大疑大悟。如果有很多的疑问，对世界有很多的关注，就会系心于它的答案，而这个答案有时候会自动地在心中呈现。良心是宇宙开凿于人生的一种存在，一种知觉状态。这个时候他也在不断地对话周敦颐、二程和朱熹等，寻找方法来证本体。朱熹的方法实际上是要内外打通的，但也不排斥外物的支持，有一套知识学的构建，要不断地认知、向外格物，所以阳明按照这套方法去格庭前的竹子，关于这个故事的真实性值得讨论，但是阳明肯定走过朱子的路线。于是有一个问题，人类的知识是无尽的，人拿什么驾驭知识？如果首先要把世间的知识穷尽以后才能悟道，那么有一个问题产生了，知识无尽而人的生命有限，正如庄子所说“吾生也有涯，而知也无涯。以有涯随无涯，殆已！”

在发现朱子的路线走不通之后，阳明又开始寻找方法，从朱子之学转向佛家和道家。由朱子向外的方法转向逆向的体认，关于生命的存在可以有不同的向度，比如我们可以向外认知观察这个世界，对这个世界的现象作经验的认知，可以看到它后面那个真实的本体，把握世界是否有一个本原、本体；另外，我们还有一个路向，反观、内观自己，反思、反省自己，体验内在的自我，人的心理活动是什么，心理活动后面是否还有一个世界，那个世界后面是否还存在一个更根本的东西。所以，他在洞内运用静坐内观的方法来证本体。这种方法阳明没有详细讲。在静坐之中有很多体悟，其中一个是忘天、忘地，即外部存在对于他而言是不存在的，即进入无分别的状态，主客打成一片，即庄子所谓的坐忘状态，身体像水晶宫放大光明。你的心在不同的状态下，会对身体产生不同的影响。反之，身体也会影响心的存在状态。他在那样一种状态中，身体完全气化，在气化的状态下，他当然可以忘天忘地忘体忘吾，然后放光明。这种放光明是归到静体以后，证到的一种现象功夫。中国的本体、现象不是一个概念，也不是一个范畴，很难界定和把握。它是可以展开的，有生命的有机体，例如对太极的解释。假如证到本体的时候，它会有无尽的能量。例如，明德是一套本体，明明德则是实践它的一套功夫。

从上面我们可以看出，在阳明龙场悟道之前，他已经开始寻找方法证本体。阳明的学问经过“三变”，这三变，一是泛滥于辞章，二是出入于佛老，三是归本于孔孟。他的辞章很好，但是辞章、语言就是道吗？这里面有个对比，语言本身不是道，而是帮助证道的一种工具。反过来，等悟道之后，一定可以借助于语言来表达、传递道的信息。道如何传达？在中国文化里面，道是不可说的，往往借助一系列的比喻、象征、暗示来直指本心，来启发你心性的觉悟。在这个过程当中，他被发配到贵州，在玩易窝里玩易、静坐。静坐有一套方法，静坐是一种形式，关键要返归于内心，证到本体世界。默一，在静默之中证到一，一就是本体，本体展开为现象世界林林总总的事物，最后变成一和多的辩证关系，本体和方法的一系列关系。静坐默一，怎么来做功夫呢？他可以得失超越、荣辱超越、毁誉超越。默一的功夫实际上是用止念头的方法做。每个人都有意识活动，意识活动来来去去，它当然是念头。追问念头是真我吗？假如是真我,那么哪一个念头是你的？前一个念头是你？后一个念头是你？还是未来一个念头是你？念头总是来了又去，去了又来，它肯定不是真我，但是这个念头虽不是真我，却不离真我。它一定是本来那个真我的展开和起用，所以讲，心体在起用之后才有了意识活动，意识活动一定有对象性，但它还不是本来的那个真我。

还有一个超越是超越生死，阳明受佛教的影响，非常关注生死问题，但生死很难超越，因为生死一念是从命根里带来的。在超越生死之后，成圣的本体根据是什么？成圣的本体根据不在外部世界，而在我们人心内部。谁来觉悟呢？一定有一个主体的心，一定有个良知来觉悟、悟道。这个人心决然不动，与这个世界感应相通，即天人感应，所以他悟道之后一定要建立一套心学体系。因为心可以向内感知我们成圣的根基，还可以把这个内在的善性向外显现出来，建立伦理世界、道德世界，传递悟道的信息，可见这里把人的主体抬很高。假如心即性、性即理，那么心不可能是无理的，心一定是有理的，假如心是隐蔽的自性，它也可以外显为伦理行为。

阳明悟了道，证了本体之后，他就要从本体开出方法，帮助别人悟道。

开出一个什么好方法呢？最初讲知行合一，然后讲教别人静坐，最后致良知，致良知是他晚年的思想定论，其中包含知行合一和静坐的一系列思想方法。知行合一的“一”本身就是本体，行和知是本体这一体的两面，心体一定有认知的功能，知一定会转化为行为，行为从意念开始，意念由本心发动，在内部是隐蔽的行为，在外部是展开的行为，所以在功夫的系统中为什么儒家那么强调慎独，就是因为把慎独看作行为的开始。知是行的主意，行是知的功夫，知行是一体两面。而有些人为什么能知却不能行呢？如果知而不能行，就是未知，即良知被私欲、私心杂念隔断了，就谈不上本体之知了。另外，我们是否植根于本性来把握知和行呢？从意向上来观察，我们怎么起心动念来观察我们的行为呢？我们是否遗忘了在概念世界之后还有一个本体的存在世界呢？所以，他讲要改变方法，也不是说知行合一不对，他在寻找更好的方法来证本体，来寻找进入真理大门的方法。

谈到静坐的方法，阳明曾在滁州用此方法施教，而在西方也有类似的方法，比如祷告，把所有私心杂念归到祷告的一念之上，用一念来排斥万念。阳明说，“初学时，心猿意马”，念头纷乱，内部世界混乱，无法体验、认知外部世界，所以必须用一念的方法归到本心，就像把野马拴在马桩上一样。但是，在这个过程中可能有人贪静厌动，不能以体起用，不能拥有活泼的生命，所以在静坐中要省察觉知，即起观的功夫。所谓“知止而后有定，定而后能静，静而后能安，安而后能虑，虑而后能得”，其中，虑即起观。“虑而后能得”，“得”指的并非功利，而是指最后一定会让生命充满价值和意义，即了解本体真相的喜悦心。可见，在证悟本体之后，从本体开出方法，他的方法是灵活的、不断调整的，是因材施教。

阳明发现在讲本体时会丢掉方法，在讲方法时会丢掉本体，最后，阳明提出“良知教”。他在平定宸濠之乱后，本来是有功之臣，但遭人诽谤。他龙场悟道那个时期考虑的是个人的荣辱、得失、生死，这些都是可以超越的。但是在那个时候，如果别人诬告他参与宸濠之乱成为一个事实的话，就要面临满门抄斩的后果，那么这次阳明靠什么来帮助自己渡过激流险滩、战胜艰难困苦而不动心？他靠的是悟到良知本体。所以，良知本体是他再次悟道提出的方法，也是从本体开出的方法。“今幸见出此意，一语之下，洞见全体，真是痛快。”“良知”构成了阳明思想学说的精神和他为学的宗旨，是他内部思想体系中最关键的两个字。

假如我们对良知学有一个系统的分析，需要分四个层次。第一个层次，良知（良知本体）在阳明的系统中是天赋的，本来就有的。孟子曾就对此有所讨论，比如他认为恻隐之心、羞恶之心、辞让之心和是非之心这“四心”是人与生俱来的品质，是心体展开的四个向度，如果归到心，那么是一个完整的心，在孟子的系统中，它们不是孤立的，是本来就有的。

在中国传统中，一般将外在世界内在化，但这种内在化绝对不是封闭的，它有两个向度通向外，一个是《孟子》《大学》《中庸》讲的“知其心”，人的心一定有认知、体验、反省的功能，它可以向内体验到本体的人性，然后静心可以知性就意味着能知天，因为人性本善是天赋的，就意味着它通天，可以将它看作外部世界的天道，但是这个天道也内化在你的生命中，为你的心所觉知，然后向外部的经验世界展开。这一切都以良知、以心为中心枢纽展开的，所以良知不仅是我们生命的本体，也是宇宙的本体。

良知的生生不息就是天道、地道的生生不息，它是创造性生命的根本，也是一切价值的来源。良知之体就是太极之体，心是混沌宇宙世界的开窍之处，所以它可以觉知到超越的本体，同时也可以转化为经验生活的伦理行为、道德行为，那么心又是怎么开窍的呢？因为心也要认知啊，所以它也要有开窍处。阳明讲心开窍于耳，我们一定有个听的世界；心开窍于眼，我们有现象观察的一个世界；心开窍于口，我们能讲话、能品尝美味；心开窍于身，我们有知觉活动，如此等等。所以，在阳明的系统中，心一定是主宰，但是这个主宰开窍于眼耳鼻舌身，用于观察外在世界，它还有一个超越层面，即它通性又通宇宙本体，宇宙本体和心性本体是宇宙展开的道的一体两面，它既是本体又是创造性的一个原则。

还有一个问题，要致良知，要实践良知、扩充自己、把心量全部打开，让心气流行无碍。那么，什么成为致良知的障碍呢？私欲、私心杂念。阳明强调在社会中，良知遮蔽往往是常见的现象，所以，如何把良知扩充出来、实践出来，不要让良知的体和用打成两截，就需要有一个致良知的功夫，在生命内部指的是克己复礼或者克服私欲、回归本心的一套方法，比如慎独的功夫，等等。所以，阳明有很多比喻、象征来说明人存在状态中良知被遮蔽的状况，比如，他在龙场悟道之后卜卦，比喻说，良知像太阳一样朗照万物，但太阳入地以后一片黑暗，就像良知被私欲遮蔽。有三种存在状况，第一种存在状况是圣人的存在状况，生而知之，不是指生来就有知识，而是指人刚生下来时心体是纯然的，没有私欲夹杂，能够把心体充分自然地发用，圣人的境界是“万里无云万里天”，良知的阳光一片灿烂，但这种情形极其少见。

第二种境界是贤人境界，良知也在放射光芒，但是私心杂念徘徊不去，阳光时而被遮蔽时而又呈现。最严重的境界是第三种境界，即小人境界，满天阴霾，此时良知虽然完全被遮蔽了不能显现，但是良知本体仍在，就像乌云虽遮住了太阳，但是太阳还在。假如在一定的环境下启发他，他能够一念回转，仍能够从小人进入君子状态。良知在阳明的系统中就是本来的那个是非之心、羞恶之心、恻隐之心，等等，是人人本有的。所以小人和君子的区别不在于是否具有良知，而在于良知是否被遮蔽，是否能呈现。

这一点涉及第三个问题。上面我们讲过了前两个问题，一是良知（本体），二是致良知（良知实践）。第三个问题是阳明要依靠良知来寻找方法，来帮助他人、教化他人，即良知教。教化的前提是人人都有良知。因为人人都有良知，所以人人都有尊严，在道德面前人人平等，这为所有人成圣成贤打开了一扇大门。所谓“天下无不可化之人”，是对孔子“有教无类”教育思想的重大发展。这也具有深刻的反专制意义，因为判断是非的标准不在于皇权而是自己的良知，每一个人都是自己的主人翁，每一个人都根据良知来判断、裁决自己的行为，对自己的行为负责。所以，阳明后学的发展方向除了替天行道，还有一派是提出平民儒学的泰州学派，对平民讲学。良知教是人性的去蔽化改造的最伟大工程。《传习录》就是良知教育活动的展开。

最后，在良知（本体）、致良知（良知实践）、良知教之后是第四个问题，即良知学说（良知理论）。阳明以良知为中心枢纽建立了一套心学体系，与人的生活密切相关，它不是从人的生活中剥离出来的独立理论系统，而是发生学意义上的具有场景性的系统。良知本体虽是不变的，但不同的伦理行为在不同的场景下有不同的实践方式，富于灵活性。我们当然可以把它建立为一套概念体系、理论体系，但是这套体系绝对不能变成无关于生命的空洞说教，否则就会脱离阳明本来的价值取向。把理论还原到本心，还原到我们的实践行动，当然也不排斥理论的升华，然后来解决人类的问题是非常重要的。“致良知”是人类一切语言中的关键词，是我们生命实践活动最重要的本来存在的状态，所以回到良知就是回到我们真实的人性，体验我们真实的生命。

我们可以把这四个方面看作“一体四位”，“四位一体”相互之间环环相扣，是一个完整的系统，每个方面都是整体中的局部，局部中的整体。中国传统文化中最重要的是要树立一种良知化的楷模，这是最重要的一种实践功夫。

良知学说四位一体，任何一个方面都不可舍弃，是有体有用、彻上彻下打通的一套理论体系。阳明早期是“下学上达”，从下面慢慢去证本体，悟道以后从上面的本体往下灌，帮助人。所以，从这个意义上讲，阳明那个时代知行不一、心口不一的现象很严重，儒家等学问都是救世的学问，但是救世的学问一定有个前提，在阳明的系统中，救世先救心，所以他的整个系统归于心学。在心眼上做功夫就是在念头上做功夫，在念头上做功夫就是在生命本体上做功夫，所以从起心动念到行为被他看作一个完整的事件。因为要做功夫，所以阳明建构了一个良知的世界，而这个良知的世界是人类永远不该遗忘的一个世界！

“无为”智慧与现代企业管理

葛荣晋

中国人民大学哲学院、国学院教授，享受国务院特殊津贴专家。从事中国哲学、东亚实学和中国管理哲学教学与研究五十余年，是中国实学和中国管理哲学的主要开创者，被学术界、企业界誉为“中国管理哲学第一人”。任中国实学研究会创始会长、中华孔子学会副会长、中国老子道文化研究会顾问、日本老子学会顾问、马来西亚孔学研究会和南方学院学术顾问等。

一、解读“无为”智慧

无论是古今还是中外，人类的管理模式归根结底分为两大类：一是“有为而治”，二是“无为而治”。所谓“有为而治”管理模式，在中国主要是指以《孙子兵法》为代表的“以智治国”、以儒家为代表的“以德治国”、以法家“法术势”三位一体为代表的“以法治国”，以及墨家以“兼爱”为中心的治国之道等。在中国古代管理哲学中“无为而治”虽是道家首先提出的管理思想，在道家管理思想体系中占有重要的地位，但是它并不专属于道家。中国古代道家讲“无为而治”，儒家、法家和黄老学派也都讲“无为而治”。“无为而治”虽是道、儒、法和黄老学派四家共同追求的管理模式，但是各自对它的内涵和外延的表达则是不同的。现在，我们从管理哲学角度，对“无为而治”的哲学智慧进行现代解读。

（一）道家的"无为而治"

什么是道家的"无为而治"呢？"无为"是道家的核心价值理念，从宇宙论、人生观到管理学，都贯穿着"无为"的哲学智慧，文化内涵极其丰富。

从现代管理学角度看，道家的"无为而治"主要有三层含义。

管理主体上，所谓"无为"，就是如何通过道德修养使管理者具备"无为""好静""无事""无欲""不言""不争"等高尚品格，以达到"我无为而民自化，我好静而民自正，我无事而民自富，我无欲而民自朴"的管理境界。这就是说，我无为民就自我化育，我好静民就自然端正，我无事民就自然富裕，我不贪婪民就自然朴实。

管理方法上，主要是针对兵家的"以智治国"、法家的"以法治国"和儒家的"以德治国"的"有为"型管理模式，道家主张以"道法自然"为基石的"无为"型管理。所谓"无为而治"，并非管理者无所作为的懒汉哲学，而是探讨管理者何者"有所为"、何者"有所不为"，即在管理场中如何正确地认识与处理"有为"与"无为"的关系。这是一种"无为"型的科学管理模式。

管理境界上，"无为而治"是人类孜孜以求的最高管理境界。《老子》第三章云："为无为，则无不治。"在这里，"为"是管理目的，"无为"是管理手段，"无不治"是通过"为无为"所能达到的最高境界。这是一种以最小的管理行为获取最大的管理效果的高超管理，也是一种管理者从烦琐事务中解脱出来的潇洒人生艺术。

道家的"无为而治"，是管理主体、管理方法和管理境界三位一体的管理模式。将它只是局限于管理方法而忽视管理主体和管理境界，则是一种片面性观点，必须加以克服与纠正。

（二）儒家的"无为而治"

儒家的"无为而治"思想，是一种以道德为导向的科学管理思想。"德修于己""逸于得贤"思想同现代管理中的"形象管理""分级管理"等原则，在本质上都是相通的。

孔子把古代尧、舜、禹、汤等人视为"无为而治"的典范，十分推崇和向往。他曾说："无为而治者，其舜也与？夫何为哉？恭己正南面而已矣。"即认为"无为而治"是一种很高的管理境界，只有尧、舜这样的圣贤明主才可以达到。儒家讲的"无为而治"，正如南宋哲学家朱熹所说："无为而治者，圣人德感而民化，不待其有所作为也。”朱熹说：“圣人所谓无为者，未尝不为，依旧是‘恭己正南面而已矣’，是‘正己而物正’‘笃恭而天下平’也。”这里说的“恭己”是“就貌上说”，系指“身体严整，容貌端庄”，二者“如形影然”，不可分割。只有“修己以敬”，方可“感德而民化”。

儒家所讲的“必先有为而后至于无为”，主要内涵有两点：一是从“懋于修己”到“安于恭己”。要求管理者在“修己”上有所作为。儒家重视“修德”，强调人的“有为”，重点“不在政事上，却在德上”，但并不否定“刑罚号令”“礼乐刑政”和“簿书之类”的作用，只是在“德”与“政”的关系上，主张“以德先之”。认为只有“以德先之”，才能做到“政皆是德”，保证“不以智术笼络天下”，达到“安于恭己”之境界。可见，儒家讲的“有为”，既有“德”，也有“刑（政）”，只是在二者中，强调“以德先之”，以刑辅之。在强调“修德”的同时，也主张“明察其形，明慎其赏”。一旦进入“德修于己而人自感化”的境界，就可以达到“明刑至于无刑，明赏至于无赏”的目的。这叫“安于恭己”。二是从“劳于求贤”到“逸于得贤”。认为贤明君主应在“劳于求贤”上大有作为。一旦“得贤”，即可达到“百职不戒而举，万事不劳而成，端拱凝旒，立于无过之地”的“无为”境界，这叫“逸于得贤”。可见，“尚贤推德天下治”是儒家“无为而治”思想的基本内涵和特质。这是儒家所追求的“君逸臣劳国必兴，君劳臣逸国必衰”的管理境界。

由“懋于修己”到“安于恭己”，由“劳于求贤”到“逸于得贤”，实际上就是“德修于己而人自感化”的过程。“修己”“求贤”是管理的起点，而“人自感化”和“逸于得贤”则是管理的终点。在这里，儒家“无为而治”的管理效力，主要建立在管理者与被管理者之间的感应性上，即管理者和被管理者之间的心灵沟通和感情认可上，这样才能充分调动与发挥被管理者潜在的积极性。这是一种视之不见、闻之无声、触之不及的巨大精神动力。凭借内在道德和外在形象的影响沟通心灵，把管理者的心愿和组织目标变为被管理者自觉自愿的行动。这种不是以“刑（政）”而是以“德”激发出的、内在重于外在、身教重于言教的感应性，是儒家柔性管理思想在管理方法上的主要表现。从本质上看，儒家的“无为而治”思想是属于中国传统的柔性管理的范畴，完全不同于法家“法、术、势”相结合的外在的刚性管理。儒家讲的“无为而治”，是以“有为”求“无为”，即在“有为”的基础上达到“无为”的最高境界，是“有为”与“无为”的完美结合。

（三）法家的“无为而治”

1.“明主治吏不治民”

韩非从“君不同于群臣”的命题中，引出了“君臣不同道”的结论，认为君道无为而臣道有为，主张“明君无为于上，群臣竦（通‘悚’）惧乎下”。这里，所谓“君道无为”并非君主无所作为，而是“圣人不亲细民，明主不躬小事”；所谓“臣道有为”，是指群臣奉法治民，尽力尽智，建功立业。因此，在治国上，韩非提出了“明主治吏不治民”的管理之道。《韩非子·外储说右下》指出：“人主者，守法责成以立功者也。闻有吏虽乱而有独善之民，不闻有乱民而有独治之吏。故明主治吏不治民。”

那么，韩非为什么要规定“明主治吏不治民”呢？因为吏为民纲，纲举目张。

韩非以“摇木之本”为例，形象地指出官吏的特殊作用，《韩非子·外储说右下》记载：“摇木者一一摄其叶，则劳而不遍；左右拊其本，而叶遍摇矣。临渊而摇木，鸟惊而高，鱼恐而下。善张网者引其纲，若一一摄万目而后得，则是劳而难；引其纲，而鱼已囊矣。故吏者，民之本纲者也，故圣人治吏不治民。”

2.“虚静以待”的“自神之术”

韩非认为，在君主考察、控制和监督群臣的同时，重臣和左右近习之人也在不断地窥伺着君主的动向和欲望，以行其奸。篡臣要时刻了解君主的实情，以利决策；佞臣要摸清君主的嗜好，以投其所好；奸臣要窥伺君主的内情，以“谲主便私”。因此，为了有效地禁奸和防奸，君主除了在客观上全面了解奸邪活动的渠道、手法、规律和禁奸措施外，还必须在君主自处上实行“自神之术”。“术者，藏之于胸中，以偶众端，而潜御群臣者也。”所谓“自神之术”，就是君主有意把自己装扮得神秘无端、高深莫测、虚静无为，以防奸邪者对君主嗜好、欲望和内情的窥伺。这是一种以静驱动、以虚知实的管理艺术。

3. 人臣之所以取信幸之道

如何对待君主的好恶、意图和是非，历来有两种态度：一是“君子和而不同”，即君子不盲目迎合君主的好恶是非，而是依据事实，以正确意见去纠正君主的错误意见，并做到恰到好处。“君所谓可，而有否焉，臣献其否，以成其可；君所谓否，而有可焉，臣献其可，以去其否。”这是一种正确的态度；二是“小人同而不和”。小人从成私欺主出发，采取“君可臣可”“君否臣否”的迎合态度，只是盲目附和，从不表示与君主不同的意见，以取“信幸之势”。

韩非从维护君权出发，不赞成“小人同而不和”的错误做法，而赞成“君子和而不同”的正确态度。《韩非子·八经》中记载：“故其用人也不取同，同则君怒。使人相用则君神，君神则下尽。下尽，则臣上不因君，而主道毕矣。”这句话的意思是君主使用人时，不取迎合君主、与君主意见相同的人。如果出于私利而盲目附和君主，就要严厉地斥责他。否则君主就会受到臣下欺骗。只有严厉批评“用人取同”的错误态度，才能使群臣为君主所用。君主神秘莫测，群臣也就会根据事实，竭尽自己的智能，真实地表达自己的意见。群臣竭尽自己的智能就不会看君主的脸色、钻君主的空子，君主驾驭群臣的方法就完备了。

君主“自神之术”虽有其神秘性，但它是君主“以法治国”“以术治吏”的重要保证。现代管理者要善于控制自己的情绪和欲望，应守虚去私，凡事皆以法为据，赏罚分明，既可避免因国君好恶和施展小智而伤法度，又能防止群臣逢迎拍马、极尽壅蔽欺骗之能事。这是现代管理者应从法家的“自神之术”中吸取的管理智慧。

（四）黄老学派的“无为而治”

黄老学派虽然承袭道家也讲“无为”，但是它不同于道家。为了弥补道家的“蔽于天而不知人”的理论缺陷，提出了“以虚无为本，以因循为用”解读“无为”。正如司马迁在《论六家要旨》中所云：“其为术也，因阴阳之大顺，采儒墨之善，撮名法之要。”“其术以虚无为本，以因循为用。”黄老学派大量地吸取了阴阳、儒、墨、名、法的“有为”之道，使“无为”与“有为”有机地结合起来，为道家的“无为”之说做出新的理论贡献，成为中国古代“无为而治”学说的集大成者。

1. 治大者不治小

在管理上，黄老学派坚持“治大者不治小”的原则，即要求管理者在“小事”上有所不为，而在“大事”上有所为。只有在“小事”上有所不为，然后才能在“大事”上有所作为。任何一个管理者，在现代管理中，随时都会碰到两类事情：一类是事关全局和长远利益的大事，另一类是无关紧要的琐碎小事。随着组织规模的扩大和部门层次的增多，即使是精明能干、智慧超群的管理者，也无法事事躬亲、样样“有为”。因为管理者也是体力、能力、智慧和时间有限的“人”，而不是法力无边的“神”。所以，高层管理者应不拘泥于小事，要求做到在小事上“无为”，而在大事上“有为”。

什么是管理者的“大事”呢？管理者的“大事”有两件：一是决策，二是用人。

管理者的最基本要求，是他能够组织员工“为”什么，而不只是他个人“为”什么。他应成为管理大事的“导演”，而不是扮演具体角色的“演员”；应是指挥音乐演奏会的“指挥者”，而不是具体的演奏者；应是指挥千军万马的将帅，而不是冲锋陷阵的战士。具体地说，高层管理者要正确处理“管向”（对组织发展方向的引导）与“管事”（对组织具体事务的管理）、“管总”（对组织全局的管理）与“管分”（对组织局部事务的管理）、“管帅”（厂长、总经理、总裁、董事长）与“管将”（副职及中层干部）“管兵”（普通员工）的关系。只有正确地处理好上述关系，才能确保管理者集中精力抓好“大事”。

黄老学派的“无为而治”思想，要求高层管理者在管理上要“有所为，有所不为”，即在识贤、求贤上有所为，而在用贤上则有所不为。管理者要想做到在大事上有所为，在小事上有所不为，就必须实行“君无为而臣有为”的管理方法，达到“君逸臣劳国必兴，君劳臣逸国必衰”的目的。

2. 因材质而用众

“因材质而用众”的主要含义有二：一是根据人的才能、品格差异而用人，二是根据人的兴趣、气质特点而用人。

在现代管理中，管理家庭也要做到“授任必求其当”。明代哲学家吕柟的《泾野子内篇·西邻五子》一文中，讲了一则寓言故事。西邻有五个儿子，“一子朴，一子敏，一子矇，一子偻，一子跛。乃使朴者农，敏者贾，矇者卜，偻者绩，跛者纺，五子者皆不患于衣食矣”。这就是说，西邻让质朴老实的孩子务农种地，让机敏伶俐的孩子经商，让双目失明的孩子卜算，让背驼的孩子搓麻绳，让跛足的孩子纺线。最后，五个孩子皆不愁吃穿。这种对号入座、各适其职的做法，实际上，就是今天管理学上所说的“能职匹配原则”。

“有为而治”是“先有为而后至于无为”，“无为而治”则是“先无为而后至于有为”，二者虽然在出发点上有所不同，但是从本质上都是回答在管理场上如何正确认识和处理有为与无为的关系，二者是相通的。“有为而治”与“无为而治”犹如车之两轮、鸟之两翼，是相辅相成、密不可分的。因此，要求管理者既要精通“有为而治”管理模式，又要深谙“无为而治”管理模式，并且巧妙地将二者结合起来，才能成为杰出的管理大师，这是伟大时代所需求的。

二、“无为而治”是人类孜孜以求的最高管理境界

老子把管理境界分为四种类型，即：“太上，不知有之；其次，亲而誉之；其次，畏之；其次，侮之。”在这里，老子扼要地揭示了人类依次递进的四种管理境界。根据现代社会的管理理论与实践，可以从下至上依次对老子的“管理境界”说做出现代诠释。“太上，不知有之”，是现代经营管理者所孜孜以求的最高管理境界。

（一）侮之：“草商”的管理境界

所谓“侮之”，是说管理者主要依靠权势随意地羞辱被管理者，从而激怒被管理者对管理者亦施之以“侮之”，彼此之间处于严重的对立无序状态之中。处于这一境界中的管理者，我们将他们称之为“草商”，既非出身于经商世家，也未受到系统的高等教育。他们或因某种世袭特权，或因某种社会机遇，使其处于管理者地位。他们在道德修养上既无能又腐败，既淫乱又浅薄，既愚蠢又自负；在管理机制上既不懂“以法治人”，亦不懂“以德感人”；在使用人才上既不懂“任人唯贤”，也不懂科学决策。他们错误地把“管理学”简单地视为“修理之学”。所以，他们不只以高压管理法、囚徒式管理法“修理”员工，而且还以诡诈手段蒙骗被管理者，使被管理者不仅在经济上得不到任何实惠，在人格上还经常遭受迫害，肆意打骂员工。他们俨然是一个“棍棒式”“家长式”的独裁主义者。

所以，在这种忍无可忍的情况下，使被管理者对管理者恨之入骨，民怨沸腾，纷纷起来反对他，任意地轻侮他，甚至以暴力驱之而后快。正如严复所说：“将亡之民，无不侮其政府者。”蒋锡昌亦说：“为君者见刑罚不足以立威，则以巧诈为事，故下侮之也。”在这里，老子从“无为而治”的理念出发，无情地揭露和鞭挞了历史上由昏君、贪官的贪婪无能而造成的这种“侮之”的对立管理状态。

这一境界中的“草商”，对于企业管理缺少最起码的理性认识，主要是依靠个人权势和主观主义实施管理。一旦管理者出了问题，整个企业马上就陷入盲目的无序之中。所以，有待于进一步从盲目的、无序的实践层面向理性的、有序的法治层面超越与升华。

（二）畏之：“法商”的管理境界

法商针对“草商”的盲目而无序的混乱管理，从制度层面提出了“循法而治”的刚性管理，进入制度化、规范化的“管理科学”的境界。

在这一管理科学境界中，管理者不再停留在盲目而无序的实践层面，已从理论上懂得了“循法而治”的科学道理。他们根据“自为”的人性假定，凭借权势，不但“以术治吏”，而且“以法治民”，全面地实施“法、术、势”相结合的刚性管理，使臣民皆敢怒而不敢言，从而达到了“事在四方，要在中央。圣人执要，四方来效”的君主高度统一控制的理想境界。政事虽分散在地方，由臣民去做，而大权却集中于中央。圣明的君主紧握“赏”与“罚”的权柄，使四方臣民不得不忠心于他，尽力贡献自己的智慧和力量。这是法家以“循法而治”手段造成的“畏之”的社会效果，具有一定的科学管理意义，较之盲目而无序的“管理实践”，是一种社会进步。

但是，在这种管理境界中，管理者与被管理者之间的关系，犹如猫与鼠的关系一样，彼此既缺乏相互关爱，亦无信任可言。他们之间只是一种“恃势而不恃信”“恃术而不恃信”的冷酷的利害关系。管理者傲视群小，虎视眈眈，被管理者畏首畏尾，唯命是听。管理者的虚荣心和成就感虽得到了极大的满足，但被管理者的积极性和创造性却受到了极大的压抑。管理者整天疲于奔命，处于高度紧张状态之中，组织一旦离开管理者，被管理者便手足无措，整个管理系统就有可能停止运转。组织若有成绩和荣誉归功于管理者，一旦出现失败和错误，则归罪于员工，毫无君臣共享管理成果之可言。由于管理者与被管理者之间缺乏最起码的仁爱与信任，从而造成了人际关系的疏离和对抗，使被管理者“身在曹营心在汉”，一旦有机会便立刻跳槽。“循法而治”的刚性管理，只能管住员工的“身”而管不住他们的“心”，得不到臣民发自内心的真正拥护。正如孟子所言：“以力服人者，非心服也，力不赡也；以德服人者，中心悦而诚服也。”这是法家“循法而治”刚性管理的一个致命的弱点。

所以，以老子、庄子为代表的道家立足于他们的“无为而治”的理念，对法家的“循法而治”的刚性管理，提出了尖锐的批评。治国者虽然竭力以各种法令设防，非但无济其事，反而“盗贼多有”，在老子看来，“多忌讳”“多利器”“多智慧”，都是外在于人性的异己力量，都是违背“自然无为”法则的。

庄子及其后学也是从根本上反对“循法而治”的刚性管理。《庄子·天道》篇指出：“赏罚利害，五刑之辟，教之末也；礼法度数，形名比详，治之末也。”又指出：“形名赏罚，此有知治之具，非知治之道。”这里，所谓“教之末”“治之末”“治之具”，是指刑名赏罚或礼法度数只是治国的一种辅助手段，不可能真正达到治国的目的。所谓“治之道”，亦即“教之本”，是要求统治者顺乎人之性命之情，实行“无为而治”，方可达到真正治国的目的。

在“畏之”这一境界中的管理者，我们将他们称为“法商”。他们虽比“草商”管理有所进步，但还只是处于重“技艺”而忽“道德”的“管理科学”境界。所以，在“管理科学”境界基础上，还必须进一步实施以道德教化为主，法令制裁为辅的治国方略，由法家的“循法而治”的刚性管理转变为儒家的“为政以德”的柔性管理。

（三）亲而誉之：“儒商”的管理境界

《论语·为政》中说：“为政以德，譬如北辰，居其所而众星共之。”这里的为政以德，有两层含义：一是从管理主体上要求以德“修身”，将管理者培养成“智、仁、勇”三位一体的管理者，使之达到“三忘”的道德境界，构建“义以为上”的道德人生；二是从管理手段上，要求管理者实施“为政以德”的柔性管理。只有如此，方可使管理者像北极星那样，自己安居在其位置上而众星绕之，形成强大的向心力和凝聚力的管理境界。这是一种“同心多元式”的管理境界。

儒家的“为政以德”管理，首先强调的是管理者必须具有高尚的道德品格。这一人文管理思想是建立在管理者的道德感化基础之上的，认为管理者的道德越高尚，对于被管理者的感应性也就越大。它强调主动引导式的感应性，强调内在控制，而不是被动的、强制式的外在管理。只是“我有是德而彼自服，不待去用力教他来服耳”“只是不生事扰民，但为德而民自归之”，只是“圣人行德于上，而民自归之，非有心欲民之服也”。这完全是一种以道德为导向的、内在的形象管理。

在这种道德境界中的管理者，通过“正己正人”的感化效应，善于以德化民，以情感人，以理服人。他们既不以权谋私，亦不生活腐化，勤政廉洁，克勤克俭，事必躬亲，兢兢业业，讲诚信、求和谐。他们在人格上尊重员工，在经济上能给员工以实惠，在工作上能为员工搭建实现自我价值的平台，从而受到员工的真心拥护、爱戴、亲近和赞扬。老子所谓“亲而誉之”，是儒家通过“为政以德”而达到的社会管理效应，从而形成了管理者与被管理者之间的良性对应关系。

儒家从“为政以德”的基本理念出发，通过“循法而治”与“为政以德”两种管理模式的对比，认为“为政以德”胜于“循法而治”。《论语·为政》记载：“道之以政，齐之以刑，民免而无耻；道之以德，齐之以礼，有耻且格。”这里所谓“道”即“导”，“政”即法制禁令。意思是说，如果以法令引导而民违之，则以刑罚齐之。这种外在控制手段，其社会效果是“民免而无耻”，即以外在暴力手段，只能使民苟免刑罚，而民心无所羞愧。“礼”即制度品节，大至国家典章制度，小至社会乡约家规，既含有道德意义，也含有法律意义，是介于法律与道德之间的一种控制手段。如果奉行以道德价值为导向的内在控制，再加上以礼义为本质的教化型的外在控制，人们不但有羞耻之心，而且心悦诚服。这也正是孟子所说的“以力服人者，非心服也，力不赡也；以德服人者，中心悦而诚服也”的意思。在这里，儒家并不一般地反对“外在控制”、使用刑罚，而是主张把内在控制的道德导向与外在控制的法律约束结合起来。但是，从管理效果看，在“道之以政”与“道之以德”的对比中，儒家更为强调以“德治”为核心的内在控制。

处于儒家这一“管理道德”境界的管理者，我们将他们称之为“儒商”或“德商”。在道家看来，他们虽比法家的“管理科学”境界提升了一步，但是儒家的“为政以德”如同法家的“循法而治”一样，都是属于“有为而治”的范畴，都是人性的异化，道德的堕落。只有绝仁弃义，绝圣弃智，“殚残天下之圣法”，实施“复归于朴”的“无为而治”，方可摆脱人为物所役、人为名所役的束缚，消除人性异化和社会混乱现象，从而实现人类“玄同”的理想社会。由“有为而治”管理模式转向“无为而治”管理模式，是道家所追求的理想管理境界，也是人类所追求的最高管理境界。

（四）不知有之：“道商”的最高管理境界

道家所谓“无为而治”，并非无所作为，而是“为无为，事无事，味无味”。无为、无事是相对于有为、有事而言，要求管理者顺应万物之理和人的本性而不恣意妄为。正如《文子·自然》所云：“所谓无为者……谓其私志不入公道，嗜欲不枉正术，循理而举事，因资而立功，推自然之势，曲故不得容，事成而身不伐，功立而名不有。”老子的“治大国若烹小鲜”这一至理名言，是对“无为而治”的一种形象说明。“为无为，则无不治”，说明“无为”

是一种绝对的为，至上的为，纯粹的为，是一种以最小的管理行为获取最大的管理效果的高超管理艺术。

处于“无为而治”境界中的管理者，我们将他们称之为“道商”。“道商”善于“以正治国”，居无为之事，行不言之教，“以百姓心为心”，对于民众从不干涉、迫害，使民众各顺其性，各安其生，过着愉快、幸福的生活，而民众好像没有感到管理者的存在。这一“不知有之”的社会效应，是被管理者对管理者的最高奖赏，也是道家实施“无为而治”管理所达到的理想效果。所谓“太上，不知有之”，也就是老子所说管理者“成功遂事，百姓皆谓‘我自然’”的意思。元代吴澄释曰：“最上谓大道之世，相忘于无为。太上，圣人无为之治也。”

处于这一太上境界中的管理者，在实践“管理科学”和“管理道德”的基础上，已进入了“管理艺术”的阶段。这是一种有别于儒、法、兵、墨的“有为型”的“无为型”管理。在道家看来，只有这种“无为型”的管理，才是人类孜孜以求的最理想的管理境界。

《庄子·应帝王》一文进一步阐释了“无为而治”的管理境界，庄子把这一管理境界称为“明王之治”。《庄子·徐无鬼》中记载，有人问尧的老师许由为什么要逃避尧呢？许由认为：“夫民，不难聚也；爱之则亲，利之则至，誉之则劝，致其所恶则散。”但是，“爱利出于仁义，捐仁义者寡，利仁义者众”即无视于仁义者少而取利于仁义者多。以仁义治国，只能造成虚伪，把它变成“禽贪者器（工具）”。“夫尧知贤人利天下也，而不知其贼天下也。”《庄子·缮性》认为儒家“以仁义治国”是“礼乐偏行，则天下乱矣”，可说是“丧己于物，失性于俗者，谓之倒置之民”。在《庄子·天地》中，禹王问伯成子高为什么“辞为诸侯而耕”？伯成子高答曰：“昔尧治天下，不赏而民劝，不罚而民畏。今子赏罚而民且不仁，德自此衰，自此立，后世之乱自此始矣。”这是庄子后学假借伯成子高之口对法家“以法治国”的批评。

据《贞观政要》记载，唐代名臣魏征告诉唐太宗，舜在位的时候，老百姓说“耕田而食，凿井而饮”，受到天子含养，吃饱喝足，却说帝王有什么功劳。如今皇上这样含养百姓，百姓也是日日享用，却不认为是皇帝的恩德。在魏征看来，唐太宗的“贞观之治”已达到了“无为而治”的最高境界。民众过着自由、富足的美满生活，却感觉不到唐太宗的存在，这是管理的最佳状态。

日本蛇之目缝纫机工业株式会社顾问鸠田卓弥先生一生极力追求这一目

标，他说："日本的企业不应该把每个员工弄得整日头顶着钢盔干，窒息沉重，总有一天人会变成积重难返，就要吃大亏。管理方式应该不轻不重，最好是不知不觉，事情就办妥当。我个人一生都是朝着帝尧的方式为目标而努力的。"

美国管理学大师彼得·圣吉非常推崇老子管理境界的思想。他在《第五项修炼》一书中，在引述了《老子》第十七章后，评论道："老子说，不好的领导者，会被人们瞧不起；好的领导者，会赢得人们的称颂；伟大的领导者，是让大家在事情完成时说'是我们自己完成这件事情的'。"他认为现代领导者是组织的设计师，好的领导人，懂得创造有利于人们可以发展自我的环境，虽然不一定有立竿见影的效果，最终将会赢得人们的称颂；反之，不好的领导人，依赖严苛的控制手段，使人心生畏惧，最终会被人唾弃。至于最高明的领导人，是透过理念沟通，建立愿景，引导人们发挥主动自发的精神，为目标全力以赴，自然会在不知不觉中成就事功。从彼得·圣吉的引文和诠释来看，他确实掌握了老子"无为而治"的精义，现代领导人需要秉持"清静"的心态，纵观全局，因循"自然无为"管理原则，化解管理中的矛盾，从而达到"无为而治"的最高管理境界。

老子这种"太上、不知有之"的最高管理境界，同现代管理科学所说的"象征性管理""渐进式管理"有某种相似之处。德国管理学家曼弗雷德·马丁和加比·波尔纳在《重塑管理形象》一书中，把管理者和管理境界分为"棍棒式""家长式""权力控制式""协作式""权威式""想象力式""全球责任感式"七级。其中"全球责任感式"是最高的管理境界。在他们看来，具有全球责任感的管理大师的活动是渐进的，帮助别人是自己的本分，从不张扬，制造领导效应。领导方式是潜移默化的，好像春风化雨一样，"随风潜入夜，润物细无声"。他们为人民悄悄谋福利，做好事却从不希望人民对他感恩戴德。可见，"无为而治"的管理境界，是古今中外管理者所追求的最高管理境界。

国学与人生

徐小跃

南京大学哲学系教授、博导。南京图书馆原馆长，江苏省政府参事。中宣部“四个一批”人才，首批国家“万人计划”哲学社会科学领军人才，中央“马克思主义研究与建设工程”首席专家，国家社科基金学科评审专家，国务院政府特殊津贴专家。江苏省周易文化研究会会长，国家一级学会“老子道学文化研究会”会长，江苏省哲学史与科学史学会副会长。美国哈佛大学高级访问学者。

一、国学概念的诠释

作为表征中国传统学问，指称中国传统文化的“国学”概念始之清末，产生于中西文化、新旧文化转型的历史时期，至20世纪20年代被学界广泛讨论和使用。

我们以一种简单的角度来理解“国学”这个概念，即所谓国学就是中国固有的古代学术文化，或简称中国传统学术文化。实际上，此意义的“国学”

概念所强调就是两点：一是中国，一是传统。其要表明的是对中国传统学术文化，乃至整个中国传统文化的一种态度、意识和精神，从而表征的是一个时代的精神呼唤——那就是理性地对待中国传统文化，历史地认识中国传统文化，自信地再造中国传统文化，并以此振兴中华民族。

二、国学研究的范围

我们应从两个方面来理解和确定国学研究范围。一是从作为学术性的国学所研究的范围，一是从作为思想性的国学所研究的范围。

（一）从学术的角度

从学术的角度来看，国学所包含的内容是极其广泛的。这些内容如按中国古代图书分类来说，先有所谓《七略》，后有所谓“四库”或“四部”。《七略》是由两汉之际的刘歆编制，它虽然简略，但是我国第一部综合性的系统反映国家藏书的分类目录，包括辑略、六艺略、诸子略、诗赋略、兵书略、术数略、方技略，共七略。《七略》日已亡佚，《汉书·艺文志》虽只得其十分之四，但存其目录，据此我们可以得见《七略》之概貌。中国图书分类后经不断演变，最终形成了经、史、子、集“四库”，又称“四部”。

“经部”收录的是儒家的典籍和研究儒家经典的著作，“经”有“六经”“七经”“九经”“十三经”之说，其中“六经”实存《诗》《书》《礼》《易》《春秋》。“十三经”包括《周易》《尚书》《诗经》《周礼》《仪礼》《礼记》《左传》《公羊传》《谷梁传》《论语》《孝经》《尔雅》《孟子》。

“史部”指各种体裁的历史著作。具体包括“正史类”“编年类”“纪事本末类”“别史类”“杂史类”“诏令奏议类”“传记类”“史抄类”“载记类”“时令类”“地理类”“职官类”“政书类”“目录类”“史评类”等，如《二十四史》《资治通鉴》《通鉴纪事本末》《战国策》《天下郡国利病书》等。

“子部”收录的是儒、兵、法、杂、小说家等诸子百家与道教、佛教等类的著作，以及农学、天文算法、医学、术数、艺术、谱录、类书等方面书籍。

“集部”收录历代诗、文、赋、词、曲等各种体裁的作品，也收录对各种作品进行评论及文学理论的著作。具体分为“楚辞类”“别集类”“总集类”“诗文评类”“词文评类”等，像《楚辞》《李太白诗集》《文选》《乐府诗集》《全唐诗》《文心雕龙》《花间集》《古今杂剧》等。

我们从经、史、子、集“四部”看，可分别形成“经学”“史学”“子学”“文学”。而对重要著作所做的版本校勘、文字音韵、考据训诂等形成一个专门的学问，则被称为“小学”。所以国学大师章太炎在其《国学讲演录》将“国学”分为小学、经学、史学、子学和文学。如果用现代学科分类法的话，国学应包括哲学、史学、文学、伦理学、宗教学、礼俗学、考据学、版本学、文字学、训诂学、音韵学等。

国学涵盖了传统文化的方方面面，非一人或一个学科所能穷尽，无法想象有哪一个人能配得上国学大师的称号。然而，毕竟有不同的学科学者在从事某些领域的研究，这种研究成为国学的一个部分，而每个部分的整合就是国学的研究。具体说来，从事中国古代哲学、中国古代历史、中国古代文学、中国古代文字训诂学等的研究都可以视为对国学的研究。

（二）从思想的角度

从思想的角度来看，国学所包含的内容主要是儒道佛三家思想。古人直谓“天有三光日月星，人有三教儒道佛”，可见，儒道佛三家是国学的精神之所在。这三家的特点分别为儒家主张入世有为、道家主张超世无为、佛家主张出世放下。

儒家所谓“入世”，就是表示儒家既不关注外在自然的探寻，也不关注向上的、向天国的追踪。在方向上，既不向外，也不向上，它就是进入现实社会。儒家创始人孔子有这两句名言，一是“未知生，焉知死”，就是重视生命，不关注死亡以后的状态；二是“未能事人，焉能事鬼”，人现在这么郁闷烦恼，自己的事情还没治理好，做这么多鬼事干吗？所以孔子说“务民之义，敬鬼神而远之”。这就是儒家的入世情怀。

儒家强调“有为”，就是强调个人对他人和社会的责任与使命，重视为社会和他人贡献。儒家对人生最大的启示就是它强烈的责任感和使命感。孔子生前周游列国十四年，到处宣传他的思想。时人评价他“知其不可为而为之”：知道不能做，你还硬要做，这不是在违反客观规律嘛。这是对孔子的最大误解。我们说，儒家精神的精彩就在于这番话，“知其不可为而为之”，当你的良知判断并确定一个一生将为此奋斗的境界，哪怕是在实现这个境界过程中遇到多少艰难困苦，在所不惜，不放弃这种努力，不放弃这种追求。它展示的是一种百折不挠的韧性：理想暂时不能实现，但不停止努力，一旦时机成熟，这种理想就能实现。

道家的超世无为怎么理解呢？所谓“超世”，用庄子的话讲又叫忘世、游世。道家的思维跟儒家不一样，儒家思维看问题都是在面上看，而道家是一个否定性的思维，它对现实的制度、社会的运作、人与人的交往都是采取一个批判态度，用哲学的话说，就是超越经验、超越常识、超越对立、超越区分，来追求一种人道一体、天人合一的境界。

“超世”又和“无为”相联系。老子说：“为学日益，为道日损，损之又损以至于无为，无为而无不为。”他对知识、理性的东西，持超越的态度。哲学上讲超越的概念，说无为而无不为，是“因物之性，顺物之情，顺势而动”，用我们今天的话说，就是依顺事物的本性，依顺人的本性真情，依据本性和规律去办事，这就叫“无为”。因此道家讲的“无为”，前面必须要有两个字加以规定，这就是“自然”。所以我们在谈道家无为思想时，一般就说“自然无为”。

佛家的出世则是说，人在这个红尘世界，由于诸多污染，使其固有的本性不能呈现，而产生种种执着幻想、诸多痛苦烦恼。所以佛家认为要解脱，要超越，这样就能离苦得乐，这是佛陀的本怀。因此我们说，佛之教义，就其本质而言是积极的。

儒、道、佛三家，有不同的功能。用北宋一位皇帝的话说，儒家是治国的，道家是治身的，佛家是治心的。对于中国古代的这三家思想，南怀瑾先生也曾经做过非常形象的比喻。他说，儒道佛三家，分别开不同的店，儒家开的是粮食店，解决人的精神饥饿问题；道家开的是药店，治疗心灵疾病；而佛家开的是百货商店，商品琳琅满目，有钱没钱都可以进去逛逛。

总而言之，儒、道、佛三家都是我们人生所必需的。中国有这样一句古话，叫顺境信儒，逆境崇道。人们得意的时候，会要去体味“天行健，君子以自强不息；地势坤，君子以厚德载物”的儒家精神，并践履“为天地立心，为生民立命，为往圣继绝学，为万世开太平”。

三、国学的本质与核心

国学的核心是道，用一个从低到高的顺序阐述就是思想、精神、信仰。学习国学，就是学习国学中的思想观念、精神追求和信仰崇拜。这三个方面有着共同特点：看不见，摸不着，是一种无形的存在。“形而上者谓之道，形而下者谓之器。”形而上者即是指可感知的世界背后的原因，是抽象的、不可感的，并且可以作为可感世界的根据存在的。形而下者就是可感世界，是具体的，可以捉摸到的东西。提到国学，有人可能会想到四大名著，想到四大发明，想到秦皇汉武、康乾盛世，但这些具体的事件、器物难以承担起“国学”二字，非得是一种本质的、可作为原因的、抽象的东西才能代表国学。

回到国学的核心，道的目标是什么？它的存在是为了达到何种理念？我将之概括为两个部分，其一乃易天下，其二乃化成天下。易天下即改变天下，化成天下即变化成就天下。但此处所指的天下非我们现在空间意义上的天下世界，而是指民族最深厚的文化、最宝贵的精神、最神圣的道德和最普遍的世道人心，对中国古代的人来说，最令人担心的不是亡国而是亡天下。亡国者无外乎变了国姓而已，对“匹夫”来说正常的生活并未受到大的改变或影响，而亡天下的后果则严重得多，它意味着文化遭受侵蚀，精神受到重创，道德沦丧，世道颠覆。因此顾炎武说“天下兴亡，匹夫有责”，黄宗羲说“天下之治乱，不在一姓之兴亡，而在万民之忧乐”。而保国与保天下同样有区别，“保国者，其君其臣肉食者谋之。保天下者，匹夫之贱与有责焉耳矣”。

综上，对国学的作用我概括出以下几点：一曰净化心，二曰变化气质，三曰纯化社会，四曰成就道德，五曰成长生命，六曰成全人格，七曰和谐社会，八曰和谐自然。此乃化成天下最本质的意义所在。

四、国学的价值取向及其人生意义

中华传统文化价值取向关注的是社会和人生的问题。中国古人建立的所有思想，包括儒家的孔孟之道、道家的老庄之学、佛家的各宗，都有这样一个共同的思想——思以其道易天下。思索用他们的“道”——观念、思想、思维方式，来改变天下，这是中国古人的价值取向，概莫能外。这也是中国传统文化价值取向异于西方之处。

古希腊文明的产生是基于希腊人对自然的惊奇感。古希腊人关注外在的自然界，研究的是为何自然界如此奇妙，变化无穷。希伯来文明的产生则是出于对外在力量的敬畏，这种文明的价值取向既不是社会，也不是人生或自然，而是神。中华文明的产生，特别是儒家文化起源于“忧患意识”，担心的是人之为人而没有德性。孔子说：“德之不修，学之不讲，闻义不能徙，不善不能改，是吾忧也。”所以简单来说，古希腊文化的价值取向是向外的，希伯来文化的价值取向是向上的，中华文明的价值取向则是向内的。

国学，尤其是以儒道佛代表的三家思想，其最本质的特点在于对人的心性、人性、生命最深入地关注。我们谈中国传统文化的价值取向，学中国传统文化，是为了加强自己的心性修养，是为了提高自己的生命质量，是为了实现自己的存在价值。值得注意的是，我在这里连用了三个“自己”，以此强调和提醒人们，学问究竟在什么层面与每个人“自己”发生着关系。儒家将此种学问称为“为己之学”，而与此相反的学问被叫作“为人之学”，意思是做学问是为了给别人看的，完全与自己的做人、与自己的生命脱钩。

儒道佛都是生命之学，都是慰藉我们的心灵之学，都是真学问。儒之仁爱、道之慈柔、佛之慈悲表征的是一个爱的精神，指向的是一个至善的境界。儒家是通过“仁爱”之道，道家是通过“自然”之道，佛家是通过“慈悲”之道，以实现社会、人生的和谐与完善。只要有了真诚之爱、自然之爱、博大之爱，一定能化解怨愤和仇恨。

儒道佛三家分别通过“社会”“自然”“涅槃”三极的设定来构建思想体系，来宣扬他们的价值取向和思维方式，来展示他们各自的世界图景。儒道两家用他们或是经验的，或是理性的，或是哲学的，或是科学的概念、框架和思维方式向人们展示了非宗教的世界图景；佛教则用他独特的，超越经验、理性、哲学和科学的概念框架和思维方式向人们展示了宗教的世界图景。儒道两家，特别是儒家它强调的是人“生”学。孔子的“未知生，焉知死”“未能事人，焉能事鬼”“敬鬼神而远之”这样一种重生轻死，重人事、轻鬼事，重此岸、轻彼岸的“现实”倾向对儒家以及中国人的价值取向产生了极其广泛而又深远的影响。道家亦谈人“身”的修炼，同样的重“生”。总而言之，他们都主张把价值取向定在“此生”“此身”“此世”上。当然，在道教体系中也不乏超越性的境界设定，像“天庭”“鬼域”等等。不过，主张“此身”即在现世长生不老则是道教根本教义之所在。而佛教则是喜谈“死”后的众生生活。或可称之为人“死”学。因此亦才有了佛教所主张的“穿透生死”“生死事大”之说。

五、中华人文精神

中华传统文化，尤其是儒家文化，其思想观念和道德规范都体现出丰厚的人文精神。通俗地说，只要理解了中华传统文化中的人文概念及其精神的话，那么，中华传统文化的思想观念和道德规范也就能清晰地把握了。可见，认知和理解中华传统文化中的人文精神，对于整体认识中华优秀传统文化来说意义十分重要。

什么是中华人文精神？回答这一问题之前，一定要紧紧扣住“人文”这个概念所要表达的意思及其与此相关的问题是什么。换句话说，对中华人文精神进行概括和总结，一定要在“人文”概念的原始义和经典义上来进行，否则都会游离其外而不得要领。我对“中华人文精神”的概括是归止文明的方向、归止至善的良心、归止做人的道德、化成天下的责任、关爱人民的利益。

其一，归止文明的方向。这一方向是光明和美丽的方向。《周易》解释“贲”卦时说道，“文明以止，人文也”。此卦的卦象是“下离上艮”，“离”为火，表示光明和美丽；“艮”为山，表示安止和归宿。二者相合，则意为人应该朝着和安止于光明美丽之境也，即心性的方向。

可见，心性的文明，就是“人文”。这就是群经之首的《周易》对“人文”概念直接做出的定义。由此可见，“人文”概念与“文明”概念形成了内在的关联性。要之，“人文”精神是指能具有向着光明美丽这一“文明”之境归止和安止的情怀。简言之，中华人文精神是指人要有方向。

其二，归止至善的良心。这是在具体回答什么是光明美丽的文明这一问题。儒家认为人文所要归止的文明之地就是“至善”。所谓“至善”，超越善恶，人之为人的本来状态，在儒家看来就是“良心”。而这一“良心”正是构成人之为人的根据所在，也是人与动物的根本区别所在。

孟子说：“人之所以异于禽兽者几希。”什么是“几希”？就是“一点点”。孟子这句话的意思是说人和动物的差别就这么一点点，并没有太多。现代的遗传学、生物学、医学证明，人和动物之间的一致性达到99.99%。只有0.01%不一样，这就是“几希”。

人和动物的区别表现在哪里？我们接受西方教育的知识结构告诉我们，人有思想，直立行走，人有语言能力，人有理性，会制造工具。我们的古人是怎么看这个问题的？《礼记》中说：“鹦鹉能言，不离飞鸟。猩猩能言，不离禽兽。今人而无礼，虽能言，不亦禽兽之心乎？”人高于禽兽的能力如果没有一个根本的支撑，就会造成更残暴的结果。人类历史发展中出现的各种残酷的刑具、杀人武器，已经说明了这一点。国学告诉我们，如果不保存这个“几希”，人将是世界上最凶残的。儒家的可贵就在于先把人和禽兽的区别讲清楚。

荀子曰：“水火有气而无生，草木有生而无知，禽兽有知而无义，人有气有生有知，亦且有义，故最为天下贵也。”人区别于动物的最根本的是人有义。义者，宜也。宜者，应当也。古人有句话叫“当其所为”，是人应该有的行为，文明的行为。人之区别于动物的这一点点灵光，这一点点明德，这一点点性德，这一点点性命，这一点点德能，就是“几希”。

在儒家看来，人和禽兽的根本的、决定性的差异是人之为人的良心。“良心”就是“至善”。有良心就是真正的人，能安止和按照良心做事的人就是“止于至善”。良心有何用？一是生德，二是判德。也就是说，良心能生出种种“人德”也。

那为何要生德呢？是为了解决“人伦”问题。那为何要建立“人伦”呢？是为了呈明人性而抑制住非人性者也。人是一个矛盾性的存在，由两个相互对立的属性的生命所构成，一是德性的生命，一是气质的生命，二者合称为“人之道”也。

孟子曰：“人之有道也，饱食，暖衣，逸居而无教，则近于禽兽。圣人有忧之，使契为司徒，教以人伦：父子有亲，君臣有义，夫妇有别，长幼有序，朋友有信。”圣人所担心的乃是人仅走人之道的一途——禽兽之道，即只知道满足人自然生理的需求，而不走人之道的另一途——人之为人之道，即重视人伦关系的构建。

所以儒家文化是两步同时走的，一方面是光明德性的生命，另一方面是变化气质的生命。要想二者同时进行，莫过于加强人伦建设，从而明明德、化气质。为规范这一伦理关系，儒家逻辑地进行道德目标建设，具体回答如何构建关系之间的有亲、有义、有别、有序、有信。

从这里可以清楚地看到，“人文”与“止于至善”“良心”以及“人伦”之间的内在关联性。简言之，中华人文精神是指人要有良心，要遵循人伦纲常。

其三，归止做人的道德。这具体回答和解决了至善和良心表现在某个人的身份和角色时归止和安止于怎样的道德之上的问题。《大学》说：“为人君止于仁，为人臣止于敬，为人子止于孝，为人父止于慈，与国人交止于信。”只要归止和安止于“仁敬孝慈信”这些道德，那么就表示你归止和安止于至善了。由此可见，所谓人文精神是指人保存有良心以及各安不同的身份应归止和安止的“仁敬孝慈信”之德行。

我们的传统文化，我们的先贤，富有智慧地概括出“仁、义、礼、智、信、孝、悌、忠、廉、耻”真正具有人文精神的十德。仁，就是做到自爱、爱人、爱物，即对人有爱心、有情义，要成人之美而不成人之恶，尊重他人，宽容他人；义，就是要做你应该做的事，不做不应该做的事，做人做事要合道合德，讲求公正、中正；礼，即知道恭敬、庄重，对人要做到礼敬、礼谦和礼卑；智，即指判断是非善恶的良知良能，就是说做人要知道向善，要有向善之心、向善之能；信，即做到诚信、笃实、不欺；孝，就是善事父母；悌，就是善事兄弟；忠，就是尽心尽力，不偏不倚，恭敬竭诚，中心无私以奉公、任事、服职、对人；廉，应理解为“可以取，可以无取，取伤廉”的高尚品行，即这个东西你可以拿，也可以不拿，然而你如果拿了就伤害廉；耻，就是指你做了不合道、不合理的事，对此你耳朵发烧、心跳加快，感到羞愧、难为情。

总之，按照这些美德去做人做事，就是人文精神。从这里可以清楚地看到，“人文”与“归止做人的道德”的内在关联性。简言之，中华人文精神是指人要有道德。

其四，化成天下的责任。人文的精神体现在它要实现和达到“化成天下”的目的。“观乎人文，以化成天下”，“人文”与“化成天下”存在内在关联性。这里的“天下”不是指地域或空间意义上的全世界，而是指“文明”总和的那些要素。

具体说来，包括人的心性、人的气质、人的道德、人的生命、人的品格、人的言行、人的生活方式、人的生存样态、世道人心、社会风尚、思想、精神和信仰，等等。所谓人文精神是指当肩负起“化成天下”的责任。简言之，中华人文精神是指人要有责任。

其五，关爱人民的利益。中华文化精神在“归止”和“化成”的意义上得到了具体展现，而所有的归向和最终目的那一定是要落实到人民这个中心之上的。得天下有道，最后的道乃民心，这是中华传统文化深入人心的一种思想观念。

换句话说，中华人文精神所观照的一系列的“人”的问题，如人性、人伦、人德、人责，其最终目的一定是要落实到现实的对象——人民的身上。以人为本、民为邦本、民为贵……一系列的表述无不表明了这一深刻意义。

天命与民心乃是中国传统文化所认为的政权的合法性之二维性存在。一般来说，“民心”具体所指就是“民生”，包括物质与精神两方面。孟子曰：“得天下有道：得其民，斯得天下矣。得其民有道：得其心，斯得民矣。得其心有道：民之所欲与之聚之，所恶勿施，尔也。”

通俗地说，得天下需得人民，得人民需得民心。而得民心的办法就是：全心全意地做人民所想之事，做人民所盼之事，不做人民所厌恶的事。简言之，中华人文精神最终的归宿是为人民谋幸福。

由上可知，中华传统文化，尤其是儒家文化精华所在正是体现在它的明人性、察人伦、崇道德、重责任、贵人民，主张心性是根，人伦是纲，人德（道德）是魂，责任是天，人民是本。而所有这些思想观念及其精华都被人文精神所表征，越发突显出，中华人文精神是一种合乎人性与社会文明发展方向的文化精神。

懂得了“人文”就懂了什么是“文化”。换句话说，弄懂了“人文精神”，实际上就等于弄懂了“文化”的特点及其功用。一般来说，“文化”是与“人文”概念及其意旨、作用紧密相连的；所谓“文化”就是“人文化成”或“以文化人”的意思；所谓“人文化成”，当是指以人文精神教育人民，养成良好社会风尚；也可以说，所谓“文化”就是“人文教化”。“人文”即为“修道”，“教”即为“教化”。《中庸》所说的“修道之谓教”大概就是要表达这个意思。

在弄清什么叫作中华人文精神以及文化的功用以后，就可以进一步理解真正的“人文学者”和“文化人”的概念，他们应指精神和情怀。文化者，一头“观”着“人文”，一头“化成”着“天下”。

可见文化者首先必须解决的是“人文”素养、精神的“定性”和“定位”问题。“文化者”或一切载道的文化，如果自身缺乏“人文”的定位和定性，如何“化成天下”？反之，不“人文”的“文化者”，其作用和效果必然是呈现“负面”“消极”，甚至是“没良心”“背人伦”“无道德”，就很容易走上急功近利、追名逐利、漠视正义、唯利是图之路。

“本立而道生”，鉴于此，如果要使更多从事一切文化建设的工作者成为名副其实的“人文”者，那么，首要和根本的问题是要使他们具有人文精神和情怀。

还有一个问题理应在当下引起重视，即尽可能让更多的国人培养起人文精神和情怀。每一个人都应知道和懂得这样的道理：作为“人之为人”根据的良心以及由良心发出的“人文”精神的巨大作用是不允许被忽视的，正如孟子所云的要“善养吾浩然之气”。

中国人向来不缺乏人文主义精神，但影响面太小。过去，由于受到教育水平的限制，广大群众少有接受“人文”观念的教育和宣传，其观念大多止于读书人知晓。而今日之国民教育，已达到高度普及化水平，我们应该高度重视中华“人文精神”并加以大力弘扬，以此来呼唤良善，倡导文明，明察人伦，崇尚道德，肩负责任，忠爱人民。

六、结语

中国传统文化价值关注社会人生，儒家讲“修齐治平”，道家讲“性命双修”，佛家讲“法身慧命”，儒道佛三家的思想主张体现了多重性的生活方式，亦反映了儒道互补的特性，儒道佛三家互用的功能，从而满足了中国人的精神和灵魂多方面的需求。

我常常这样说，作为一个中国人是极其幸福的，因为在中国有这么多的思想宝库能提供各种人生所需要的东西。但另一方面，许多作为现代的中国人又是非常遗憾的，因为他们全然不知有这么多的宝藏，或出于什么其他的目的，对自己的宝贝视而不见，甚而无端轻慢和毁侮。有鉴于此，我们应该站在中华民族伟大复兴的高度来重新审视国学的价值，使全体中国人民都对蕴含在国学中的精神和价值有高度自觉，只有具有了这种自觉，才能树立起对中华文化的高度自信。

借用胡适在《国学季刊》发刊宣言中的一句话作为结语：“我们深信，国学的将来，定能远胜国学的过去，过去的成绩虽然未可厚非，但将来的成绩一定还要更好无数倍。”

道教美善达真的人格培育

詹石窗

哲学博士、教育学名誉博士。先后师承道教学泰斗卿希泰先生、易学泰斗黄寿祺先生。曾任福建师范大学易学研究所教授、厦门大学闽江学者特聘教授、厦门大学人文学院副院长、哲学系主任。现任四川大学文科杰出教授、四川大学老子研究院院长、四川大学道教与宗教文化研究所教授委员会主席、四川大学中华文化研究院学术委员会副主任、四川文化艺术学院汤用彤国学院名誉院长、讲座教授、国家社会科学基金学科评审专家、国家“十三五”规划文化重大工程《中华续道藏》首席专家、老子道学文化研究会副会长、华夏老子学研究联合会副会长、福建省易学研究会会长等职。

道教的文化传统十分悠久，道教的思想文化体系是别具一格的，其内容是丰富多彩的。其中，很重要的一个方面是“修行”学说。就实施过程来看，修行既是一种道德实践过程，也是一种人格培育过程。一方面，道教通过神仙故事为人们树立人格培育的道德典型；另一方面，道教又通过具体的方式，为人们提供人格培育的修行方式。

一、形神俱美的修行

道教人格培育很重视一个“美”字。翻开历史上的诸多道教传记，我们可以看到千姿百态的神仙人物，他们以各自不同的方式展现了道门特有的人格美。

考《列仙传》卷上有赤松子的故事，言及赤松子是神农氏时期的雨师，他“服水玉，以教神农”。据说能够“入火自烧，往往至昆仑山上，常止西王母石室中，随风雨上下。炎帝少女追之，亦得仙俱去。至高辛时，复为雨师，今之雨师本是焉”。赤松子是有特殊修行方式的，这就是通过服食“水玉”来达到形体美。不仅如此，赤松子在服食水玉之后，还出现了特异技能，他能够进入火堆中烧烤自己，却不会被烧焦，并且能够随着风雨上上下下，比当今我们看到的那些杂技演员惊心动魄的表演还要精彩，看起来是多么迷人，难怪神农氏炎帝的少女会恋上赤松子，跟随着赤松子一道修行“成仙”了。

对于《列仙传》中的赤松子故事，读者可能会有不同理解，甚至相互矛盾的评估。就人格培育立场看，我认为这个故事给人的启示在于赤松子作为一种人格理想典型，映射出一种特殊的审美光辉来。作为神仙人物，赤松子具有理想化的一面。不过，正是这种理想化，使得故事主人公超越了现实层面，给人一种不平凡的魅力。既然能够入于火中自烧，说明赤松子的体魄不同于凡人；至于随着风雨上下，则又展示了赤松子不怕水浸的技艺。如此一“火”一“水”，一热一冷，阴阳相衬，造就了迷人的人体技能美。当然，在《列仙传》作者笔下，赤松子不是一个只顾个人修炼的神仙，他学会了“服水玉”方法后，便将这种养生方法教给炎帝神农氏，表现了一个修行者的无私品格。由此，身体技能美与内在心灵美达到了统一。从主观上看，《列仙传》的作者或许只是要彰显“世上有神仙”，但在客观上却为后来的修行者树立了一个人格培育与人格完善的典型形象。

有趣的是，赤松子的名号后来在浙江金华一带的皇初平身上得到延续。晋代葛洪《神仙传》卷二记载了一个故事。丹溪人皇初平，15 岁的时候家人让他外出牧羊。有个道士觉得皇初平禀性优良而谨慎，就把他带到金华山一个石室之中，教给他道门秘术，这样一过就是 40 年。皇初平有个兄长叫作皇初起，自从弟弟失踪之后他就一直在寻找，后来有一天在闹市中看到一个道士在为人占卜，就问道：“我有个弟弟叫皇初平，到山里牧羊，失踪至今已经有 40 多年了，不知道生死如何？请道君卜一卦吧。”道士说：“金华山中有一个牧羊儿，姓皇名初平，不知道是不是你的弟弟。”皇初起听说之后非常惊喜，便跟随道士去寻找，果然找到皇初平。兄弟相见，悲喜交加。初起问弟弟羊的踪迹，初平告诉他羊在山的东边。但初起到东边却看不到羊，唯有白色石头数不胜数。初起回返，告诉弟弟他的所见。初平听后说：“羊都在这呢，只是哥哥你看不到就是了。”这时候，初平与哥哥初起一起到了山的东边，像往常那样吆喝“羊起来吧”，于是，白色石头都变成羊，大约有万头之多。初起说：“弟弟得了这样的神通，哥哥可以学习吗？”初平回答：“只要您好道，就可以得到这样的神通。”听了弟弟一席话，初起下了决心皈依大道，与弟弟一起服食松脂、茯苓，到了满五千日的时候就可以“坐在立亡”，走在太阳底下却没有影子，看起来有童子的美色。后来，他们一起归回乡里，但所有的亲朋友戚都相继去世了，于是他们又到了金华山。临行的时候，兄弟俩把神方传给南伯逢，皇初平异姓改名为赤松子，哥哥皇初起则称作鲁班。

读了《神仙传》的皇初平故事，本人有三点感受：第一，故事的字里行间洋溢着人间的兄弟情谊。皇初平失踪 40 多年了，他的哥哥皇初起一直在寻找，始终都没有放弃，这种兄弟情谊实在让人感动；第二，故事以简明的方式表现了人类的一种纯真记忆。在哥哥皇初起心目中，弟弟虽然离别 40 多年了，但他永远是个放牧的少年，正如往昔一样，弟弟似乎永远手执长鞭，与羊群相依为命，所以相见时刻首先问的是羊在哪的问题。当皇初起了解羊群所在地点的时候就执着地去寻找，找不到时就以着急的口吻向弟弟表明自己的感受，这种描述方式因为符合一般的认知心理，所以能够引起读者共鸣；第三，故事以玄妙方式表征了道教修行的神奇效果。皇初平吆喝一声，那些俯卧的白色石头便站立起来，而且数量众多，这真是令人大开眼界。在如此神奇的情境中，哥哥形成了跟随弟弟一起学道的愿望，并且付诸实践，最终达到了可以“坐在立亡”和“立身无影”的效果。在这个故事中，人间的兄弟情谊与修道渴望、神功异能的描述融汇为一体，彰显了形神俱妙的人格理想典型的特殊魅力。

如果说神农氏时代的赤松子以“入火不焦”“入水不濡”的特点表征了神仙的形神修炼理趣，那么皇初平最终改名换姓为赤松子则暗示了形神修炼的人格理想追求的永续不绝。在故事中，作者虽然没有直接的议论，更没有说教，但却暗示人格培育导向。像这种故事在神仙传记中是相当丰富的，仔细读来，令人回味无穷。

二、内外合善的修行

道教人格培育不仅注重形神之“美”，而且强调“善”。早在《道德经》中就对“善”的精神有独到的阐述。

在《太平经》一书中，光是标题出现“善”字的就有 5 篇，包括《兴善止恶法第四十三》《上善臣子弟子为君父师得仙方诀第六十三》《来善集三道文书诀一百二十七》《作来善宅法第一百二十九》《天乐得善人文付火君诀第二百七》。至于行文中，论说“善恶”的篇章就更多了。

针对汉代社会出现的“善恶无序”情况，《太平经》认为主理政事的官员应该根据天人相应原则，导人向善。该书提出了一个很有趣的座次方案：长吏应该在充分了解情况前提下，召集部里人民会议。开会的时候，按照身份品性入座。具体来讲就是大臣故吏坐在东向，讲授经典文化以及德高望重者坐在北向，孝悌的人坐在西向，“佃家谨子”坐在东南角的西北向，“恶子少年”坐在西南角中的东北向，人君坐在南向。在讲述了座次安排方案之后，《太平经》解释了这种座次安排的依据，叫作“各从其类，乃天道顺人立善也”。接着，作者重点阐述了佃家谨子为什么坐在东南角和恶子少年为什么坐在西南角的理由，因为物生于东方，朝东具有“乐其日进”的意义，而东南方是“长养之乡”，让佃家谨子坐在这个方位是为了“乐其修治万物而不懈怠”；至于西南方位，乃是阳衰阴起之乡，这里是天然的刑罚处所，所以恶子少年坐在西南方向，实际上就是一种惩戒。从当今的现实操作层面看，《太平经》主张按照身份来安排座次很可能是难于实施的，但这种主张体现善恶分辨思想和人格培育导向，在精神原则上有一定可取之处。

《太平经》之后，葛洪的《抱朴子》以及唐宋以来流行的《福寿论》《太上感应篇》等一系列典籍都对善恶问题有诸多论述。

唐代学者孙思邈《福寿论》谓：“福者，造善之积也；祸者，造不善之积也。鬼神，盖不能为人之祸，亦不能致人之福，但人积不善之多而煞其命也。”由此看来，人的祸福不是外力强加的，而是个人心理与行动造成的。这种看法在《太上感应篇》中也有类似陈述，该书开篇即称：“祸福无门，唯人自召。善恶之报，如影随形。”为什么祸福乃由人“自召”呢？宋代李昌龄解释，人的一念还没有产生的时候，内心深处清澈无染，犹如太虚状态。但只要念头产生，情况就不同了，日后的善与恶，都只在一念之差。大抵一念起处，即祸福之门。

为了证明念头的善恶诱发作用，李昌龄以卫仲达为例予以说明。他指出，昔日，卫仲达刚刚进入衙门任职的时候，灵魂被摄至冥司。冥官传令小吏端出善恶记录来，其中一本专门记录善念、善行；另一本则专门记录恶念、恶行。一展开，冥官发现其“恶录”简直可以充满整个房间，而“善录”不过像一条筋那么小。看了记录之后，冥官顿时变了脸色，即拿秤来称。一会儿，情况发生了变化，只见秤的一头，有小轴重重下压；秤的另一头，恶录被翘起来，显得轻了，连大地也振动了一下。冥官转怒为喜地说：“你可以出去了！”仲达说：“本人尚未到40岁，怎么恶的记录这样多呢？”冥官回答：“只要一念不正，就马上记录下来，而不是只有行为犯错才记录的。”仲达不明白自己有那么多恶录，为什么还被释放？问道：“那小轴里写的是什么事？”冥官说：“朝廷曾经大兴工役，修筑三山石桥。你那时候上疏进谏制止，这篇谏文具有善功啊！”仲达又问：“某人虽然曾向朝廷进谏，但进谏意见并没有被朝廷采纳，为什么有如此的善力呢？”冥官说：“朝廷虽然没有采纳你的意见，但你的心念已经感化了当时负责该工程的官吏。其实，何止是这样，你的善力足以使自己减轻恶念造成的灾祸，可以安然地度世了！不过，由于你以往恶念太多，把自己曾经有的善力抵消了大半，所以被冥司摄召来了。本来，你是可以位居国相的，但现在只能当个吏部尚书了。”

对于卫仲达被冥司摄召的事，李昌龄评论说：“呜乎，仲达之恶，止是空有其念。尚至一旦损尽合作宰相之福。况本自猥薄，而又多直犯者乎？于此益知，一念起处，信为祸福之门也。”善恶问题攸关身心健康与寿命长短。恶念不仅有害健康，而且损人寿算。因此，应该谨慎自己的内心念头。为善既是一种内在的人格修养，也是一种外在的道德实践。善德修行必须从灵魂深处着手，进行深刻的内心检讨，在想明白了之后就必须具有实际的从善举动。

三、由善而美成真人

在观念上，“善恶”与“美丑”，可以分别予以阐述，但在具体修行过程中，善恶与美丑往往难以划上一条鸿沟。道教中的善恶与美丑常常能对应起来，甚至相互贯通，这种情况从老子《道德经》就已经有一些迹象，例如该书第二章一开始就说：“天下皆知美之为美，斯恶已；皆知善之为善，斯不善已。”意思是说天下的人们都明白美丽之所以美丽，便意味着恶的存在；都知道善为什么是善，不善的东西也就出现了。

本来，按照通常的情况，美应该与丑相对应；但在老子的论述中，美却与恶相对应。既然，丑可以转换为恶，那么美也就可以转换为善了。反过来看，善也可以转换为美，而恶相应地可以转换为丑。

在古汉语中，“美”有多重含义，其中之一就是善。例如《国语·晋语》即称：“彼将恶始而美终，以晚盖者也。”由此看来，美在意义上的确可与善相通，所以“丑”也就可以解读为“恶”。

俗话说“相由心生”，内心的不同念头可以导致外在面貌的改变，至于善恶之念所外化的行动，最终导致的相貌变迁当然就更大了。平常只要注意观察，就会发现：世间人们的相貌真是千姿百态，有的人看起来慈眉善目，有的人看起来则穷凶极恶，具有鲜明对比。如果再进一步考察，就会了解到：随着岁月流逝，人的相貌也在发生变化。这种变化，既有自然原因，也有心理原因。有的人违法乱纪，被关进监狱，遭受种种折磨，放出来的时候满脸辛酸和忧伤；有的人踏踏实实做事，并且能够为公共事业做出奉献，看上去就有一种宽厚和自信的气质；有的人整天不干正事，一心只想通过快捷途径得到钱财，于是干上了偷盗的事，这种人一看就与众不同，他们的眼神总是处于窥测状态，久而久之，甚至总是斜眼看人，于是眼角形成歪斜的样子。这说明，心理与行为的确对人的外表会造成影响。不仅如此，人的心念与行为甚至会对骨骼发生一定作用。所以，汉代以来就有一种通过“摸骨”判断人生命运的术数。我前些年到台湾，遇上一位老道姑，发现她具有摸骨的特别技能，许多人在疑惑的时候恳请她摸脸骨，她稍稍一摸，就能一五一十地叙说其往事的大致情况。其中的道理当然很复杂，目前我们还无法完全说清楚事理所在，但可以肯定的是，她的摸骨实践从某个侧面表明，人的骨相既由先天遗传因素造成，也由后天心念行为所改变。由此，我们联想到所谓“美容”，其实最重要的是从内心的善功开始，有了美善的心灵，再加上美善的举动，渐渐地外表也会焕发出一种富有魅力的光泽。即使由于种种原因而导致肢体残缺，但只要多做心灵善功，也一样可以彰显充满活力的神韵。

其实，由善而美的修行法度，在先秦道家那里已经在实践了。老子《道德经》第二十章说：“荒兮，其未央哉！众人熙熙，如享太牢，如春登台。我独泊兮，其未兆，如婴儿之未孩。儽儽兮，若无所归。”在这一章中，老子指出，世事茫茫，好像没有尽头。世间许许多多的人，往往心急气躁，他们追求名利，熙熙攘攘，就像要去享用太牢大祭时的丰盛宴席，又像春天要登上高台远眺风景那样劲头十足。唯有“我”的心境淡泊恬适，思清意定，不为所动，这就好像婴儿在母体怀抱之中，没有私欲，也没有烦恼，天真无邪。

《道德经》这一章怎样体现由善而美的修行呢？只要深入其情境，我们就会感受到，老子在这里塑造了一个与众不同的“我”的形象，这个“我”可以说是圣人的自述。“我”之所以不同于众人，是因为没有过分追求。如果说对名利等因素的过分追求是一种恶，那么保持恬淡心境，无机智巧诈之心，就是善。这种善的修行是可以达到美的效果的，其基本标志就是“如婴儿之未孩”。

朋友们，试想一想，一个颇有年纪的人还能够保持婴儿的勃勃生机，这不是美是什么？在这种情况下，你不用什么美容霜，也不用什么洗面乳，从气色上看就已经够美的了。

由善而美的修行，在《庄子》中有更为艺术化的表征。《庄子·知北游》说“天地有大美而不言”，这种大美表现在人格上就是真人理想典型。

什么是真人呢？《庄子·大宗师》说：“且有真人而后有真知。何谓真人？古之真人，不逆寡、不雄成、不谟士。若然者，过而弗悔，当而不自得也。”《庄子》关于真人修行的旨趣，集中表现在“三不”，即“不逆寡、不雄成、不谟士”。大家知道，在特定环境中，“不”具有否定意义。《庄子》在这里否定了什么呢？就是“逆寡”“雄成”“谟士”三样东西。所谓“寡”就是稀少，“成”就是成就，“谟”与“谋”相通，表示谋事。按照晋代道家学者郭象的解释，这“三不”的基本含义是：不因为“少”就推逆；不因为自己出力使事物成功就仗恃己能而处于物先；凡事顺势而行，不会用巧智谋略来刻意策划。在《庄子·大宗师》的心灵境界中，“逆寡”“雄成”“谟士”其实都属于恶的范畴，敢于在心灵中与行动上采取“不”的态度，就是对恶的否定。而否定了恶，也逐渐趋向于善。这种善不仅是从伦理道德方面说的，也是从审美角度说的。

真人去恶从善，可以在审美上达到什么效果呢？《庄子·大宗师》指出，他们睡觉的时候没有梦，他们醒来的时候没有忧愁，他们登高的时候不会害怕，他们入水的时候不会被淹死，他们的呼吸可以深达脚后跟。他们的心非常宁静，他们的外表非常安详，他们的额头、下巴都显示一种特有的纯洁之美。他们已经到了不知道生死的境地了。

《道德经明意》的意、道、门

温海明

中国人民大学哲学院教授，博士生导师。山东省泰山学者、孔子研究院特聘专家、国际易学联合会秘书长兼学术部部长、孔学堂书局以及《孔学堂》杂志的副主编，兼任国际儒学联合会理事、山东大学易学与中国古代哲学研究中心、北京中国学研究中心客座教授，出版《道德经明意》《周易明意》《儒家实意伦理学》等著作。

我对老子哲学一直情有独钟，去年出版《道德经明意》一书，今天我就跟大家交流书里面比较有特色的哲学部分。

这本书叫《道德经明意》，它的核心是“意”，我要建构一个“意本论”——以“意”为中心的哲学体系和多哲学论说。在书里，我把“意”贯穿在每章每节的翻译和诠释中，所以叫“意本论”。在这个过程中，我提出以“自然之意”为中心思想来解读《道德经》所有篇章。毫无疑问，“道”是老子的核心思想，可“门”是怎么回事呢？在我关于“自然之意”的诠释中，“门”恰恰是一个哲学化的中介。

“《道德经》的哲学”一词本身就是个比较哲学视域的名词。我在夏威夷大学跟着安乐哲教授接受过比较哲学的训练，所以比较注意如何沟通中国哲学与西方哲学，如何把中国哲学用哲学的方式传播出去，怎么把老子哲学用哲学的方式解释和传播出去。“《道德经》的哲学”其中的“哲学”首先是西方哲学的名词，它对应着西方哲学中的“哲学”蕴涵。中国哲学典籍当中有哲学思维，但是没有这个词。“哲学”作为一个词是近代以后产生的，但《道德经》《易经》等典籍中不乏相似的思想和问题，跟西方哲学所对应的相似问题可以产生深刻对话。

我们先回顾一下，西方哲学家在讨论《道德经》的时候，是怎么来理解的？他们首先要从哲学的角度发掘出《道德经》的哲学意蕴，并对相关哲理加以哲学性的阐发。参照这种阐发，今天我们继续思考怎么理解“《道德经》的哲学”这样一个问题。从《道德经》哲学的内涵角度，可以确定相应的哲学问题，并对其中的“自然之意”架构起哲学性的阐释框架。这正是《道德经明意》在解释《道德经》哲学的时候采用的框架。

德国著名哲学家谢林晚年的时候有一本著作，叫《神话哲学》，他用“第一潜能”哲学来解释老子的“道”。费尔巴哈认为“谢林哲学本身是一个外来种”，这等于说谢林哲学缺乏德国本土的味道，是“古代东方的同一性，孕育在日耳曼土地上”，好像说谢林哲学是东方的哲学跑到德国人的土地上。“因此，谢林学派倾仰东方之性向”，就是他们特别羡慕东方哲学，有这种倾向。“亦就是其学派之本质的性向”，费尔巴哈这样说谢林，认为他对东方哲学太仰慕了，以至于都不太有德国味道了。

按照龚特·绍尔慈的研究，19 世纪的浪漫主义以其对充满神秘东方的新的感受力发现了老子。浪漫主义思潮在德国很有影响，可能老子哲学的诗化和浪漫化倾向，与德国浪漫派可以呼应。而且像《道德经》这样的哲学文本，需要思辨的才能、哲学的素养才能得到理解。《道德经》是一本哲学书，它是一本讲道的书，理解道是需要很深厚的哲学思维的。虽然德国哲学接受老子的《道德经》不是从谢林开始，但显然德国哲学对老子、《道德经》的接受是在谢林这里达到第一个高潮。

谢林的讲座对老子及其著作进行了清楚的讨论，这是西方哲学家第一次从形上学的本源反思来对老子之道进行哲学诠释。谢林是一位专业哲学家，他在思考老子的道的时候，从自己哲学的形上学的高度来思考老子的道。之前伏尔泰等欧洲启蒙主义哲学家所推崇的是孔子的道德哲学。到了谢林，东亚哲学才被西方哲学家从形上学的本源反思的角度加以深入思考和研究。儒家哲学，如《论语》翻译过去，让西方人觉得中国思想更多的是伦理学，是关于人伦日用的人伦关系的一套哲学。这套哲学的深刻性，一般西方人不太理解。但是《道德经》讲道，很抽象，而且很有哲学味道，所以西方哲学家，如果有理解能力的话，一下就被吸引住了。谢林就属于这样的人，他一下子就体会到《道德经》的道有多美妙，他能够感通那种形而上学的味道。可见，一定要专业、有底蕴的哲学家，才能够对老子《道德经》的道有与西方哲学形上学对等的领悟和把握。

谢林之后，著名哲学家海德格尔认真读过一段时间《道德经》。从“形上学的本源”这一角度反思其存在论的先声。好像《道德经》的道，带出了德国哲学特有的内在哲学问题意识。可见，“道”的确有很深层的哲学意味。

《道德经》的哲学讨论，在西方与其译本有很大关系。安乐哲教授也翻译过《道德经》，其译本的副标题是“一个哲学的翻译”，强调其译文的哲学性。我的《道德经明意》虽然没有用这样的副题，但也有类似的意思，因为我在翻译解释过程中，形成了一套新的哲学说法。

黑格尔讨论过老子哲学，但谢林认为，从语言学和历史批判法的文献学研究方法来看，其所据的《道德经》勒木萨译本有很多问题。直到朱利安的法译本才开启了欧洲人正确解读《道德经》文本的机会。如果译者本人对《道德经》文本没有哲学性的领悟，那翻译出来的味道就不是哲学的感觉，哲学家的译本和非哲学家的译本的文字感觉是很不一样的。

黑格尔在《哲学史讲演录》第一卷将“道”理解为“理性”和“一切事物存在的理性与基础”。“理性”是黑格尔哲学的重要名词，是事物存在的理性和基础。但黑格尔批判老子的“道”是所谓的“有无玄同”，当他这么说的时候，应该是不太理解老子的“道”有无混成的意味，或者他对道没有体会到位。估计黑格尔对道在有无之间的玄妙领会比较有限，他认为道隐没在无差别的绝对同一之中，把“玄同”理解为没有差别的绝对同一。其实“玄同”是非常玄妙的和同，可他却理解为无差别的绝对同一，好像各种对象跟它是完全相同的。这种理解是有问题的，因为他受早期译本的限制，如果译者不能理解“玄同”，翻译的法文、德文这些词汇，如果用的是这样的意思的话，黑格尔不能理解它就是很正常的，因为他觉得译文就是这个意思。

而且，黑格尔认为谢林无差别的绝对同一哲学也有类似的毛病，既然谢林喜欢《道德经》，那么《道德经》的毛病谢林应该也有。谢林哲学的毛病和《道德经》的毛病应该是一样的。这是哲学家之间的互相攻击。哲学家之间有很多过分直接的攻击，不过后来他们都成了历史人物，再去琢磨他们之间的攻击可能会觉得特别有趣。黑格尔、谢林，还有另外一个大哲学家叔本华，他们是同时代的人。叔本华当时没有什么话语权，虽然著作很棒，但在活着的时候，名声并不大。他在柏林大学时曾经跟黑格尔同一个时间开课，结果黑格尔的教室里面坐满听众，可叔本华的教室里一个学生也没有。

谢林的东西叔本华也瞧不上，说他是变色龙。黑格尔这样批判谢林估计是为了突出自己的哲学体系在康德、费希特和谢林之上。几乎每一个哲学家，尤其是西方哲学家都认为自己是天下第一。有史以来，柏拉图、亚里士多德，下来就是“我”了，都觉得自己超越所有的人，认为有史以来哲学家数自己最伟大，这很有意思。中国哲学家也有这个倾向，但是相对来说没有那么直接。

接下来，我们要讨论讲座的核心内容了。谢林认为，应该把“道”译成“门（Porte）”。把“道”的学说理解为“进入存有的大门的学说”，也就是道是关于如何进入存有的大门，穿过存有的大门走向存有的大道。“关于非存有（Nichtseyenden），关于单纯存有可能性的学说，通过这种东西，一切有限的存有便进入现实的存有。”这说明，谢林认为“道”是从一种存在状态进入另一种存在状态的“门”径。“存在”是西方哲学核心的概念，一种存在状态跟另一种存在状态之间怎么切换呢？通过道。道就是这个“门”径，从一种存在到另一种存在之间的“门”径，是存有状态的境域性转化的通道。

这就涉及非常哲学化的理解了。道跟门有关，道就是我们走路的道。我们走在路上。门就是我们的家门、房门、校门等门。大门打开就有路了，没有路你出不去，所以门和道永远是连在一起的。有门就有道，你到门前要走路，门推开出去还有路。如果这个门打开是一堵墙，没有路，那就不是一个真的门了。所以道和门的关系非常微妙，它们是连在一起的，有道就有门，有门就必须有道。再如意象中的门，如天安门，当这个门向你显现，向你打开，就连带一种崇高的、神圣的状态出来。故宫的大门，那可不是一般家里的小门，意义是不同的，向我们显现的意义之道不一样。所以“门”有很多意味。门的背后有很多道，有具体我们要走路的道，也有很玄妙的道。

谢林如此概括《道德经》的“无”，他说：“生命的伟大艺术与智能，是在这种纯粹潜能的实现之中形成的，这种纯粹潜能就是无。”他把“无”理解为一种潜能，这个“无”可能变成有。“无”从没有变成“有”的时候，就像是一种潜能，潜在的东西变成了现实的东西。“无”同时也是大全，因为“无”是涉及所有的一种存在。“整本《道德经》通过大量极富创造力的比喻，向我们展示了‘无’的伟大而不可逾越的力量。”老子确实强调无的力量。谢林是西方第一个重视《道德经》“无”概念的哲学家。老子强调“无”，谢林也觉得这个“无”很妙。没有“无”就没有“有”。老子说得很清楚，因为杯子中间是空的，所以能够用来喝水。就像房子中间是空的，我们才能坐在里面上课；车轮中间是空的，所以才能滚动。“无”的妙处要好好体会，才能理解。

后来海德格尔关于“无”“虚无”的思考也受他的影响。谢林把“无”称为“存在之前”的潜能。一切事物都存在，比如这个手机是存在的，在进入屏幕存在起来之前，你看不到它是否存在，它是“无”，你不知道我有没有手机。当我拿出这个手机，你就知道我有一个手机，这是有。从无到有，是一个潜能到现实的过程。更精确地说，“一个‘无’同时又是一切”。当这个“无”没有显现出来的时候，它是所有，在屏幕的下面，你看不见的地方，一切都有可能，所以“无”是一切。但是当从下面显现出来是一个手机的时候，一切可能的存在物就具象化了，潜能就变成了现实。所以相对于“道”作为“存有的源泉”，“无”可以说是“纯粹能够”。“无”是一种能够变成具象化的潜能状态。有人听懂了，说“妙”，说明领悟了其中“有无相生”的玄妙。这是《道德经》“有”与“无”的哲学，大家要用心去体会。

谢林认为，“常有”就是“绝对的自发性”，而“常无”就是“绝对的偶然性”。“无”和“有”一样，融贯一切，是一切的可能性之源泉。“无”和“有”之间这种关系，一般我们说叫辩证关系，非常玄妙。

谢林关于“意愿”的说法，产生了关于“世界灵魂”的思想。或许可以推论，他所谓的“意愿”是一种自然的“意愿”。天地大自然有一种意愿，可以理解为世界的灵魂。自然界似乎有一种意愿在里头，“天地有大美而不言”，天地好像有一种力量。孔子说“四时行焉，百物生焉，天何言哉”，天看起来不说话，但是天哪里不说话？春天花开了，树绿了，这就是大自然的话语，“生生”就是大自然的意愿。

所以“生生”是世界的灵魂，世界是活的。因为人有灵魂，所以可以体会到世界的灵魂。如果人没有灵魂，我们所谈论的一切都是空的、没有灵魂的东西，就不可能去面对一个活的世界。

世界是有生机、有活力的，这就是“自然之意”。大自然是有意念、意愿的，虽然不说话，但有无言的意念和意愿。这是《道德经明意》的中心思想。

受“众妙之门”的影响，谢林认为应该把“道”译成“门（Porte）”，传达一种场域的开启感。“门”一打开就是一个场子，任何门推开都应该是一个场域，可以是具体的，也可以是抽象的场子。如果用怀特海“focus-field”来理解，“道”是打开场域的焦点。“门”和“道”是连在一起的，开门见道，“门”与“道”互生共成。

Graham Parkes 是我在夏威夷大学求学时的一个老师，是安乐哲教授的同事，他也研究道家。他指出，海德格尔于 1928 年在弗莱堡大学开设过谢林哲学研究课程，专门研究谢林。京都学派哲学家九鬼周造也参加了，他的参与激发了海德格尔对于“无”的讨论。九鬼周造后来成为一个非常著名的哲学家。九鬼周造的思考可以说比较诡异，他对日本的哲学有贡献，在跟海德格尔讨论的时候启发了海德格尔，海德格尔一听就觉得很有意思。九鬼周造的参与激发了海德格尔对于“无”的讨论及其对东方思想的呼应。海德格尔哲学后来还受到东方思想的影响，这样的哲学机缘也影响到萨特在其《存在与虚无》中对“无”的讨论，以及荣格对《道德经》和丹道的研究等等。因为对于西方哲人来说，与东方哲学思想的呼应具有打开新场域的哲学意味，可以说，帮助他们发现了新的“道门”。研究《道德经》这样一扇大门打开了西方哲学家对于一些问题的思考之道。

1937 年到 1939 年，京都学派代表人物西谷启治在弗莱堡大学，游学于海德格尔门下，参加了海德格尔以“虚无主义”为主题的尼采讲座。恰如海德格尔在晚年一再强调，他所写的一切只是“道路”，而非“著作”。海德格尔的意思可以这样理解，老师们的书是道路，而非著作。著作好像一个既成之物，但好的著作应该是道路，开启、帮助别人思考，后人打开就开卷有益，所以是道路。也像一扇门一样，书打开就像开启了一扇心门，所以好书是道路，而非著作。1957 年，海德格尔在其演讲《同一性原理》当中，把自己关于“Ereignis”（本成，大道发生）的说法用于希腊 *logos* 和中国的“道（Tao）”，作为思（存有思想）的无法传译的引导词。

李约瑟是非常著名的科技史家。在讨论道家思想与自然科学的关系的时候，认为“有机自然主义（organic naturalism）是古代中国人恒久长青的哲学”，他认为古代中国人天人合一的状态中有恒久长青的哲学，中国人把宇宙看作一个庞大的有机体，是活的生命体。这种有机体并不需要预设一种在其背后的“主导原理”，现象背后没有一个主导的物，而只依赖于“一种意志间的和谐（a harmony of wills）”。人和物在宇宙机体当中，人身是个小宇宙，宇宙是个大的机体，各个部分之间有意志间的和谐。怀特海也有这个倾向。受怀特海有机论思想的影响，张东荪认为，《周易》等中国思想把“宇宙当作一个有机的整体（functional whole）”，即把宇宙看作功能性的整体。

这些典型的说法，都是《道德经明意》讲的“玄意门”，一扇扇门打开，一个又一个全新的诠释场域敞开，走出新的道，接着又通往新的大门。我们需要在不断开“门”见“道”的体验当中，去找到一种新的表达道家形而上学思路的方式。诚如张祥龙所指出的：“古印度和古中国思想的根本识度

(insight，Einsicht)，超出了西方概念和观念哲学所能及的范围。而且，这种识度本身也不是反理性主义意义上的神秘主义。”古印度、古中国文化里都有一种根本的思想和哲学，与我们一般理解到西方观念哲学、概念哲学那种主客对立的特征相反，不是简单地关于我们怎么去理解外在的、对象化的事物那种说法。中国古代的《道德经》《周易》这些文本，都是超越这种主客对立的思考方式的。

下面我对“自然之意”的意本论系统做分解说明。

之所以运用诸如“玄意门”这样的词汇，就是为了表达《道德经》哲学之“道”的内在识度，也是为了说明“道”既不是反理性主义，也不是神秘主义，但我们又需要找到入“门”之处。“道”一点都不神秘，但是我们要入“门”才能见“道”，我们要推开“门”去看看“道”到底是怎么回事。

《道德经明意》通过推开“十玄意门”来见“道”。我的书里面谈到了十个玄意门，通过建构基于“自然之意”的意本论，推开十扇“玄意之门”：一是万物之意；二是创生之意；三是道意之意；四是意会之意；五是时间之意；六是反弱之意；七是意物之意；八是反身之意；九是无欲之意；十是无为之意。十扇玄意门在“意”与“道”之间开开关关、层层叠叠、交相辉映，呈现出“自然之意”之光明。我这里借用《华严经》“十玄门”的比喻。《华严经》的“十玄门”很玄妙，“玄意门”当然是借用门开开关关，非常玄妙的意味。今天时间有限，我们就讲“自然之意之为万物之意——玄意门”。

安乐哲教授是我的老师，他曾经说，跟西方的宗教与哲学著作相比，《道德经》既“缺乏任何具体的历史事实”，又“缺乏任何作为一般戒律或普世规则的教义”。《道德经》作为一部中国哲学的书，和西方的经典比起来，它没有什么具体的历史事实，它就是抽象的道、德这些内容。它也不讲戒律，佛教、西方宗教讲戒律，它不是规则、规范体系，没有教条。

《道德经》的哲学核心无疑是“道”论，肯定是讲“道”的。这是一部讨论如何得“道”而有“德”的书，《道德经》教我们怎样去理解“道”，然后才能有“德”。每一次对“道”的“德”（得）都是一扇新道“门”的打开。正如老子在函谷关被拦下之后，其心灵就被迫打开了一个新的“门”。老子本来骑着牛要出关，但是关令尹喜把他拦下来，说你得给我写点东西，要不然我不给你签证，不让你出关。老子没有办法，他得出去，所以他就只好接受条件，在关内花了点时间把《道德经》五千言写下来了。在这个过程中，老子某种意义上是被迫的，被他人要求进入了一个新的“门”。本来他的心灵之门到关外去了，但是他不得不停下来，把他的智慧记录下来，写下来，打开一扇新的门，写下推开新“门”之后的风景——《道德经》。

这扇心灵之“门”体现在第一章玄之又玄的箴言中，“道可道，非常道”，似乎在说，他正要写下的文字，其实都不可靠，而依托文字看似可靠的，其实都不是常道。老子当时可能这样想，你不是要求我写东西嘛，我就写，但我写的一切都不是道。这是老子最高妙的地方。你要我写我就写了，我也只能写了。但是所有写下来的东西都不是道，道都在文字之外。吊诡的是，千百年来，这些文字却成为窥伺老子思想之“门”最根本的“道”。假设今天没有《道德经》这个文本，不管什么样的文本，出土文献也好，千奇百怪的文本也好，如果没有《道德经》文本，今天我们还真的挺难见“道”的。

所以，一方面，老子说这些文字都不可靠，而另外一方面，你不穿过这个文字，你又不知道他领悟了什么道，这是很奇怪的。舍此别无他“道”，而“道”的一大特点是它如此之“玄”。这个道门非常玄，所以可以称为“玄意门”，或者“玄道门”。本来关于“道”的门就是“玄门”，毕竟关于“道”的门，从来不可能像我们家里、户外那些实实在在的门，道门肯定是“玄妙之门”。

《道德经》强调，对“道”讲得越多，“非常道”，就离常道越远。道的实在性超越言语的表达，这是道的哲学特点，但老子着意强调“道”，其实不仅是为了突出其不可言传性，更是为了确证其实在性。对老子来说，“道”其实是实实在在的，它并不是任何玄虚的。道没有任何神秘主义的成分。虽然看不见，也摸不着，但一点都不神秘，大家不能把“道”当成一种非常神秘的存在。

道“玄之又玄”，不可言说，在后世的诠释当中易被关联为宗教性虚无缥缈的信仰对象。以为“道”好像是一种非常虚无缥缈的东西。但老子并没有说道是宗教信仰的对象。所以如果我们讨论《道德经》的哲学，就不应该把“道”当作宗教崇拜的对象来解读，因为老子的言说方式本身没有有神论信仰的意味。老子没有把“道”当作人格神来理解。“道”不是神，既不发布命令，也不跟人对话，这是道与上帝之间的根本区别。老子既不说自己是亚伯拉罕式的先知，也没有像穆罕默德夜遇天使一般单独见过作为人格神的道。《道德经》里没有这样的说法。

老子所论述的好像跟道合一的经验，似乎带有神秘性，但这跟宗教体验的神秘性不可以混为一谈。宗教里面跟上帝、跟神融为一体的神秘体验，是可能完全超出任何人能够理解的一种状态。这和对“道”的那种领悟是不一样的，所以不要混为一谈。哲学上这种与道合一、天人合一的体验，与宗教中与神对话、与神融合的体验，是不同的。有些学者在这个关键点上混淆，以为神秘的体验都是一样的，只能是宗教性的体验，从而把中国哲学中天人合一的体验当作神秘经验，这是不应该的。中国人的道或天与人合一的说法，没有任何神秘的成分，我们也要这样去理解。否则的话，就是对中国哲学经验狭隘化的理解。

传统上西方诠释者，特别是传教士们对于人格神相对较为熟悉，倾向于把《道德经》的内容描述为带有神秘意味的经验并与西方宗教经验等同。西方传教士来到中国看到《道德经》讲道，很自然地认为这就是人格神，这就是道，道就是上帝。西方传教士这样讲，很多宗教徒也这样理解，因为从他们宗教经验的角度来理解，确实很正常，也没有必要刻意去争论。但是，从东西方哲学对话的源头上，彼此对另一方的哲学理解就产生了相当程度的误会。当我们在做学术研究的时候，作为中国人面对自己经典文本的时候，就要知道，“道”跟宗教信仰的对象是有区别的。

“道”作为无可名状的对象，老子明确说它不是人格神，并不像人那样言说，也不发号施令，它就是存在，而这个存在需要一个名称，于是老子说“吾不知其名，字之曰道，强为之名曰大”（《道德经》第二十五章），给它一个标签“道”而已。真正的“道”是没法言说的，讲出来的东西就不再是根本的、固有的、永恒的。“道”作为宇宙的开端，不断在创造，但是我们没有办法将它说出，只能给它字，给它名称，说是道。物的名称是一种方便说法，你可以叫它任何东西，比如手上的杯子，你可以叫它杯子，也可以叫它树，叫什么都行，“杯子”就是一个名字而已，但是它所指称的对象有特定的意味在里头。“道”是一种状态，你能把握却没有办法把它讲出来。

道由人走路的每一个点组成，而每个点其实都是一扇新的门，我们一直在路上。比如说，每一次我进入这个课堂，我要点开软件，要进入会议，要输入会议号，这便是进入一个新的门。现在在线讲课，看人都像一个虚拟空间，但是这个虚拟空间也是真实的，我在这里讲课，同学们可能在厦门，在全国各地，甚至在世界各地都能够听到，这种上课方式带我们进入了一个新的“门”。没有上课之前，我的“门”在另外一个“门”外的状态，现在上课了，我们一起进入新的一个“门”内的状态。

我推开了这个“门”，我进入了另外一个“道”，进入了另外一个场域。

一堂课就是一个场域。所以我们每时每刻都在路上。我们的每一堂课、每一位老师、朋友、家人其实都是一扇新的门。就像人说话，每一个字，每一个意群都可以成为一个转折点。我下一个意群，用这样的话讲，和用那样的话讲，它的意思可能就不一样，它就可能成为意思的一个转折点，一扇通向新道路的门。我们每句话、每个字、每个意念其实都是一个新“门”。

这就是我要强调的《道德经》的“自然之意”——自然意念的味道。这是非常哲学化的一些说法。这扇门不断打开新的道路。我们的心灵和世界在一起。在我来跟大家交流之前，我的心灵跟世界上别的东西在一起。当我来这里跟大家交流的时候，我的心灵和你们在一起。虽然我看不见你们，但是我知道你们是实实在在的。当这个课结束了，我的心灵又跟别的东西在一起。我的心灵不断地推开新的门进入新的道，我们每个人都一样。你们来听我的课，就是推开一扇新的门，进入了一个新的道，看到新的风景。这就是你进入一个新门，推开门去看门外的风景。

这其实就是人跟世界打交道的基本方式。“道”和“门”就是“门道”，“道门”也就是理解“道”的“门道”。“门道”在汉语当中，非常有深意。当老师有当老师的门道，做学生有做学生的门道。同学们写论文有能够毕业的门道，毕业后生存有生存的门道，活得好有活得好的门道。道门其实就是门道。虽然看起来不一样，但是它们的味道有相近的地方。

世界上有各种各样的道路，要在这条路上过得好，你就要知道“门道”。大家都在路上，有的人从这个地方走到另外一个地方走得很快，为什么走得快呢？他知道门道，知道走近路。大家都有类似的经验，人生的道路千条万条，但有的人走的道路似乎比其他人更有门道。当然，歪门邪道也是门道；阳光大道也是门道。可以说，生活本身，甚至与生命有关的一切存在的事情，都是推门见道，都是道的延伸。

但是这里就要讲存在意义上的“道”和“门”之间的微妙的关系。“道”和“门”其实就是人跟世界打交道的基本方式。这个交道打得好就是有门道，有的人他一开口就有门道，会说话，话里有话，话里话外都有门道。他跟世界打交道的基本方式有他自己的特性和味道。这种方式虽然可以修炼而得，但根子上还是本乎天道自然——所有的言说、打交道的方式都是来自天道自然，正如我们每个人都是从天地之间来的。“门道”超越名相，它不是能讲清楚的，但这是最根本的、人跟世界相通的“门”——在这个世界上一扇又一扇相通的门，一条条打开“门”之后延伸出去的道路——这些道路来自天地之间，从来就没有必要去言说。

所以，“道”当然不是什么名字，不是“有”，当然也不是“无”，它不是很具体的“有”一个东西。道也不是纯粹的“无”，什么都没有。道就是“道”，像“门”一样开开合合的“道”。人通过“道”与世界发生关联。我们生下来，逐渐从不会走路到会走路，走着走着，走到我们的生命终点，直到走不下去了，我们离开这个世界。只要活着，我们就在路上，我们就在“道”上。

“道”不仅像人与世界交接的开关，我们只要在“道”上，我们就在跟这个世界打交道，我们就在跟这个世界发生关系，“道”就是开关，就是人进入世界的开始。“道”既是旅途，也是终末——人生下来就要做事、走路，从一扇门走向另一扇门。从生下来那个门走到死亡的那个门，所有的人都在从生门到死门的路上。每天我们都要穿过很多门，每天我们打开很多门的时候都会看到很多道。同学们每天都在开门，都在道上，但是不一定思考过我刚刚讲的这个问题。“门”和“道”之间是一种生存论，具有最根本、最当下的意味。

我们永远在“道”上。所以，无论是古代中国还是西方的言说也是在路上。我在讲课，我就在道上。大家来听我讲课，也在路上。言说和走路是同一个字，都是开门，都是一个意思的自然表达，那就是道与 logos，它们的意思很像，二者天然同构，异名同质，有着哲理深沉的相通性。

老子“自然之意”的哲学是如此深刻，以致人们不过从“门—道”走向另一扇门，门里门外都是人在面对世界——这是最根本的存在关系，人与世界共在本身具有根基性的哲学意味。我们跟这个世界每时每刻共在，就是共同存在。只要你活着，就不会离开这个世界，所以是共在。你不能说我一个人孤独地活着，跟世界没有关系。孤独只是一种感觉，但是你还是在这个世界上，你跟这个世界共在的状态并不能被否定。

我们跟这个世界共在的状态是没有办法讲清楚的，也就不要期待可以借助任何既成的语言系统，这样可以避免落入任何具体言说方式的尴尬。因为一旦具体地言说，就有了确定性，无论说什么，都不再是从“门”到“门”的“道”，“门—道”本来就是“门”与“门”之间的“道”，不需要去说，也无法描述。道就在那个地方，不存在哪个门与门之间没有道的，道就在那里，需要你自己去走、去言说、去体会，那“门—道”之间，自有“道”意存焉。也就是在门和道之间，一定是有道的。“门道，门道”，肯定含有某种道在。

所以老子主张“道—说”，言说要与道同一，理解了道，然后再来说。你不理解道，你怎么说？所以读老子《道德经》，首先要对“道”有体会，要感觉到“道”在哪个地方。“道”就像我们脚下的路，但是它不仅仅是我们走的路，它只是带有我们走的路的那种味道。因为实在不可能有另一种超越道的言说。老子不认为，在具体的、众多道之外没有一个高高在上的道。可以写下来的、可以表达出来的言语，都不再是“道”本身。

那么“道意”，或者意会道，就只能“道”是唯一的存在方式——意不离道，道不离意。只要我们活着，我们的意念就在动，比如说我在讲课，我的意念在动，那么我就在道中，我跟各位在一起，我们都在道上，在谢清果老师帮我们打开门之后看到的“道”上。谢老师给我们指了一条道，上课的时候，我们的意念不能离开谢老师的道，意不离道，道不离意。

道在门与门之间变化着，运动着。门打开，道就在变化。但是道又是相对恒常的，因为道永远在门与门之间，永远从一扇门到另一扇门。诚如海德格尔所言：“在这种‘真正的’在之间里，人居留着或居住着。”在门与门之间有道，在门之间，居留不是说我们就住在这个房间的意思，而是说我们永远住在道上，永远居住、停留在一扇门到另一扇门之间。我们的存在，永远是在门与门之间。比如说我的房间一定是有这个门，有那个门，在门与门之间，我们当下存在。人当下都在这一扇门到另一扇门之间。所以这就是说，“在之间”是我们基本的生存居留的状态。

海德格尔继续说“如果他的居留就是那‘思念（Andenken）’的话”，我们居留着，我们的脑子、意念是在动的。对于所有给“道”赋意之后的“名”，即使能够给“道”名字，把它说出来，但名字已然不是“门—道”的真正的名字。我们在道上，我们说这个道是杯子，是一支笔。但是道还是道，道还在那个地方。说出来的这个名相并不影响道本身。

“无名”可以生“有名”，所有人最后还是要通过语言名相系统去跟世界打交道。如果没有这个语言名相的系统，我今天也不可能跟大家来交流《道德经》。如果没有《道德经》这个公共话语文本系统，我们也不可能来交流老子给我们开的“门”和希望我们看见的“道”。这就是说，语言名相的公共性系统是我们的生存没有办法超越的，就像鱼活在水里面一样，我们要言说，我们要思考，我们要在语言之间，在文字之间，这也是没有办法的宿命，虽然我们所表达的一切都不是道。我讲两个小时，可能没有一句跟道有关系，但是我们都在道上。道在文字之间，不在文字后面，不在文字下面，亦不在话语、文字的表面。

于是混沌一体的“自然之意”，一定要被名相拆解。“自然之意”它只是个代号，这是非常无奈的，毫无办法，舍此无他途可走，你只能这样走下去了。“自然之意”原本无意无向，就是世界本来的状态，它没有意念，也没有方向。可是有名必有“相（向）”。我们说一个东西，比如“杯子”有名，它就有相，它就有了意向性的意念所赋予的“相”在里面。起名既是定意，是对意念的锁定，也是定向（相），是对这个“向（相）”的一种把握。吊诡的是，超言绝相的“道”落实后的状态就是赋予名相。非常无奈，这个大道你必须借用“道”或者任何一个别的东西来表达，这是很无奈的。它本来没有名义，没有名相，但是你非得要用名来表达。康德的“自在之物”也是这个意思。天地自然之本相，不与心意交接之时，只是自在的自然之意。这其实接近于康德的自在之物。它只是在那个地方，跟我们的心意不打交道的时候，它就是天地自然的本相。当你用各种道去理解它的时候，你都不可能真正地把握到它。

我们每天每时每刻都是从一扇门到另一扇门之间。很多同学可能从来没有意识到我们活着居然是在路上，从一扇门走到另一扇门。这几乎是大白话，但是又非常有哲学深意。真正的道哲学，其实就是在路上的哲学，从这一扇门到另一扇门之间的路上。这个听起来非常不哲学的生存状态，其实恰恰具有极强的哲学意味。

这个“门—道”在自然万象当中，并不直接呈现为自然之意，但由于“意念”的参与，自然之意如如显现。这个自然之意是不说话的，如天地有大美而不言。但我们的意念意识到，就像我刚刚说的，我们每天都在从一扇门走到另外一扇门，我们每天的生活，居然不过是从早到晚从一个门到另一个门，走过很多门，走过很多道，在无意识之间，我们走在路上，生活在“道”中，我们活着，不过是推开一扇门，走一条路，再推开一扇门，再走一条路，除此之外，别无其他。不管是大人物还是小人物，每个人都是这样。可以说，大人物推开的是大门，小人物推开的是小门，当然，其实小人物也可能随时推开历史的大门，不过，每个人真的都在推门见道的路上。

“推门见道”是生活的本相，是自在的状态。突然间你意识到了，它作为自然之意就向你显现了。这里有个同学叫“格格”，“格物”的“格”，“格”就是研究（investigation）的意思。你要去研究这个门，研究这个路，研究着哲学的味道就出来了，“格格”可以说是要“格”出哲学的味道来。你的意念参与了这个自然而然存在的状态，自然之意就如如显现。你可能突然意识到，原来我们的生活很有哲学意味，好像很诗情画意的样子，我也可以主动让我的生活变得很有哲学意味，这就是“意”来领悟，当你意识到了，你就是一个哲学家。

让自然之物开显、澄明自身。自然的道，自然的门，我们每天都开开关关的门，它突然间对我来说变成了一个有哲学意味的大门。老子的《道德经》为什么能够震撼人心？道理就在这里。它其实就是这么一个日常的、平常的生活经验，“道”就是我们每天生活的常识，是我们生活的本相，就像鱼生活在水当中，我们生活在门与门之间。鱼儿生活在水当中，对水没有太多感觉。我们生活在门与门当中，对道也并没有太多感觉。老子对“道”的揭示往往震撼人心，帮助我们理解我们的生活当中到处都有道。当你打开《道德经》，当你理解了道，就有“自在之物”向你显现的感觉，你突然意识到，这个世界原来是有“道”的世界。

自然之意本来就是“门”之道，被领悟之后，“门道”没有变，“门道”还是在那个地方。不会因为你听完讲座以后，你突然间变得很哲学，然后你每天的门道就变了，你还是每天开门走道，从一扇门到另一扇门，门道它还是在开开关关之间，似有若无。只是当你没意识到的时候，你根本还体会不到“门道”。

存在的物和事，其实都在从门到门之间，显得有“道”可行，好像时刻存在着。对物的理解就是时刻存在的那种状态。看起来“有”物，其实是“无”。当你没意识到它的时候，你就不知道这个物。比如说我的手机，我不拿出来的时候，它是“无”，大家不知道我有没有手机。当你看不到的时候你意识不到手机在那个地方，它其实就是无。“有”即物，就其自然而被意会为“有”。“有”的时候，它就是在这个情境当中显现出来，被自然意会为“有”。“无”即物质就其自然而被意会为“无”。无论是“有”还是“无”，都是门与门之间的道，不管是有手机，还是没有手机，它都是门与门之间的道，都是“自然之意”被意会的不同状态。它就是自然之意，它有时候表现为“有”，有时候表现为“无”。

《道德经明意》讲“十玄意门”，但我现在第一扇“玄意门”还没有讲完，十扇“玄意门”的每一扇都很玄。但是落实到“门”和“道”的比喻上面，并不玄妙，也不难懂。这些门与门之间的门道，单纯看书本文字，不解释的话，要想读懂，就要求他的哲学素养比较高，或者他本来就理解得很深。但经过我的解释，其实不难。“门道”比喻是很形象的，而且事实上它就是那样的东西。“道”本身难理解，但把它落实到“门”和“道”之间，门是实实在在的，每天都开门见道，就不再难理解。我们每天都在道上，早上起来，你推开卧室的房门走进客厅，要走道；然后你推开家门去上班，去上学，这是走过另一扇门，走上另一条道。我们每天都是在这个过程当中，所有人，不管你是权贵显要，还是市井小人，都是一样的，根本上没有任何特别之处，都是从一扇门到另一扇门，都在路上。

希望听完我的这个比喻，大家能够大概明白我要讲的意思，能够看懂我的书在讲什么了。由于时间关系，我大概就讲到这里。各位如果有兴趣，不妨把我的书找来看一下，如果能够给你点新的启发，那我就没有白写这本书，你也没有白读这本书，我们没有白结这个缘。我们来上这个课，来结这个缘，本身就是我推开一扇门，你也推开一扇门，然后我们就进入了一个公共的、像广场一样的大道的场域。在这个道场里面，你能看到我，我还不见得能够看到你。通过《道德经》这一公共的文本，借助谢老师给我们提供的这个场子的因缘，我们聚合在一起，彼此发生了一些意念上的交融。

反思思维与人生智慧

曹剑波

哲学博士，厦门大学哲学系教授，博士生导师，教育部新世纪优秀人才。香港中文大学、台湾大学、美国普度大学等访问学者。任厦门大学哲学系主任、厦门大学哲学系一级学科学术带头人、厦门大学性别与哲学研究中心主任、中国现代外国哲学学会知识论专业委员会秘书长、中国现代外国哲学学会理事、中华全国外国哲学史学会理事、福建省哲学学会理事、厦门大学哲学系教授委员会主任委员、厦门大学人文学院教授委员会主任委员等。主要研究方向为当代西方知识论、怀疑主义哲学、实验哲学、女性哲学、道德哲学、宗教哲学、儿童哲学、心灵哲学等。

今天，很高兴与大家一起探讨“反思思维与人生智慧”的话题，我们将从哲学思维的角度来探讨如何认识自己，以及应该追求怎样的人生这些问题。

为什么要从哲学思维的角度来探讨人生呢？这是因为哲学思维是一种可以把握人生智慧的思维。哈佛大学流行一句名言：“一个成功者和一个失败者，不在于他的知识和经验，而在于他的思维方式。”这句名言是哈佛大学第26任校长陆登庭说的，他明确地表明了思维方式的重要性。哲学是一门爱智的学问，是指导人们过美好生活的艺术，它不仅能帮助我们锻炼和发展思维，而且还能丰富和提高我们的境界。哲人冯友兰说：“哲学的作用有两方面，一是锻炼、发展人的理论思维的能力，一是丰富、提高人的精神境界。”哲学思维可以帮助我们寻根究底，把握真我，提升境界。

哲学的思维方式有很多类型，我认为与增进人生智慧相关的哲学思维主要有反思思维和语境思维。今天主要阐述的是“反思思维与人生智慧”的关系。这个主题将先以“愚公移山”“分马问题”和若干“语用问题”为例来解释反思思维，以此来展示反思思维的特点。接着将探讨反思的目标和效果，在探讨哲学学习与反思能力的关系后，借一些例子来解释如何进行反思，如何把反思思维应用到提升人生境界上。

一、例解反思思维

下面我们将以“愚公移山”“分马问题”和“语用问题”为例，来介绍反思思维是什么。

（一）愚公移山

大家对愚公移山都很熟悉。对愚公移山的行为，你们是怎样看的呢？愚公移山的故事大概是说北山下有个叫愚公的人，快90岁了，在山的正对面居住。苦于山的阻塞，出来进去都要绕道，他就召集全家人商量说：“我们一家人齐心协力挖平大山，使道路贯通到底，好吗？”大家纷纷表示赞同。他的妻子提出疑问说：“凭你的力气，连一座小山都不能削平，能够把太行山和王屋山怎么样呢？再说，挖下来的土和石头放到哪里呢？”大家都说：“把它扔到渤海的边上，隐土的北边。”于是愚公率领儿孙中能挑担子的三个人凿石头、挖土，用箕畚运到渤海边上。邻居寡妇有个孤儿，约七八岁，蹦蹦跳跳地跑过去帮忙。他们这样一年才能往返一次。智叟讥笑愚公，想阻止愚公移山。愚公却长叹说智叟连孤儿寡妇都比不上，认为子子孙孙无穷无尽，但山却不会增高加大，因此不怕挖不平。山神听说这件事后，怕愚公没完没了地挖下去，就向天帝报告此事。天帝被愚公的诚心感动了，命令大力神的两个儿子背走了那两座山。

对于愚公移山的故事，传统的看法是肯定的，即强调在面对挑战和困难时，要充分发挥人的主观能动性；强调做事要有恒心，有毅力，坚持不懈，不怕困难，迎难而上。

我们在为愚公这种坚持不懈精神感动的同时，能不能多想想，对愚公移山的做法提出质疑或做出其他不同的解释。

1. 愚公为什么不搬家而要移山呢？为什么不打隧道呢？

2.“山不加增”，山真的不会增高吗？

3.“子子孙孙无穷匮也”，子子孙孙真的会无穷无尽吗？这与以前中国的计划生育国策不符，也与现在的少子化趋势不符；

4.愚公都快90岁了，为什么还自不量力呢？他的子孙会因其错误的决定而一直坚持挖下去吗？

5.移山只有男子参加，为什么只有男子参加呢？一方面可以说体现了对女子体力不如男的正确认识，是为了关心女性；另一方面，如果把“移山”当作一个“伟业”，不让女子参加，是对女性的歧视；

6.“帝感其诚，命夸娥氏二子负二山。愚公移山的成功，是由于天帝被他的诚意感动。《国际歌》告诉我们，“从来就没有什么救世主，也不靠神仙皇帝”。借助鬼神之力移走了山，说明移山想法是错误的；

7.纵使移山成功，这种移山填海的做法是不是在破坏生态呢？

由于我们的思维定式，对于愚公移山的故事我们通常都是执正统的看法。如果我们借用反思思维，就可以找到多种有新意的看法，并最终得出“愚公移山精神可嘉，方法可疑”。

（二）分马问题

分马问题的题目是“农场主把19匹马分给三个儿子，老大分$\frac{1}{2}$，老二分$\frac{1}{3}$，老三分$\frac{2}{9}$，各分多少？”这是一个小学四年级的题目，很多人可能都做过类似的题。但至今为止，我还没有看到谁能做到最高层次。

做这道题，大家会给出不一样的回答，回答可以做出四个不同的层次。第一个层次是做不出来，认为这个农场主小学数学都没学好，要把某匹马劈开才能分。如果这样看待农场主，这道题当然做不出来。在我看来，农场主不是小学数学都没学好的人，而是一位伟大的数学家，后面我会给大家解释。

第二个层次是答案正确，方法错误。解答的方法是先拉走1匹马，然后把18匹马按$\frac{1}{2}$、$\frac{1}{3}$和$\frac{2}{9}$来分。得出答案是：老大分9匹马，老二分6匹马，老三分4匹马。

第三个层次是答案正确，方法也正确，但是不知道为什么可以这样做。做法是把各分数加起来，得到$\frac{19}{18}$，$\frac{1}{2}$可写成$\frac{9}{18}$，$\frac{1}{3}$可写成$\frac{6}{18}$，$\frac{2}{9}$可写成$\frac{4}{18}$。因

此，19 匹马分给老大、老二和老三分别为 9、6 和 4。当然，也可以设未知数来求解，不过小学四年级还没有学设未知数。

第四个层次是不仅答案正确，方法正确，而且还知道为什么可以这样做。

这道题是我上小学四年级时暑假作业中的一个附加题的改写。那道题是“农场主把 17 匹马分给三个儿子，老大分$\frac{1}{2}$，老二分$\frac{1}{3}$，老三分$\frac{1}{9}$，各分多少？”这道题我当时想了很久也没有做出来，后来看到一个所谓的标准答案。答案是：当时有一位智者（也就是很有智慧的人）骑着一匹马来到了这个农场，看到兄弟三人在怎样分马问题上争论不休。兄弟三人得知智者很聪明，就请智者来帮他们。智者把他骑的那匹马放进去，就变成 18 匹马，然后按照比例分下来。老大是 9 匹，老二是 6 匹，老三是 2 匹，剩下的那匹马是智者的。最后智者骑着这匹马高高兴兴地走了。结局看似皆大欢喜，却让我莫名其妙。当时我就想，要是智者骑的是 2 匹马或者没有骑马该怎么办？有人说可以把这匹马卖钱，假设刚好卖 19 个金币那怎么办呢？因此把一匹马牵进来或者牵出去的做法都是太任性、太随意。

我认为这位农场主是一位伟大的数学家，为什么呢？大家都学过欧几里得几何，知道欧几里得几何是如何建立起来的吗？是以 5 条定义和 5 个公理（又称公设）为基础建立起来的。其中平行公理是不证自明的。为什么平行公理是不证自明呢？很多数学家就想证明平行公理，证明了很长一段时间都没有证明出来。后来出现了两个数学家，一个叫黎曼，一个叫罗巴切夫斯基。他们对“在一个面上，过直线外的一点，有且只有一条直线与已知直线平行”提出了质疑，并给出不同的公设，最终建立了非欧几何。这 3 种几何适用于不同的空间，都是正确的。欧几里得几何是平面几何，认为“在一个面上，过直线外一点，有且只有作一条直线与已知直线平行”。欧几里得几何适用于宏观世界。德国数学家黎曼的球面几何则认为“在一个面上，过直线外一点，不能作出直线与已知直线平行”。球面几何适用于宇观世界。爱因斯坦的广义相对论就是以黎曼的球面几何为基础建立的。俄国数学家罗巴切夫斯基的马鞍形几何则认为“在一个面上，过直线外的一点，可以作无数条直线与已知直线平行”。马鞍形几何适用于微观世界。之所以会产生非欧几何，是因为黎曼和罗巴切夫斯基通过不断反思后，质疑公设，并提出了自己的公设。因此，他们最后都成了伟大的数学家。我说农场主是一位伟大的数学家，是因为他质疑“把整体看成 1”的做法。谁告知你们要把整体看成 1 的？是你们小学的数学老师。难道整体只能看成 1 吗？整体不能看成$\frac{19}{18}$或$\frac{17}{18}$吗？当然可以。反思思维就是告诉大家要不断质疑看上去理所当然或不证自明的前提，是要我们在别人没有怀疑的地方提出质疑。

（三）语用问题

我们再看一下语用问题，我们都会喊“救火”。我们这样喊对不对？起火了我们真的要去救火吗？正确的说法应该是灭火而不是救火！

“金钱如粪土，仁义值千金。”这句话出自《增广贤文》第十节，翻译成现代汉语就是，钱财没有什么珍贵的，要把它看得像粪土一般，“仁义道德”才是可贵的，“价值千金”。由于千金也是金钱，因此按照这种看法，仁义道德也如粪土。我们对这句话却信以为真，觉得它很有道理，以至于根本不会怀疑它有什么逻辑上的错误。之所以会这样，是因为我们没有多想一想呀！

“中国队大胜美国队”等于“中国队大败美国队”，最终结果是中国队大败了，还是大胜了呢？“大胜”和“大败”的意思竟然是一样的，这一方面让人觉得中华文化博大精深，另一方面也表明语言方面存在歧义问题，在读书中我们要多反思一下。可见，在日常生活中，尤其是在科研学术上，处处留心、多去思考是多么重要。

二、剖析反思思维

接下来，我们剖析一下反思思维，为此要探讨四个方面的内容。反思思维是什么？反思的目标是什么？反思的效果怎样？哲学学习和反思能力之间的关系怎样？

（一）何谓反思思维

反思思维是什么？罗丹的雕像作品《思想者》，表示的就是在反思。反思就是不断地思考，不断地对一些基本的、常识的问题进行思考。比如哲学家经常喜欢问的问题有：这个世界到底是怎么样的？世界的本原是什么？世界的本质是什么？这些都是形而上学的问题。我们从哪里来，要到哪里去？这就是人生哲学的问题。美是什么？真是什么？知识是什么？这些都是哲学问题。

黑格尔把哲学的反思比喻成为密涅瓦的猫头鹰，它不是在旭日东升时在蓝天里翱翔，而是在薄暮降临时才悄然起飞。“反思”是“对认识的认识”“对思想的思想”，是思想以自身为对象反过来思考。简言之，反思就是对现有解答或问题本身不轻信与反复思考。

反思思维是一种高品质的哲学思维。在问题的解答上，直觉思维是直接的、迅速的和自发的，它与有意识的思虑无关，只需较少的注意力。与此不同，反思思维是对思想的思想，是一种思辨思维，需要反复地思考，它需要更多的时间，并与有意识的思虑相联，要求人集中注意力。无论遇到什么问题，善于反思的人通常会反问自己的直觉，而不是简单地信赖最初由直觉获得的答案。反思思维是一种高品质的思维能力，反思能力强的人，能深谋远虑，遇事三思而后行：他能避免急功近利，杜绝肆意妄为；他能防止头脑发热，减少意气用事；他能战胜独断专行，远离专横跋扈。

（二）反思的目标

反思的目标是什么？借用说过“知识就是力量”的弗兰西斯·培根的话来说，哲学反思的目标就是消除四假象。四假象就是四种错误的观念。

第一种假象是种族假象，是我们人性所具有的缺陷，以主观的感觉和成见为尺度。我们把动物分为害虫和益虫，就是以对人类是否有益来划分的。目的论的观点也是种族假象。神造论认为，上帝造出猫后，还造出老鼠，是为了让猫有东西吃，是有目的的。人类中心论也是一种种族假象。知道对人类自尊心打击最严重的三种科学理论是什么吗？第一种理论是哥白尼的太阳中心论。以前人们认为地球是整个宇宙的中心，哥白尼则证明地球不过是太阳系里的一颗行星而已。哥白尼革命摧毁了地心说；第二种理论是达尔文的进化论。以前认为人是神创造的，达尔文则证明人是由古代类人猿进化而来，猴子是人类的亲戚，人类并不是神的宠儿；第三种理论是弗洛伊德的潜意识说。亚里士多德告诉我们，人与动物的区别在于人有理性，人是有理性的动物。弗洛伊德则告诉我们，人是非理性的动物，人的潜意识远多于显意识。

第二种假象是洞穴假象，是由个体的差异所造成的缺陷。因为个人的立场、观察的角度、思维方式、成见等不同而产生的主观性、狭隘性。负暄献曝的典故就是对洞穴假象的说明。这个故事是说宋国有个农夫，披着破絮麻布熬过了冬天。第二年开春，农夫在田里耕作，晒着太阳，感到浑身惬意。他不知道天底下还有广厦温室和丝袄狐裘，回头招呼妻子说：“这般享受的办法，别人一定还不知道，等我们去告诉君王，肯定会有重赏。”农夫把他春天晒太阳的方法告诉君王后真的会得到重赏吗？农夫的这种见识只是一种井底之蛙的偏见。还有一个扣盘扪烛的典故，也说明了洞穴假象。有个人生来双眼就失明了，从来没见过太阳。他想知道太阳的模样，便去问明眼人。有人拿来一只铜盘，告诉他道：“太阳的形状像脸盆，是圆的。”盲人接过铜盘，敲了敲，发出了当当的声音，他若有所悟地点点头。过了几天，盲人在街上听见当当的钟声，高兴地说：“我知道，这就是太阳！”旁人对他说：“不对，太阳是会发出亮光的，就像点燃的蜡烛。”同时拿来一支蜡烛给他摸了摸。盲人便牢牢记在心里。有一天，他摸到一根竹箫，便对别人说：“这肯定是太阳！”还有一个余桃啖君的典故。卫国有一条法律规定，谁偷坐了国王的马车，就要被砍去双脚。那时，弥子瑕很受国王宠爱。一天深夜，乡下有人跑来报告弥子瑕，说他的母亲得了重病。弥子瑕跑到宫里，偷来了国王的马车，趁夜赶回乡下去了。卫君听到这件事后称赞道：“真是一个难得的孝子，为了母亲，忘记了自己会受到砍脚的刑罚。”又一次，弥子瑕陪着卫君在果园游玩，弥子瑕吃到了一个又大又甜的桃子，忙拿着吃剩的半只桃子送到卫君面前，请他品尝。卫君笑着说：“弥子瑕是真的爱我啊！只想到让我尝尝甜桃，忘记了剩桃上还沾着你的口水。”过了几年，弥子瑕渐渐失去了卫君的宠爱，得罪了卫君。卫君说：“当初你偷驾我的马车，狂妄至极；又让我吃你的剩桃，借此侮辱我，该当何罪？”弥子瑕的行为并没有改变，而以前被认为是贤惠，后来却因此而获罪，只在于卫君的爱憎改变了。卫君完全是从个人主观的爱憎出发来对待弥子瑕的。还有“王顾左右而言他”和“疑人偷斧”等例子，都是洞穴假象的例证。

第三种假相是剧场假相，指的是各种哲学体系以及流行的理论所造成的错误。现在比较多的是明星崇拜和个人崇拜。培根批判的主要是亚里士多德的理论体系。尽管亚里士多德是一个伟大的思想家，但是他提出的一些理论都是错误的，比如，他主张“重的物体比轻的物体下落得更快”“自然害怕真空”等。在培根之前，人们把它们都看作绝对的真理。

第四种假象是市场假象，是由于语言的不精确，含义模糊，使用不当所产生出的误解。“锤不破”的笑话就是一个例子。有人拿锤子去锤鸡蛋却锤不破，这是真的吗？这是个语言游戏，“锤不破”中的“锤”有歧义，可以说是名词“锤子”，也可以是动词“锤”。如果说锤子，那肯定是不会破的；如果说锤子锤鸡蛋，鸡蛋锤不破，那就有问题了。“獐鹿之辨”也与市场假象相关。王安石的儿子王雱只有几岁时，有个客人送给他家一头獐和一头鹿，关在一起，放在客厅里。王雱从来没见过这两种动物，感到很新鲜，整个上午都在客厅里玩。客人见他玩得很起劲，就开玩笑地对王雾说："别人都说你很聪明，我来考考你怎么样？"王雾说："先生请讲。"客人问："你知道哪只是獐，哪只是鹿吗？"王雾从来没有看见过这两种稀罕的动物，看了半天，明明不懂，但却振振有词地回答说："这还不简单？獐旁边的那只就是鹿，鹿旁边的那只就是獐。"

对"女子无才便是德"，大家是如何理解的？如果将"无才"理解为不要有才，女性，尤其是女权主义者看了后会很生气的，会认为是对女性的歧视。对于"无才"中的"无"有另外一种理解，即"有却不以为有"。女子自己很有才，但却不恃才傲物，不去炫耀。如果这样理解，那就成了积极的理解了。

通过哲学的反思，我们的目的是要清除种族假象、洞穴假象、剧场假象和市场假象这四种假象。大家都知道厦门大学边上的双子塔吧，它像什么呢？尽管双子塔最初想设计成船帆，但是大家一般都认为是两把刀。由于闽南人比较重视风水一说，在全国最美的大学厦门大学的边上竖两把刀，那肯定破坏风水了。破解的方法是用两台古炮对着它们。后来我跟上海的一位教授说起此事，他认为两把刀很好，"为朋友两肋插刀"不是很好吗？这都与洞穴假象相关。

鸭子这种动物有一种本能，刚孵化出来时，第一看到什么活动的动物，就会把它当成自己的妈妈，而且有一种刻骨铭心的记忆。我们经常能看到用母鸡去孵鸭蛋，小鸭子就跟着母鸡跑。也有鸭子有狗妈妈的记忆。如果我们想要小鸭子跟着我们跑，我们也可以人工孵化小鸭，让小鸭子第一眼看到的是你，这样你就可以获得一个忠诚的小跟班。这是种族假象导致的。

（三）反思的效果

反思的效果怎样？反思不仅要知其然，而且要知其所以然。虽然在分马问题上，第三层次与第四层次的解答与方法都一样，但其境界高低不同。同样是知，熟知不等于真知，更不等于深知。《五灯会元》中记载：有个老僧"三十年前未参禅时，见山是山，见水是水。及至后来，亲见知识，有个入处，见山不是山，见水不是水。而今得个休歇处，依前见山只是山，见水只是水。"见山是山，见水是水，这是人类思维的第一个阶段。在这一阶段里，人的自我意识还未产生，没有知识的介入，与感知对象之间没有纤毫隔阂，直观地反映感知对象。但是等到自我意识觉醒后，个人从大自然中分离出来，山水与人不再是手足一体的关系，而是一个客体，一个被观察、利用的对象。

这时的人类，见到的山就不是山，水也不是水了。青原惟信所说的“入处”，就是知识的介入。当亚当、夏娃摘食了智慧果后，人类便失去了伊甸园。黑格尔在“小逻辑”中借用了这个故事饶有兴味地论述了认识真理的三种方式，即经验、反思、哲学思辨。经验的方式得到的结果是浑然一体、未加分析的东西，是直接的天籁的和谐，这时人在乐园中无思无虑地生活，见山是山，见水是水；反思的方式使用分离的、知性的范畴来说明的整体，这时人被逐出乐园，见山不是山，见水不是水；思辨哲学的认识方式是“认识真理的最完善的方式”，它扬弃了“反思阶段”的分离性和对立，人类重新回到乐园，依前见山是山，见水是水。这三种方式组成了一个动力学结构，后者对前者实行超越、扬弃，环环相生。

表面上看来青原惟信在原地踏步，没有进步，但这是辩证法中所说的否定之否定，是螺旋式的上升。虽然结果相同，仍是“见山只是山，见水只是水”，但是他不仅知其然，而且知其所以然了。大家都学过美国作家欧·亨利的短篇小说《警察与赞美诗》吧，这个短篇小说讲述的是一个穷困潦倒，无家可归的流浪汉，因为寒冬想去监狱熬过，所以故意犯罪，他去饭店吃霸王餐，扰乱治安，偷他人的伞，还调戏妇女，然而这些都没有让他如愿进监狱。最后，当他被教堂里的赞美诗感动，想要改邪归正、重新做人时，警察却将他送进了监狱。虽然最终实现了最初想要进监狱的想法，但是心态却完全不一样。反思的效果也是如此。

反思有助于抵制“平庸之恶”。“平庸之恶”的概念是汉娜·阿伦特提出来的。纳粹党徒艾希曼是犹太人大屠杀中执行“最终方案”的主要负责人。阿伦特描述艾希曼时，说他“不阴险，也不凶横”，完全不像一个恶贯满盈的刽子手，他彬彬有礼地坐在审判席上，接受绞刑，他甚至宣称他的一生都是依据康德的道德律而活，他所有行动都来自康德对于责任的界定。作为一名公民，他相信自己所做的都是当时国家法律所允许的；作为一名军人，他只是在服从和执行上级的命令。艾希曼犯下的是“平庸之恶”，这是一种因不思想、无判断、盲目服从权威而犯下的罪恶。反思有助于人们远离“平庸之恶”。

（四）哲学与反思能力

哲学学习和反思能力之间的关系是怎样的？曾有团队对 4472 人做了调研，研究发现，受过系统哲学教育的人，其平均反思测试成绩是没有受过哲学教育的 2—3 倍。反思能力的高低是衡量深思熟虑能力的指标，反思能力越强，越能深思熟虑。研究表明：与反思能力较低的人相比，善于反思的人记忆力更强、反应速度更快，更难上当受骗，且更会赚钱、寿命更长。

会赚钱的个案哲学家，第一位是泰勒斯。他每天都在仰望星空。有一天不小心掉到水坑里，他的女仆说他只关心天上而不关心地上的事情，哲学没什么用。泰勒斯通过观看天象，预测橄榄来年会丰收，于是他提前把榨橄榄油的机器都租下来，到了第二年果然橄榄丰收，他就高价把榨油机租出去，大赚了一笔钱。这就说明哲学家并不是不会赚钱，只是不屑去赚钱。马克思唯一一次炒股投入 600 英镑，结果赚了 400 英镑，回报率近 70%。索罗斯是金融大鳄，他是奥地利哲学家卡尔·波普尔的学生，并常以此为傲。他的金融理念受到波普的影响，比如成立了量子基金、开放社会基金等。他在 30 年内捐赠了超过了 80 亿美元用于慈善，虽然索罗斯的做法我们都不太认可，但是这可以作为学哲学有助于挣钱的一个例子。

有团队研究了 140 万个读了本科的美国人挣钱的数据，在文科的几个专业中，哲学挣钱最多。2014—2015 年全美 207 个专业收入排名里，哲学是排名第 49 位，在文科中是最高的；2015—2016 年全美 319 个专业收入排名里，哲学排名第 75 位。

在“中国的富人学的都是什么专业”研究中，哲学排第 20 位，学过哲学的富豪占 0.81%。尽管这数据看起来很小，但比例却不小。2016 年全国高考录取人数 940 万，选择哲学专业的学生平均每所大学按 30 人计，只有 2400 人，而全国顶尖富豪哲学占 0.81%，哲学中顶尖富豪人数的比例为平均数的 31.76 倍。换言之，学哲学的人成为富豪的比例较高。

在“广东省的高校毕业生的‘钱途’”的有关数据中，哲学本科毕业生的平均薪酬比平均薪酬高出 25%，比工科类平均薪酬高出 18.4%。

学哲学的人寿命更长。康德活到 80 岁，他自幼体弱多病，天生心胸比较狭窄。他坚持每一天准时去散步，别人以他散步的时间校对时针。他有两次没有及时去散步也是因为看卢梭的《爱弥儿》。诺贝尔文学奖和和平奖的获得者罗素，也是一位哲学家，他活到了 98 岁。解释学大师伽达默尔，活到了 102 岁。在北大哲学系中，长寿是很普遍的，从北大哲学系系史人物传来看，年龄在 90 岁以上的占 25%，85 岁以上的几乎占了一半。学了哲学的人赚钱会更多，寿命会更长，因为他们更爱反思，更有自制力，更知道自己真正需要什么。

反思能力越强，越能深思熟虑。通常而言，哲学家比普通人更能深思熟虑。与同龄人相比，哲学家不太可能毫不怀疑地接受似乎是显而易见的东西，他们倾向于审查他们的直觉来获得答案。哲学家爱追问形而上的问题，喜欢“打破砂锅问到底”，擅长在常人无怀疑处怀疑，这些都是深思熟虑的表现。深思熟虑是哲学家共有的气质，哲学家是一群“密涅瓦的猫头鹰”。

三、反思哲学应用

下面我们继续探讨如何把反思思维应用到哲学问题上，为此，我们先要介绍应用反思思维的步骤是怎样的。

（一）如何进行反思

我认为应用反思思维可分为三步，第一步是要反复思考，特别是对问题预设的前提要反复思考。前面提到的分马问题如果按照传统定式思维就会发现无解，通过反思，就会怀疑我们通常的预设。第二步是要应用发散思维来思考，在思考时，如果能运用逻辑分析的方法来寻找可能的解答，就会拓展我们的思路，寻找到所有的逻辑可能，得到很多不同的而且是全面的解答。第三步是用语境分析的方法小心求证。

下面我们举例看看如何用逻辑分析的方法来进行发散性思考。为此，我们可以看三个例子，一个是组句的问题；一个是世界本原是什么的问题；一个是伦理原则的关系。“钱”“是”“没”“有”“问题”这 5 个字词可以组成多少个有意义的句子？要注意这 5 个字词不能重复用，也不能少用。请大家思考几分钟，看看能得出几个答案。

如果想一个一个随机去试，那肯定列举不全面。用逻辑分析的方法就可以把答案全部找出来。大家都学过排列组合，这个问题可以用排列组合的方法来解答。首先这些个字词能够组成句子，总共有 120 个句子。在这 120 个句子中，我们通过一一识别，就可以得到所有有意义的句子，一共有 15 句，它们分别是：钱是没有问题、钱没有是问题、钱没是有问题、钱有是没问题、问题是没有钱、问题是钱没有、问题钱是没有、有钱是没问题、有问题是没钱、没有钱是问题、没问题是有钱、没钱是有问题、是有钱没问题、是没钱有问题和是钱没有问题。逻辑上把这些个字词有多少种排列先一一地排出来，然后再一一地区分哪些有意义，哪些没意义，将没意义的划掉，剩下都是有意义的。

世界的本原是什么？根据本原是变化的还是不变的，是一还是多，《西方哲学简史》中，赵敦华老师把古希腊哲学家提出的理论概括成四种，刚好与逻辑上的四种可能相同。变化的一的本原说主要是米利都学派，如泰勒斯的水、阿那克西曼德的气、阿那克西美尼的不定者；不变的一的本原说的提出者主要是爱利亚学派存在哲学家，如巴门尼德、芝诺、麦里梭等；变化的多的本原说主要有恩培多克勒的四根说、阿那克萨戈拉的种子论、德谟克利特的原子论；不变的多的本原说主要有毕达戈拉斯学派的数论。这四种本原理论都存在支持者和反对者，都有各自的理由。怀疑主义者则主张要对世界的本原问题不作判断。

伦理原则有很多，如对等处理的伦理原则有“以眼还眼，以牙还牙”“投之以桃，报之以李”“人不犯我，我不犯人；人若犯我，我必犯人”“以德报德，以怨报怨”“以血还血，以命抵命”“以其人之道，还治其人之身”“人施于己，反施于人”等等，这些原则虽然倾向于对等，但是并不一定公平。非对等处理的伦理原则有“爱你的仇敌”“别人打你的左脸，你把右脸给他打”“受人点滴之恩，必当涌泉相报”等等。如果我们将“己所不欲，勿施于人”作为一个道德律，进行逻辑分析，通过对“己与人”“欲与不欲”“勿施于与施于”以及“人与己”这 4 组字词进行排列组合，逻辑上一共会产生 16 个命题。再用语境分析可以得出，第 3 条“己所欲，施于人”是银律；第 5 条“己所不欲，勿施于人”是金律；第 7 条“己所不欲，施于人”是铁律；第 11 条“人所欲，施于人”是铜律。如果加上时间，把“欲”分为“先欲”和“后欲”，把“施于”分为“先施于”和“后施于”，那么就会变成更为复杂的 64 个命题。

（二）反思思维在哲学问题上的应用

如下这三个问题都是哲学谈话的问题，“人能几次踏入同一条河流？”“大象像什么？”“明天的太阳还会从东方升起吗？”我们从反思思维的角度来看看会有怎样的不同结果。

人能几次踏入同一条河流？赫拉克利特认为“人不能两次踏入同一条河流”。他的观点被称为辩证法的观点。他的学生克拉底鲁则说“人一次也不能踏入同一条河流”。克拉底鲁的观点被称为是相对主义的观点。教科书告诉大家，“人不能两次踏入同一条河流”这种观点体现了绝对运动与相对静止的辩证统一，因为河水是不断流动的，第一次踏入的河流在第二次时就变了，因此人不能两次踏入同一条河流。在讲解运动与静止的辩证关系时，老师常用一个笑话来说明克拉底鲁观点的荒谬性，笑话中借钱者以“当初借钱的我不是现在的我”而拒不还钱，最终被痛打了一顿。我赞同运动与静止的辩证关系，但却无法理解“人不能两次踏入同一条河流”为何是正确的。对“人能几次踏入同一条河流”这个问题，我们可以进行语义分析，看看“人”是指的个人还是一群人，“踏入”的动作是什么，以及“同一条河流”是以河岸还是河水为标准？通过分析，可以得出：人可以多次踏入同一条河流。为了证明踏入的是同一条河流，我会放一朵花在河流里，当花飘过来时，我踏一次。然后马上跑到下游，等花飘过来后，我再踏一次。这样以水作为同一条河流的标准我可以多次踏入同一条河流。当以河岸作为同一条河流的标准时，在同一个河岸的任何位置踏入河流都可以认为踏入的是同一条河流。在这种情况下，可以多次踏入同一条河流。刚才说的“人”指的是一个人，如果“人”指的是一群人也可以多次踏入同一条河流。在以河水作为同一条河流的标准时，大家可以沿着河流排成一队，在花飘到自己的位置时踏一下。这样一群人可以多次踏入同一条河流。如果以河岸作为同一条河流的标准，只要这群人在这个河岸的任何位置踏入河流，都可以实现多次踏入同一条河流的目标。如果把“踏入”做精细的定义，以河水作为“同一条河流”的标准，那么答案可能是“人一次也不能踏入同一条河流”。这表明，如果我们对“人能几次踏入同一条河流”多做反思，答案可能是多样的，而不会只有一个绝对的标准答案。

“盲人摸象”的故事大家都知道，大家可能会嘲笑这位盲人连大象的样子都不知道。实际上，我们笑盲人不过是五十步笑百步而已。在认识事物的本质时，我们每一个人都同样面临盲人的处境，因为我们都没有上帝之眼，都不可能像上帝一样全知。我们都有自己的认知局限性。摸着大象肚子的盲人说大象像一面墙，摸着大象尾巴的盲人说大象像绳子，摸着大象耳朵的盲人说大象像扇子，摸着大象大脚的盲人说大象像柱子，摸着大象牙齿的盲人说大象像矛。我们笑盲人，是因为我们是明眼人，以前见过“全”象，知道大象像什么。虽然我们拥有正常的视力，当我们看一个变形金刚，同样会遇到盲人的困境。变形金刚可以变换模样，可以有不同的表象，我们能确定这只变形金刚原来是什么样子吗？无数个盲人摸了大象后，把各自摸到的片段组合在一起，就一定会得到明眼人观察到的大象的本来样子吗？很难！

明天的太阳还会从东方升起吗？这是个休谟问题，也是归纳法是否具有有效性的问题。科学研究通常有两种方法，一种是演绎推理，一种是归纳推理。演绎推理从普遍的命题得出个别的结论，归纳推理从许多个案得出普遍的结论。比如，从每个人都会死，苏格拉底是人，得出苏格拉底会死，这是演绎推理。只要大前提正确，遵守了推理原则，演绎推理的结论是不会出错的。从这只天鹅是白的，那只天鹅也是白的，以及看到很多天鹅都是白的，得出“所有的天鹅都是白的”，这是归纳推理。归纳推理的结论很容易出错。“所有的天鹅都是白的”这一推论后来被证实是有问题的。科学家在澳大利亚发现了黑天鹅。现在厦门大学校园内也有黑天鹅。我们常说“天下的乌鸦一般黑”，乌鸦都是黑的吗？后来发现有白色的乌鸦。这些都是在讨论归纳法是否有效。自然科学是建立在归纳法基础上，归纳法不一定有效。我们可以用“罗素小鸡”的故事来说明。故事是这样的，有人养了一只小鸡，每次喂鸡前都会敲着盘子。小鸡形成了条件反射，每次听到敲盘子的声音，都会跑过来。就这样日复一日，月复一月，过了二百天，小鸡已经长大了。在感恩节的前一天晚上，主人又敲着盘子，这只鸡认为主人又是来喂食的，便伸长脖子跑过来。谁知道主人顺势抓住了它的脖子，把它杀了吃掉了。如果我们的科学建立在归纳法的基础上，人类的命运会不会像这只鸡一样？大家每天都去食堂吃饭，有没有怀疑过饭菜会有毒？即便可能性很小，但对人命关天之事，还是要特别留心的。索罗斯的老师卡尔·波普尔认为归纳法是无效的。他的证明是，观察到的东西总是有限的，纵使观察了一百万只天鹅后，得出结论说“所有的天鹅都是白色的”，然而，由于“所有的天鹅”不仅包括过去的天鹅，现在的天鹅，而且还包括将来的天鹅，因此数量是无限，一个有限数除以无穷大，结果都是等于零，所以归纳法是无效的。

如果你们现在都不到30岁，用归纳法可以证明你们都活不过30岁。论证过程是：在你们过1岁生日时，你们的生日没有超过30岁；在你们过2岁生日时，你们的生日没有超过30岁……迄今为止，你们所度过的生日都没有超过30岁。因此，在你们所有的生日上，你们都不会超过30岁。因此，你们活不过30岁。

当然，用归纳法也可以证明我们永远不会死。论证过程是：在100天前的那晚，我们睡着后第二天就醒来了；在99天前的那晚，我们睡着后第二天醒来了……到昨天晚上止，我们睡着后第二天都能醒来。因此，在我们未来的每个晚上，我们睡着后第二天都会醒来。因此，我们永远不会死。还有一种论证：在你已度过的日子里，每一天都有另一天相随。因此，在你未来活着的日子里，你的每一天将有另一天相随。因此，你是不会死的。归纳法既可以证明我们活不过30岁，也可以证明我们永远不会死，这表明归纳法是有问题的，是无效的。

四、反思人生真谛

哲学因其对人生不断反思，是使人成为人的一门学问，其旨趣在于教人如何做一个好人，如何做一个圣人，如何做一个完美的人。

（一）短暂人生与多样看法

人生一世，大体可以用网上的一种描述来概括，即“一岁出场亮相，十岁天天向上，二十岁远大理想，三十岁基本定向，四十岁处处吃香，五十岁发愤图强，六十岁告老还乡，七十岁打打麻将，八十岁晒晒太阳，九十岁躺在床上，一百岁挂在墙上。”

人生百态，看法各异。即使对同一种工作，也是见仁见智。“不同的石匠”这个故事就说明这个道理。故事是说有个人经过一个建筑工地，问那里的石匠们在干什么。第一个石匠回答：“我在做养家糊口的事，混口饭吃。”第二个石匠回答：“我在做很棒的石匠工作。”第三个石匠回答：“我正在盖世界上最伟大的教堂。”三个石匠，虽然做着同样的工作，然而他们的生活境界截然不同。第一个石匠把石匠工作当作一种职业，以其工作为苦，明天还得做；第二个石匠把石匠工作当作一种事业，以其工作为乐，明天还想做；第三个石匠把石匠工作当作一种使命，以其工作为荣，明天还要做。那么，我们应该怎样看待我们的工作、过好我们的生活呢？为了回答这个问题，我建议大家先了解人生的境界有哪些，再利用反思思维做出选择。在人生境界的各种学说中，我个人觉得冯友兰和张士英的四境界说是值得推介的权威之说。

（二）人的境界说

人的一生自出生到死亡会经历许多阶段，会得到很多成长，人生的境界也在不断提升，在冯友兰先生看来，哲学尤其是形上学，能提高人的精神境界。在《贞元六书》中，他提出，人的精神境界有四个层次：自然境界、功利境界、道德境界、宇宙境界。在自然境界中，一个人做事只是顺着他的本能或社会的风俗习惯。他对他的所作所为并无清楚的意识，他所做的事，对他没有什么意义。在功利境界中，一个人意识到他自己，并为自己做各种事。

他所做的事，后果可能有利于他人，其动机则是利己的。因此对于他来说，他所做的各种事都有功利的意义。在道德境界中，一个人了解到了社会的存在，认识到他是社会的一员。他为社会的利益做各种事，他是个真正有道德的人，他所做的都是切实符合道德意义的道德行为。在天地境界中，一个人了解到超乎社会整体之上，还有一个更大的整体，即宇宙。他为宇宙的利益而做各种事。他了解他所做的事的意义，自觉地做他所做的事。他知天、事天、乐天、同天，达到了人生的最高境界。

冯友兰认为，在这四种人生境界中，自然境界、功利境界的人，是人现在就是的人；道德境界、天地境界的人，是人应该成为的人。这四种境界，依照觉解程度的增加，其境界依次提升。自然境界最低，往上是功利境界，再往上是道德境界，最后是天地境界。它们之所以如此，是由于自然境界，几乎不需要觉解；功利境界、道德境界，需要较多的觉解；天地境界则需要最多的觉解。

无独有偶，张世英也提出了人生四境界说。他按照人的自我发展历程、实现人生价值和精神自由的高低程度，把人生境界分为四个层次，即欲求境界、求知境界、道德境界和审美境界，并对各个层次做了精致的说明。

欲求境界，即最低的境界。人生之初，无自我意识和自我观念，不能说出“我”字，尚不能区分主与客，不能区分我与他人、他物。人在这种境界中只知道满足个人生存所必需的最低欲望，舍此以外，别无他求，故我以“欲求”称之。据心理学家测定，刚出生的婴儿一般在两岁以前，就处于此种状态之中。此种境界“其异于禽兽者几希”（《孟子·离娄下》）。但此种境界实伴随人之终生。当人有了自我意识以后，生活于越来越高级的境界时，此种最低境界仍潜存于人生之中，即使处于我后面将要讲到的“道德境界”和“审美境界”中的道德家和诗人，亦不可能没有此种境界，此禁欲主义之所以不切实际之故也。孟子所谓“食色性也”（《孟子·告子上》），大概就是指的这种境界。

第二种境界则是“求知的境界”或“求实的境界”。美国当代著名发展心理学家简·卢文格说：“刚出生的婴儿没有自我。他的第一个任务是学会把自己与周围环境区别开来，……认识到存在着一个稳定的客观世界。……在这一过程中，孩子形成了一个不同于外在世界的自我。处在这一阶段的儿童，自我与无生命的客体世界是不分的。”用哲学的语言来说，这是一个由主客不分到主客二分的过程。在达到主客二分的阶段以后，自我作为主体，不再仅仅满足于最低生存的欲求，而进一步有了认知作为客体之物的规律和秩序的要求。此种要求是科学的求实精神的萌芽。

第三种境界就是道德境界。个人的道德意识，在上述个人成长的“遵奉阶段”就已见端倪。在“遵奉阶段”中，个人的独立意识已处于突破遵奉意识的过程之中，从而逐渐产生了区分“好人”与“坏人”的意识，以至达到对他人负有责任和义务的真正意义的道德意识，心理学家卢文格称之为“公正阶段”，紧靠“遵奉阶段”之后，甚至把这二者结合为一个水平——“公正—遵奉水平”。发展到这一水平的“自我”既然有了责任感和义务感，也意味着他有了自我选择、自我决定的能力，他“把自己看作命运的主人”，“而不是听凭命运摆布的小卒”。张先生认为，道德境界有高低层次之分。低层次的道德境界停留在“推己及人”和“同情”“怜悯”的水平，俯视他人；高层次的道德境界平等待人、尊重他人，对他人负责。只有达到高层次的道德境界的人，才是一个有高级趣味的人。由于在道德境界中，理想与现实之间、主体与客体之间尚存在一定的距离，尚未完全融合为一，故精神的自由仍是有限的，而且，由于道德境界不能完全脱离为他人谋福利的功利，因此，“道德境界”并未实现充分自由，不是人生的最高境界。

人生的最高精神境界是“审美的境界”。“审美的境界”之所以“最高”，是因为审美意识完全超越了主客二分的思维方式，而进入了主客融为一体的领域。审美境界既非漂亮、好看之类的“视觉之美”，也非庄子的“逍遥”之境和王维的“万事不关心”的“禅意”之境，而是一种经得起磨炼的蓬勃奋发、博大高远之境。第一，审美意识超越了“求知境界”的认识关系。审美意识不再像在认识关系中那样把对象预先假定为与我对立的、外在的独立自在之物，通过认识活动（通常所谓感性认识和理性认识），认识到对象“是什么”。“审美意识”乃是把对象融入自我之中，而达到一种情景交融的“意境”。所谓对象、个别事物之存在本身“是什么”，已经不再滞留在人的考虑和意识之中。第二，审美意识也超越了“求知境界”和“道德境界”中的实践关系。“在审美中，欲念消退了”，对象作为“有用的手段”这种“异己的目的”关系也“消失了”，那种“单纯应该”的“有限关系”也“消失了”。由于这些，美的关照就具有自由的性质，它允许对象作为自身自由的和无限的东西，而不是作为有用于有限需要和意图而满足占有意志和功利心的东西。

张先生认为，在现实的人生中，四种境界总是错综复杂地交织在一起。

现实的人往往以某种境界占主导地位，其余占辅助地位，因此在日常生活中区分出某人是低级境界的人，低级趣味的人，某人是有高级境界的人，高级趣味的人。高境界往往体现、渗透在低境界之中。例如，最高境界的审美境界渗透在另三种境界中，人生的各种活动、各种境界都具有美的性质，把审美境界渗透到低级的欲求活动中，就会在茶中品出诗意，产生“味之美”。把审美境界渗透到求知活动中，就产生了“科学美”，科学家对科学规律的和谐与统一的“形式美”的体悟；对宇宙万物的可理解性的“宗教感情”（爱因斯坦语）；科学活动本身所具有的不计较功利的自由精神所带给科学家的愉悦，都是“科学美”的最佳体现。把“审美境界”渗透到道德活动中，就会产生德行美。张先生呼吁，人生应该以高远的审美境界为主导原则。他认为，以此为主导，虽然“担水砍柴”，也会觉得“此中有真意”；不以此为主导原则，虽然吟诗作画，亦只能贻笑大方。

在我看来，与冯友兰的四境界说相比，虽然张士英四境界说更系统、更精致，却是一脉相承的，而且很明显，两人所说的四种境界是一一对应的。对他们所谈的四种境界中的个人，我们可以分别称为粗人、能人、好人和雅人。那么，我们应该选择做什么人呢?

（三）认识自己与自择人生

如果有人说，我才懒得花心思去想，我才不要选择，能做什么人就做什么人，任其自然。果真这样决定，那正是哲学反思所反对的，正是苏格拉底所反对的。大哲苏格拉底曾主张“未经理性思考过的生活不值得过”，这就是要求我们要反思生活。在我看来，人是有理性的，对于生活要有所反思，有所规划，不要随波逐流，不要人云亦云，更不能行尸走肉。“宁做痛苦的苏格拉底，不做快乐的猪”，这是哲学反思的要求。未经理性思考过的人也许天天都是快快乐乐的，然而却是最低境界的粗人，类似“快乐的猪”。还有的人，要做什么人是由他人（如父母、朋友）决定，这种自己的生活方式由他人“选择”，由他人决定的做法，与自己不去选择类似。

如果有人说，每个人都有权选择自己的生活方式，每个人都是选择自己生活方式的权威。虽然这种说法是正确的，然而我们却不能说每种生活方式都是同样有价值的、有意义的，每个人选择的生活方式都是最适合的。因为这种说法是一种相对主义的看法，会导致极端的个人主义，甚至虚无主义。正如对于我们的健康状态的评价，我们应该相信相关的权威即保健医生一样，对于我们的生活方式好坏的评价，我们应该相信相关的权威：对人生有深刻体悟与认识的人。冯友兰和张士英就是这种权威。

如果有人说，好的，在生活方式的选择上我相信有深刻体悟与认识的人。他们认为雅人最值得做，因此要当雅人。说这些话的这个人，对如何生活有所思，但是却缺乏深思。虽然雅人值得做，然而却不是人人都做得来的。以我为例，由于我的教育背景，我的能力所限，我缺乏必要的艺术素养，因此雅人我现在是做不来的。这表明，最好的，并不一定是最合适的。

思考人生、规划人生，必须建立在“认识你自己”的基础上。苏格拉底倡导“认识你自己”，耶稣诘问：“失去本真自我，赢得整个世界又有何益？”莎士比亚强调：“最重要的是，成为本真的你。”那么，如何认识真正的我们呢？我认为，海德格尔的“向死而生”＋保尔·柯察金的“回首往事”＋海伦·凯勒的“假如……”，就是最好的认识自己的方法。这种方法假定为你即将走到人生的终点，面对死亡，那么，你会如何看待你的一生？你将如何过好剩下的日子？当你站在人生的终点回首往事时，你会认为自己逝去的年华是在虚度因而悔恨吗？你会认为自己即将消逝的一生碌碌无为，因而羞耻吗？或者，你会认为自己这一生充实、有意义，没有白活吗？这种方法需要借用海伦·凯勒的“假如给我三天光明”的设想，不断进行思想实验。假如你只有三天寿命了，你最想做的三件事是什么？假如你只有三个月的寿命了，你最想做的三件事是什么？假如……假如你只有数十年寿命了，你最想做的三件事是什么？通过这种思想实验，你可能发现你真正需要什么，并因而把握真正的自我，把握人生的真谛。

斯宾诺莎是近代西方哲学的三大理性主义者之一，他以道德高尚著称于世，罗素称赞他“是人格最高尚、最受人爱戴的伟大哲学家”“就伦理道德而言，他是至高无上的”。斯宾诺莎提出过“从永恒的观点来看”的人生信条，“从长远的观点看”是我对斯宾诺莎观点的改写。在我看来，凡夫俗子是难以谈论“永恒”的，但可谈论“长远”。从长远的观点反思人生，就不会因一时的挫折而一蹶不振，也不会因一时的成功而骄傲自满。当人生遭遇“少年无名师”“中年无贤妻”“老年无子嗣”“终时无好名”之类的憾事时，从长远的观点看，并非世界末日来临，不必灰心丧气，无需怨天尤人；当人生面对“久旱逢甘露”“他乡遇故知”“洞房花烛夜”“金榜题名时”之类的幸事时，从长远的观点看，不要得意忘形，以免乐极生悲。

在人生境界的追求上，我们每个人都应该结合我们的具体情况，实实在在地过最适合我们的生活，并以追求最高人生境界为理想目标。“虽不能至，然心向往之”，尽全力提升自己的人生境界。这样，当我们走到人生的终点，回首往事时，我们不会因为虚度年华而悔恨，也不因过去的碌碌无为而羞愧。在给自己盖棺定论时，我们就可以自豪地说，我一生没白活！

一本、二本与实践理性的困境

谢晓东

四川射洪人，哲学博士，厦门大学哲学系教授。入选2013年度福建省高等学校新世纪优秀人才支持计划。主要学术兼职为国家一级学会中国朱子学会常务理事、中华孔子学会理事，以及二级学会中国现代哲学研究会理事；韩国忠南大学儒学研究所特聘研究员。研究方向为东亚儒学（朱子学）、儒家哲学（先秦、宋明、现代）、儒家政治哲学（儒学与自由主义的思想关系）。

墨家伦理有两个版本。墨子确立了墨家伦理的功利主义基本走向，并把兼爱作为不偏不倚的程序性原则。但是，片面强调兼爱（或不偏不倚）导致忽略了个体利益的理性发展。故而，夷之就对墨子思想予以了明确化与局部修正：其一，以爱无差等来阐释兼爱，从而凸显了墨家伦理的不偏不倚的基本特点；其二，以施由亲始来修正爱无差等原则，试图容纳个体的合理自爱。夷之的做法遭到了孟子的反击而被贬称为“二本”，与此同时，孟子以“一本”来指称儒家伦理。孟子关于“一本”与“二本”的划分引起了广泛关注，朱子认为二本的实质是爱无差等，故而二本同时适用于墨子和夷之。汉学家则多从伦理学角度去解读二本，认为夷之面临两个道德方向相互冲突的困境。从道德哲学角度去看，墨子、孟子的伦理学都是一本，只有夷之的才是二本。实际上，夷之和古典功利主义的集大成者西季威克面临着相同的实践理性的困境，即功利主义与利己主义的自爱之间的冲突。

作为一对哲学概念，“一本”“二本”两词来自《孟子》一书。为了论证的需要，兹录该段文字于下：

墨者夷之，因徐辟而求见孟子。孟子曰：“吾固愿见，今吾尚病，病愈，我且往见，夷子不来。”他日，又求见孟子，孟子曰：“吾今则可以见矣。不直，则道不见；我且直之。吾闻夷子墨者，墨之治丧也，以薄为其道也；夷子思以易天下，岂以为非是而不贵也；然而夷子葬其亲厚，则是以所贱事亲也。”徐子以告夷子。夷子曰：“儒者之道，古之人若保赤子。此言何谓也？之则以为爱无差等，施由亲始。”徐子以告孟子。孟子曰：“夫夷子，信以为人之亲其兄之子，为若亲其邻之赤子乎？彼有取尔也。赤子匍匐将入井，非赤子之罪也。且天之生物也，使之一本，而夷子二本故也。盖上世尝有不葬其亲者，其亲死，则举而委之于壑，他日过之，狐狸食之，蝇蚋姑嘬之，其颡有泚，睨而不视。夫泚也，非为人泚，中心达于面目。盖归反虆梩而掩之。掩之诚是也，则孝子仁人之掩其亲，亦必有道矣。”徐子以告夷子。夷子怃然为闲曰：“命之矣。”（《孟子·滕文公上》第五章）

这段著名文字讲的是墨者夷之和孟子之间的一桩公案，关注者甚众。从后来的诠释史来看，大多认为以孟子为代表的儒家属于一本，墨家或夷之代表了二本。区别于海内外就此问题的各种阐释，今天我们从实践理性的困境这一视角去理解二本，并以此为基础从哲学上去重新解释孟子与夷之的讨论。我们的基本观点是夷之“二本”问题的实质是陷入了一个道德哲学的著名困境——实践理性的二元论。

一、墨家伦理的两个版本：墨子与夷之

在上述文本中，孟子首先指出了墨者夷之的一个知行不一之处，是说墨家的创始人墨子（名翟）有节葬的教义，作为墨家门徒的夷之理应遵循这个教义。但是，夷之却在行动上否定了节葬——他厚葬了其父母。大众批评此做法，夷之以“爱无差等，施由亲始”予以回应。从某种意义而言，孟子对夷之的第一个批评逼出了“爱无差等，施由亲始”的回应。夷之此人，除了《孟子》一书中有记载之外，均未见其踪影，故而梁启超对他的评判是“系次无考”。在分析夷之为何要以“施由亲始”来修正“爱无差等”之前，有必要首先考察墨子伦理及其受到的多重挑战。

（一）墨子伦理的性质：功利主义

自梁启超、胡适和冯友兰以来，用功利主义（Utilitarianism）去指称墨子的道德哲学，乃是中国学界的共识。此后，国内外一些学者比如史华慈、葛瑞汉、倪德卫、劳思光和韦政通等人，也都赞同这种定位。确实，墨子伦理与古典功利主义的基本思想若合符节。一般认为，墨子学说的核心命题是“兼相爱、交相利”。于是，不少研究者就认为墨子的基本观念是“兼爱”。以“兼爱”观念为中心，墨家提出了十大主张，这就是所谓的“十论”。其具体内容是尚贤、尚同、兼爱、非攻、节用、节葬、天志、明鬼、非乐、非命。墨者夷之“厚葬其亲”的行为似乎违背了墨家的次要主张——节葬。这是孟子的第一个批评的要点所在。针对孟子的攻击，夷之为自己做了辩护。要理解其辩护是否有力，就需要回到墨家学说的基本性质之处：功利主义及其作为不可分割的程序性手段“兼爱”。功利主义有一个最大化后果的核心主张，在这种观点看来，一个行为的对错取决于是否能够利益最大化，这就是“最大多数人的最大幸福”原则。“兴天下之（大，主讲人加）利”与“除天下之（大）害”可以视为墨家版本的最大多数人的最大幸福原则。对于墨子来讲，“天下”是外延最广的利益主体，就此而言，其有一种视人类为命运共同体的思想。

要实现“天下之大利”，墨子推荐的基本方法就是“兼爱”。对于我们的研究来说，我们强调“兼爱”是实现人类普遍利益的基本途径。用道德哲学的术语来讲，“兼爱”所反映的实质就是“不偏不倚”（impartiality）。“不偏不倚”的观点是功利主义的一大贡献，是一个革命性的观念。而墨子就是强调要“不偏不倚”，而反对“别”。从哲学上讲，不偏不倚是普遍主义的。故而，论者多认为墨家比儒家提供了更好的普遍主义的视野与论证。“兼爱”观念表明行动者应该是中立的、不偏不倚的。只有这样，才能达到功利的最大化。反之，如果不能够做到“兼爱”而是“爱有差等”，有的人就给予了更大的权重，这就破坏了最大化原则。应该说，“爱有差等”是儒家的正面主张，而墨子的“兼爱”是对孔子仁爱主张的修正。“兼爱”有些时候表现为利他主义，从而在爱的调门上明显比儒家要高。墨子原版的“兼爱”重平等，强调不偏不倚的立场，从而是爱无差等，也就是夷之所总结出来的原则。虽然从形式上看夷之是以“爱无差等、施由亲始”对孟子的第一个批评予以了回应，但是我们也应当把“爱无差等”理解为墨子所主张的兼爱主义所蕴涵者。

（二）墨子伦理受到的根本挑战：道德要求（moral demand）过高

从学理上来看，对功利主义有两个基本批评：第一，后果最大化的基本要求；第二，不偏不倚的观点。这两点可以总结为功利主义对道德要求过高。第一点批评涉及合理性的问题。在早期中国哲学中，虽然蕴涵了合理性问题，但是尚未完全凸显，因而第二点的批评是本研究论述的核心。从功利主义来看，最初是通过亚当·斯密所发明的“理性的旁观者”概念去把握不偏不倚的，即寻求一种纯粹的理性的眼光去计算功利，从而做出理性选择。同于古典功利主义，墨子也面临类似的难题。在《墨子》中，他就遭到了同时代人巫马子的追问。巫马子认为自己缺乏兼爱的能力，是因为“兼即仁矣、义矣。虽然，岂可为哉？”（《墨子·兼爱下》）在其看来，墨家的兼爱理想陈义太高，故而无法实行。应该说，巫马子的疑虑和后来庄子对墨子的观察比较一致。庄子认为墨子的主张，“使人忧，使人悲，其行难为也，恐其不可以为圣人之道。反天下之心，天下不堪。墨子虽能独任，奈天下何？”（《庄子·天下》）换言之，庄子认为墨子的一系列主张对人提出了过高的要求，故而难以普遍化。据此可以发现，庄子认为墨家的兼爱主张无法普遍化，即“行难为”。虽然墨子能够做到，但是不能用来要求其他人也这么做，否则就是“反天下之心”。墨子的主张可以作为个体对自己的高标准来严格要求自己，但是不能对别人也做出这样的要求。就此而言，庄子实际上反对了墨子“己所欲，施于人”的预设。要言之，或可从令人难以接受的角度去揭示墨子的核心主张无法实行，从而支持庄子“以此教人，恐不爱人；以此自行，固不爱己”（《庄子·天下》）的判断。上述话语表明，一些人认为墨子的道德要求过高因而令人难以接受。不过上述论述只是消极地指出了墨子伦理存在的问题，却没有推荐可替代的办法。

杨朱的“为我”学说的意义在此基础上可以得到更好的理解。关于杨朱和庄子孰先孰后的问题，我们采纳的是在庄子之前道家有一个杨朱阶段的观点。对于墨子来说，杨朱的挑战是什么呢？《淮南子·氾论训》试图在墨子、杨朱与孟子之间建立一种思想的因果关系链。“兼爱、尚贤、右鬼、非攻，墨子之所立也，而杨子非之。全性，葆真，不以物累形，杨子之所立也，而孟子非之。”据此，杨朱的“为我”观念反击的是墨子的兼爱说丧失了自我，无我地爱世人。可以认为，这是从个体主义角度提出的异议。当然了，这个解释和朱熹的相反。在朱子看来，既然孟子是杨、墨并称，那么杨朱应该要比墨子更早。基于此，他提出了一个墨子的核心思想是针对杨朱之类的利己主义者的判断。黎靖德编的《朱子语类》中说："墨氏见世间人自私自利，不能及人，故欲兼天下之人人而尽爱之。"相对而言，我认为《淮南子》的观点更为合理，也接受把墨子放在杨朱之前的做法。在这种情况下，可以认为杨朱是墨子的第一个有力挑战者，是第一人称的利己主义对利他主义的挑战。从道德哲学的角度来看，杨朱之挑战的实质是要容纳一个独立的有规定性的自我。

紧接着，孟子也对墨子的兼爱主义发起了挑战。在《孟子》里，除了上述引言中的引文外，还有两段文字也提到了墨家，其中一句是这样的："摩顶放踵，利天下，为之。"（《孟子·尽心上》）也就是说，墨家是一群为天下之大利而奋斗的热心肠的人。同于孟子，《淮南子·泰族训》描述了墨家的伦理态度，即"赴火蹈刀，死不旋踵"。总之，墨家是置生死于度外的救世者。上述话语似乎是对墨家作为道德圣徒的赞扬。但是，孟子却给墨家的兼爱主义以差评。"圣王不作，诸侯放恣，处士横议，杨朱、墨翟之言盈天下。天下之言，不归杨则归墨。杨氏为我，是无君也；墨氏兼爱，是无父也。无父无君，是禽兽也。"（《孟子·滕文公下》第九章）何止是差评，简直是谩骂。这是批评墨家的兼爱原则导致了极端的利他主义，从而不肯赋予亲人以特殊的优先地位。后来，朱熹也认同孟子的观点。《四书章句集注》中记载："杨朱但知爱身，而不复知有致身之义，故无君；墨子爱无差等，而视其至亲无异众人，故无父。无父无君，则人道灭绝，是亦禽兽而已。"朱子批评的一个要点是，墨家的爱无差等忽略了至亲的特殊道德地位，从而是属于儒家道德意义层面的禽兽。对孟子和朱子严厉指责墨子"无父"，也有人提出了质疑。《朱子语类》有相关记载，问："墨氏兼爱，何遽至于无父？"曰："人也只孝得一个父母，那有七手八脚，爱得许多！能养其父无阙，则已难矣。想得他之所以养父母者，粗衣粝食，必不能堪。盖他既欲兼爱，则其爱父母也必疏，其孝也不周至，非无父而何。墨子尚俭恶乐，所以说里号朝歌，墨子回车。想得是个淡泊枯槁底人，其事父母也可想见。"朱熹从资源有限的角度指出，兼爱原则必然导致给父母亲的资源减少了，爱父母也就更薄了。从现代道德哲学来讲，孟、朱批评的实质在于，墨家兼爱原则是一种强调不偏不倚的非个人性的（impersonal）立场，其无法容纳个人性的（personal）立场。

（三）“施由亲始”是对墨子兼爱原则的修正

根据上述《淮南子》的话语，或可得出如下思想线索。墨子批评孔子，杨朱批评墨子，而孟子又批评了墨子。再加上《孟子》所提供的孟子与夷之的交锋，我们在此提供一种假说：夷之以关注自我利益的方式回应了杨朱的批评（厚葬其亲），而孟子又批评了墨子和夷之，特别指出了夷之面临二元论的困境。当然了，夷之对杨朱的回应，客观上导致了他修正墨子的强势观点，即不偏不倚，从而容纳一些特殊关系。由于儒家是非常强调亲亲之类的特殊关系，故而从外部表现来看，夷之就给人以一种向儒家靠拢的倾向。在孟子看来，节用薄葬，是一个普遍的主张；而夷之厚葬其父母，违背了薄葬的主张，从而有损于兼爱的主旨。这是因为，夷之的行为意味着他对于父母亲的爱大于对其他人的爱，故而违背了兼爱的立场。孟子要求对方不偏不倚，即薄葬所有的人。对于孟子的指责，夷之辩解道：“儒者之道，古之人若保赤子。此言何谓也？之则以为爱无差等，施由亲始。”对此，一种可能的解释是，施由亲始表明夷之打算弱化墨子的革命性主张；不偏不倚，强调对自我利益的理性发展，从而就构成了对“兼爱”或“爱无差等”的修正。或可提供另外一种可能性：孟子指责墨子“无父”，夷之对此的回应是“厚葬其亲”，从而修正了墨子的以利他主义为特色的功利主义版本，加入了利己的成分。但如果这样的话，夷之必须要能够自圆其说。对于孟子的攻击，他引用了《诗经》中“若保赤子”来为自己辩护。该词的含义是最高统治者把被统治者都看成是自己的小孩一样予以同等的爱护。孟子所举的例子认为，所有人对于该小孩都有恻隐之心。夷之就从这种恻隐之心的普遍性出发，说明它就是墨子所宣扬的“兼爱”。应该说，夷之的这个做法是比较聪明的。此外，这种证明也表明他试图在人的心性中寻找“兼爱”的内在根源，这和墨子几乎不谈心性的做法有较大不同。

夷之“此言何谓也”的反问，是对孟子的一种嘲讽。需要指出的是，夷之所引用的话语，只能证明墨子的“兼爱”原则是有理由的。换言之，只能证明“爱无差等”的原则。我以为，夷之是第一个以“爱无差等”来把墨子的“兼爱”原则具体化的人，从而是对墨家思想的一种明晰化和通俗化。更重要的是，通过这种诠释，就区别了墨家的爱的原则和儒家的爱的原则。孔子的“仁”原则是一个非常重要的创新，该原则可以具体化为“仁爱”。对于仁观念，曾经受学于儒家的墨子也是拥护的。但是在墨子看来，儒家的“仁爱”原则比较狭隘，所以他就以普遍主义的“兼爱”原则取而代之。也就是说，墨子是把儒家的“仁爱”看作他所批评的“别爱”。夷之进一步把墨子对儒家“仁爱”原则的批评具体化了，他在“爱有差等”与儒家的“仁爱”之间确立了一个等式，而把其反命题“爱无差等”确立为墨子“兼爱”原则的同义词。应该说夷之的观察是敏锐的，他对于儒墨基本差异的概括就得到了朱子的认可。

二、“一本”与“二本”之争

对于夷之的辩护，孟子不以为然。他予以了全面反击，反击的要点有二：一是认为儒家的伦理原则以一本为基本特征，而对手夷之的伦理原则是二本；再则是从道德心理之起源的角度说明了儒家伦理观念孝。从此次讲座的主旨来讲第二点并不重要，故而下面就以第一点为中心展开交流。

（一）问题的提出：一本还是二本？

先来看一下孟子本人的话语：“夫夷子，信以为人之亲其兄之子，为若亲其邻之赤子乎？彼有取尔也。赤子匍匐将入井，非赤子之罪也。且天之生物也，使之一本，而夷子二本故也。”在孟子看来，夷之过于天真了——一个人怎么可能对于其侄子和邻人之子有相同的爱呢？与此同时，他也反驳了夷之用“若保赤子”的儒家观念来证明“兼爱”。理由是，对于无知无辜的幼儿即将跌入深井，人对之产生普遍的恻隐之心不假。不过儒家的恻隐之心是一种比较薄的概念，而墨家的“兼爱”则是一种比较厚的概念。故而，不能用前者去证明后者。传统上认为孟子总结的“一本”还是“二本”的问题，才是儒、墨的根本差异所在。因而，我们下面就主要围绕“一本”与“二本”的问题去分析。

（二）朱熹对二本的理解：爱无差等

需要指出的是，“一本”“二本”这两个术语的原义并不明确，因而一些英译者多从字面上去处理，比如刘殿爵就是如此。即便这样，历代注释者围绕上下文以及整个《孟子》的文本发表了自己的看法，其中赵岐和朱熹的观点颇引人注意。赵岐是《孟子》的最早注者，他认为：“天生万物，各由一本而出。今夷子以他人之亲，与己亲等，是为二本，故欲同其爱也。”在他看来，万物由天而生，本原只有一个。夷之视自己双亲的价值与他人之亲相等，故而构成了二爱并立的局面。赵岐解释的要点是他人之亲等同于己亲，这种爱的相同就是二本。由于夷之是以“爱无差等”去诠释墨子的“兼爱”观念，故而赵岐对夷之二本的定性或可视为也指向了墨子。但是，赵氏并没有明言之。区别于赵岐仅就夷之而谈二本，朱熹则认为二本的帽子可以同时戴在夷之和墨子的头上。换言之，他把二本的适用范围扩大了。“既是一本，其中便自然有许多差等。二本，则二者并立，无差等矣。墨子是也。”那么，这种扩大是否符合孟子的原意呢？要回答这个问题，就需要理解二本的本质。

朱熹也对《孟子》文本中“二本”一词所在的段落予以了解释。《四书章句集注》中记载:“孟子言人之爱其兄子与邻之子，本有差等……且人物之生，必各本于父母而无二，乃自然之理，若天使之然也。故其爱由此立，而推以及人，自有差等。今如夷子之言，则是视其父母本无异于路人，但其施之之序，姑自此始耳。非二本而何哉？然其于先后之间，犹知所择，则又其本心之明有终不得而息者，此其所以卒能受命而自觉其非也。”朱子的解释突出了三点：第一，孟子所强调的儒家“爱有差等”的基本立场；第二，人物之生只有一本是存有论的必然，这种哲学的阐释明显要比汉代的章句训诂之学深刻；第三，夷之“施由亲始”的说法已经不同于原始墨家的教义，从而构成了某种矛盾。在朱熹看来，儒家“爱有差等”的日常表述的根本依据是“一本”。朱子引用了尹氏的观点，“何以有是差等，一本故也，无伪也。”因为一本，所以“爱有差等”。要是颠倒二者关系，严格说来也是不行的。“又有以爱有差等为一本者，虽无大失，而于文义有所未尽。盖谓其一本故爱有差等则可，直以爱有差等为一本则不可也。”很明显，一本蕴涵着“爱有差等”，但是“爱有差等”却不是一本自身，而是一本的本质属性。

从常识来看，自然情感的亲疏远近是一个普遍现象。上述“自然”“无伪”这些词语表明，儒家“爱有差等”的主张具有强有力的心理基础。反之，“爱无差等”的反命题则是反人类的自然心理的。就此而言，可以说是反自然的。在朱熹看来，夷之所表述的墨家的基本立场有不少问题。“今夷之乃谓爱无差等，则是不知此身之所从出，而视其父母无以异于路人也。虽其施之先后，稍不悖于正理，然于亲而谓之施焉，则亦不知爱之所由立矣。是非二本而何哉？而说者乃或谓其施由亲始之言，暗合于吾儒之一本者。愚以为差之毫厘，谬以千里。为是说者，亦自不知一本所以为一本矣。”朱熹的战斗性很强，对于夷之“施由亲始”的新表述虽有一定的同情地理解，但也严格捍卫墨家和儒家的基本界限。据此，朱熹反驳了认为夷之“施由亲始”的观点

“暗合”于儒家一本论的错误意见。仿照朱子的提法，可以认为“爱无差等”是二本的基本属性。或者说，二本的本质是“爱无差等”。从道德价值的角度来看，墨子拒绝赋予父母亲以高于陌生人的地位，而是强调，在亲人与陌生人之间应采纳“不偏不倚”的客观立场。正如康德“人是目的”的观点所揭示的，没有一个人比另一个人的道德价值更高，大家在道德价值上一律平等。对于儒家来说，路人千千万，而夷之视父母“无以异于”这千千万路人。在这个意义上，朱子调侃道：“‘爱无差等’，何止二本？盖千万本也。”对于墨子和夷之的“爱无差等”的基本立场，赵岐和朱熹并不认同。其实，儒家本身也不是一概反对非个人的客观的道德立场，他们也有“一视同仁”的看法。只不过，其“一视同仁”的立场适用于公共领域或陌生人之间。

（三）汉学家对二本的理解：伦理原则之间的冲突

同于朱熹，葛瑞汉也认为“二本”同时适用于夷子和墨子。但是，他对于二本的本质的理解明显不同于朱熹。没有纠缠于传统的爱有差等还是无差等的问题，葛瑞汉认为夷之二本的内容是无差别地爱所有人与偏爱自己的亲人。他同时指出，二本被孟子视为自相矛盾的原则。应该说，葛瑞汉发挥了西方哲学家注重逻辑分析的传统，指出了夷之不能同时追求两个不同的伦理方向。他还认为，该问题不但是夷之的问题，也是整个墨家的问题。他说：“然而，墨家有一个如何协调对他人的均等的爱与对父母和君王的偏爱的问题，而这恰使孟子谴责墨者夷子‘二本’。”应该说，夷之确实同时承诺了两种立场，一是强调不偏不倚的非个人的客观立场，一是对个人利益的理性发展的个人观点或个人立场。问题在于，这两种立场要如何协调与平衡呢？

同于葛瑞汉，倪德卫也是从伦理学角度去分析二本问题。他在《儒家之道——中国哲学之探讨》一书中写道：“看起来完全可能：他在谈论夷之道德体系之基础（本）。孟子批评这种体系是‘二本’，而他自己坚持：从道德上考虑，人作为天生之一物，只有‘一本’。当然，对孟子来说，这个本就是‘心’，是不同方面的意向之‘心’……这样，夷之的麻烦就在于：他因既接受来自他的‘心’的指导又接受来自于此‘心’不相关的一系列教义的指导而陷入混乱。”作者指明夷之受到了两种力量的牵引，一是来自内心的自然情感（爱亲），一是来自理性的教义（兼爱）。从表面上看，夷之似乎陷入了精神分裂。就这个层面而言，夷之陷入了困境或冲突。其实，通过内格尔的观点也可以很好地解释夷之的困境。就此而言，夷之实际上陷入了自我的分裂或立场的二元性的相互拉扯，某种程度上体现了个人立场与非个人立场的冲突或分离。作者试图区分感性与理性，感性来自于心中产生的情感（心），而理性则是试图超越感性的束缚而独立地得出自己的原则（言）。因而，倪德卫凸显了夷之在理性的言与感性的心之间的困境。需要指出的是，倪德卫并没有明确墨子的伦理学是否也是二本。但是根据其分析来看，似乎可以推测出墨子的伦理学不存在二本问题。

在对"一本""二本"问题的具有代表性的观点予以分析之后，我们试图继续从道德哲学角度去深化对该问题的理解。

三、夷之二本的实质：实践理性的二元论

孟、夷之辩凸显了一个非常重要的道德哲学问题，那就是实践理性的二元论/二重性。对此问题的探讨，需要从西季威克（Henry Sedgewick）开始。

（一）西季威克的苦恼

西季威克（1838—1900）是19世纪英国著名的功利主义哲学家，罗尔斯视之为古典功利主义的集大成者。在1874年出版的名著《伦理学方法》（The Methods of Ethics）中，西季威克试图整合功利主义（普遍快乐主义）、利己主义（利己的快乐主义）与直觉主义三种方法为一个系统论述。但是，他发现自己能够整合功利主义与直觉主义，但是却无法整合功利主义与利己主义。正是在功利主义与利己主义之间，构成了所谓的"实践理性的二元论"概念。这个概念本身，反映出了实践理性的某种困境。在该书中，西季威克至少三次提到并解释了"实践理性的二元论"概念。在证书第二版的序言中，作者首次提出了上述概念。不过，在第六版序言中的陈述更加系统。他写道："我发现他（巴特勒）直截了当地承认'利益，我自己的利益，是一种鲜明的责任'，承认'合理的自爱'（是'人的本性中的两种主要的或优先的原则之一'）。这就是说，他承认'调节能力的二重性'——或者，我更愿意说，'实践理性的二重性'。"其实，上述两段文字中的"实践理性的二元论"和"实践理性的二重性"都是对英文 dualism of practical reason 的翻译。在《伦理学方法》正文第四篇"功利主义"中，西季威克也在一个脚注中使用了上述概念。根据廖申白的翻译，其内容是："我同时应当说，我认为一个人把自己的幸福当作他的终极目的也同样合理。对于这种'实践理性的二重性'，我们将在本书尾章中作进一步的讨论。"对于西季威克的苦恼及其道德哲学含义，

有人评述道："尽管西季威克在《伦理学方法》中试图为功利主义提出一种系统的理论辩护，但他最终也认识到功利主义无法避免他所说的'实践理性的二元论'，即对自我利益的理性发展和从一个不偏不倚的观点来看最大化普遍福利之间的张力。他对功利主义的最终判断构成了后来的争论的一个理论起点，迫使后来的哲学家去探究一系列与道德的本质有关的问题，其中就包括'道德的观点是否必须是一种严格不偏不倚的观点'这一问题。"为了能够理解和探讨上述问题，有必要考察实践理性概念。"从哲学上说，实践理性就是我们通过反思来解决如何行动的问题的一般能力。"现代道德哲学的根本问题是"我应当如何行动"，而实践理性就是为如何行动（包括了如何选择）提供理由的。因而宽泛说来，道德实际上就成了实践理性的一个部分。根据上述对实践理性的理解，或可得出结论：西季威克所说的实践理性的二元论，主要是指经由不偏不倚的理性计算而达到功利主义的最大化后果与从个体理性来看的自我发展之间的对峙。也可扼要地陈述为功利主义与利己主义的自爱之间的对立。

（二）在现代道德哲学的视角下看夷之的可能的回应

在我看来，当代美国哲学家托马斯·内格尔发展了西季威克的观点，他提出了个人立场与非个人立场的对立及其调和方式。在内格尔看来，这两种立场的二元性源于自我的分裂或者说这两种立场来自自我的二元性。这就比西季威克的观点似乎更进了一步。根据这两位道德哲学家的观点，可以认为，夷之是从非个人立场吸收个人立场，而儒家则有从个人立场发展到非个人立场的需要。当然了，儒家的该种改进型的完整陈述需要在宋儒的万物一体说那里去寻找，对此，陈乔见予以了分析。从道德哲学来看，夷之支持后果主义。而从后果的角度来考察行为，当然是能够带来最大后果的选择胜出。而孟子则具有义务论的基本特性，因而强调对亲人的义务。一般而言，儒家也是同意"兴天下之利"与"除天下之害"的，从而促进普遍的幸福，但是最大化不是其目标（当然，如果有的话也不排斥最大化的后果）。因而，儒家一方面批评利己主义（个体的快乐主义），即杨朱的观点，另一方面也反对墨子伦理对行为后果要求最大化的倾向。从后者来看，和威廉斯的观点就有异曲同工之妙。威廉斯为个人的观点辩护，他从个人的完整性观念出发，认为功利主义的不偏不倚的原则反对人对于自身利益的理性发展，从而破坏了人的完整性。儒家也强调了个人观点的重要性，认为个人观点也是道德的，甚至只有从个人观点出发才是道德的，这就打破了墨家在不偏不倚的立场与道德之间的直接同一。简单地说，以孟子为代表的儒家认为，最大化不是道德的目标，不偏不倚或兼爱不是评价道德对错的必要条件。而墨子则认为，凡是道德必须是不偏不倚的，而个人观点则不是不偏不倚的因而是不道德的。从儒家角度来看，西季威克的方法是有问题的，即忽略了工夫论。也就是说，西方道德哲学把人看作理性人，认为正确的道路只有一条，而错误的道路则有很多条。正确道路能够提供充分的理由，从而获得人们的一致同意。而孟子则不完全是这样的，他强调了感性与理性的合一，故而意志的发动需要功夫的事先锤炼。有一点需要注意，即对于儒家来说，作为境界的仁爱和兼爱的要求是一致的。虽然孟子强调可以从亲之爱发展到普遍的仁爱，但是爱有差等与博爱之间不是必然的逻辑关系。这是因为前者也可能会堵塞后者的实现，从而陷入裙带关系等不可欲的后果。从纯理论去看，夷之可以援引内格尔的相关思考去回应孟子的反批评，而不必像文本里给人以屈服于孟子观点的印象。

（三）夷之在道德哲学史上的地位

夷之之所以面临实际理性的困境，是因为他试图整合墨子所发明的兼爱（爱无差等）和个体的合理自爱（施由亲始）。在边沁、密尔或墨子看来，强调不偏不倚就可以了，根本没有必要去管什么个体的合理自爱。换言之，墨子和密尔的道德哲学只有一个基本原则，这就是一本。或许在他们看来，只有夷之这种不追求理论彻底性的思考者才可能会出现二本。以孟子为代表的儒家哲学，大致属于义务论一系。义务论强调履行义务，而一些义务不是基于选择而是基于自然，比如亲属关系。义务论会更强调对于亲人的义务，只是要求这样的义务必须能够经受可普遍化原则的检验。就此而言，孟子的道德哲学的基本原则也只有一个，也属于一本。义务论对于功利主义的一个基本批评就是不近人情，从而不肯赋予和主体具有特殊关系的人以某种优先性。应该说，义务论对于功利主义的这种批评还是具有效果的。考察功利主义的发展史，可以发现其一个趋势便是试图容纳一些具体于个人的考量。比如，弗里德曼的道德哲学就是如此。在功利主义的近期发展中，认为关照亲人和朋友这些和主体具有特殊关系的人的行为也是道德的，从而弱化了不偏不倚的道德要求。在这种理论演进中，西季威克则处在转折点上。同理，夷之的转向总体上看已经不属于理想类型的古典功利主义了，而是和其后期的一些发展有明显的相似性。在这个意义上，夷之对于墨子伦理学的修正就具有特别的道德哲学价值。对于强调人与人之间不平等的古代中国来说，极为强调工具理性的后果最大化的要求（墨子的兼爱原则），遭到忽视是一种必然。在现代条件下，墨家的兼爱主义之实现就具有了可能性与现实性。比如，罗尔斯就认为他的差别原则是对自由、平等、博爱（fraternity）三原则中博爱原则的一个说明。而我们知道，不少人认为兼爱就是中国版本的博爱。即便如此，对于夷之是否能够走出实践理性的困境，到目前为止还没有满意的答案。内格尔也指出："设计出公正地对待所有人的同等重要性而又不对个体提出不可接受的要求的制度，这一问题尚未得到解决。而之所以如此，部分地又是因为，对我们的世界而言，每一个个体内部个人的与非个人的立场之间的恰当关系这一问题尚未得到解决。"虽然他是从政治哲学的角度来立论的，但是我认为对于道德哲学来说也是适用的。因为正如内格尔、诺奇克等人所指出的，政治理论只不过是道德理论的应用而已。在道德哲学领域或许是无法解决此问题的，或可进入政治哲学领域处理之，即对导致行为后果最大化的个体的相关损失由国家予以补偿。

《周易》与《老子》

周建昌

厦门大学图书馆区域研究资料中心副研究员、厦门大学新闻传播研究所研究员，厦门市陈元光学术研究会会长，上海社会科学院五缘文化研究所研究员，福建省五缘文化研究会副会长兼秘书长。

《周易》和《老子》是中国文化经典宝库中两颗璀璨的明珠，魏晋时代二者被列入“三玄”之中。那么，它们之间有着怎样的渊源和联系呢？

一、《周易》与《易经》

关于《周易》与《老子》，首先我们要解决的是《周易》《易经》之差异问题。《周易》仅仅指的是周文王演绎的乾坤六十四卦，包括“卦辞”和“爻辞”。而《易经》则包括周文王的《周易》，以及后来孔子及其弟子为解释《周易》所作的《易传》，传即解释，共七种十篇文章，史称“十翼”。

按这次讲座的话题“《周易》与《老子》”，题为《周易》，则内容不包括《易传》。但由于《周易》与《易传》已经密不可分，又《易传》本来就是解释《周易》象数易理的，因此，我们在分析和解读《周易》与《老子》的时候，必须兼顾到《易传》的内容，通过比较，分析对照《老子》对《周易》的不同解读。

《易》有三易《连山》（夏易，以艮山为首）、《归藏》（商易，以坤地为首）、《周易》（周文王，以乾天为首）。虽然现在《连山》和《归藏》都已经失传，而《归藏》虽有古本发现，但仍有许多争议。但是三易都是源于伏羲八卦，而且彼此互相传承。关于老子学说，一般又被称为“黄老之学”，这“黄”即黄帝，即《归藏易》。可见《老子》和《归藏》之间的密切关系。

二、中华文化之根——《周易》《老子》

《周易》与《老子》同为中华古老文明和文化的代表。《周易》号称“中华文化之根”“六经之首”“诸子百家之源”“三玄之冠”，有如此高的评价，足见《周易》在中华传统文化中的地位。

但是《老子》作为先秦时期中华文化轴心时代的最杰出的代表作之一，它的地位极高，也是中华智慧之根和文化之源。

中华文化在先秦“百家争鸣”时期，文化繁荣，各家学说各显神通，最后“法家”帮助了秦国统一中国。但是秦国很快就灭亡了，汉取代秦之后，君臣上下都在思考强大的秦王朝为什么如此脆弱而短命，于是贾谊作《过秦论》，寻找到儒家“仁义”治国之道。到汉武帝时期，董仲舒则更进一步强调儒家，提出“罢黜百家，独尊儒术”主张，从此儒家的官学地位得到确立。但汉代“道家”“道学”并没有退出历史舞台，而是流传向民间，成为百姓遵循和推崇的思想和文化内核。

进入魏晋南北朝之后，知识分子看到了崇尚仁义礼智信的儒学并没有为天下带来和平和安宁，社会反而更混乱，于是，人们转向道家，转向老庄哲学，从老庄道学中寻找到安顿思想和安宁生命的方法，在道学中找到了生命的意义和生活的价值。此后两千年，中华民族就几乎一直保持着“外儒内道”“外法内道”和官“儒”民“道”的文化形态。法附于儒道之间，多属于官儒，是实现和落实儒家之“仁义道德”之工具。而道家，基于道文化的自然、本然、实然特性分析，不受官府倡导和强制的道家文化，则是我国老百姓自由和自主选择的结果，它是附属于民间的由民间自主选择确定下来的“文化基因”，因此，代表道家最高智慧的《老子》被称为“中华文化之根”，一点都不过誉，它的根在于民间。

三、关于世界本源的探索

《周易》来源于伏羲八卦，《易·系辞传》记载：“古者包牺氏之王天下也，仰则观象于天，俯则观法于地，观鸟兽之文与地之宜，近取诸身，远取诸物，于是始作八卦，以通神明之德，以类万物之情。”

八卦“以类万事之情”，仅凭什么？凭的就是它寻找到了构成万事万物的最基本的结构，也就是构成这个大千世界万事万物的最小细胞核，是万物之“本源”。

伏羲通过“观”天得日月，以阴阳代之；“观”地得山川，以刚柔代之；“观”人得男女，以仁义代之。以天地人“三才”之道，构建了分析和模拟这个大千世界一切物象运行的“八卦”模型。找到世界起源，“一阴一阳之谓道”，太极生两仪，两仪生四象，四象生八卦，八卦相荡而成六十四卦。从一太极到二两仪，到四象，到八卦，再到六十四卦，以二进制积累而构建我们这个世界万物。这是《周易》对大千世界本源的认知，并凭此认识来解释这个世界，分析这个世界，寻找这个世界的规律。

而《老子》对对世界本源的看法，在第四十二章就提道“万物负阴而抱阳”，同于《周易》之“阴阳”学说，《老子》第四十二章还说：“道生一，一生二，二生三，三生万物。”这一宇宙生成论模式不同于《周易》之“二进制”。《老子》以“一”为太极，“二”为阴阳，“三”以喻“冲气以为和”之物象，即《淮南子》所解“三”即“阴阳合和”。而这个“合和”结果是什么呢？我认为就是“人”，《老子》中的“三”即《周易》的“天地人三才”。《老子》所表达的观点与儒家所主张的“天人合一”更进了一步，即“天地人”三才合一，并经由这三位一体的合和作用，造就了现实世界的万物，这就是《老子》所认识和解释的世界的本源。

《老子》对世界本源的解释，加入了“人”的因素，将“人”置于天地之间，共同构成世界的本源，这正体现了《老子》重“人”的思想，也和《老子》道家贵身贱物观点是相吻合的。

魏晋玄学兴起，《周易》《老子》《庄子》被统称为“三玄”，《周易》为三玄之冠，《老子》为三玄之身，《庄子》为三玄之基，彼此相互关联，可互为诠释，共同构成魏晋玄学的思想来源和观念之核心。

四、《周易·坤卦》与《老子》学说

如果要找出《周易》与《老子》的关系，《老子》学说之根，可以说就在《周易·坤卦》和《周易·谦卦》中。

如果我们仔细分析一下《周易》，乾卦代表天，亿万年周而复始，保持着固定的运行轨迹不变，且无分别地普育天下万物，这种“天象”，在《老子》第五章中得出一个“天地不仁，以万物为刍狗”的自然平等、众生平等的思想。老子正是看到这种平等、均等、公平且不因人因事而改变，因此老子主张不争，争也争不到，不争也能得到，与其争而不得，不如不争而顺应自然，以得到自己应该得到的，应得、可得的为足。相比《老子》的“不争”，儒家在《易传》中却看到了“天行健”的“自强”和“天行健”的“不息”，因而鼓励和主张“君子”应该自我修养、自我强大、自我坚持、自我努力、自我奋斗，以持之而不息、强之而不靠的自我奋斗精神，一步一步“进德修业”，实现“与天地合其德”的人生境界，实现“圣人作而万物睹”的人生地位。

一般说《周易·乾卦》主“强”，是儒家思想的根源，代表了儒家思想的本质和大部分内容。而《周易·坤卦》主“弱”，是道家思想的本源，代表了道家思想的本质和大部分内容。这种观点是有道理的。

展开《周易·坤卦》六句爻辞，我们可以清楚地找到对应的《老子》的思想。

初六，履霜，坚冰至。

此爻表述一个简单的大自然季节变化的规律，霜出现了，结冰的日子就不会久了。《老子》的“道法自然”也遵循着大自然的思想。《老子》有“与物反矣，然后乃至大顺”，“反”即返璞归真，即顺物而动，这才能达到“大顺”之境。想得“大顺”必先与“物”同归于“本真”和“自然”，不能逆势而行，也无法逆流而动，大自然浩浩荡荡，顺之者昌，逆之者亡。

六二，直方，大，不习，无不利。

这一爻辞所描述的大自然的景象就是一片平坦无垠的大平原，平直且方正、面积又大，人们来到这么一个大的地方，不熟悉这儿也没关系，在这里是不会出现不利情形的。

按《易传》的解释，看到如此“景象”，明天理而知人事，引入人事论述，就是“‘直’其正也，‘方’其义也。君子敬以直内，义以方外，敬义立而德不孤。”把“直”当品德正直，把“方”当刚好，守规则、恰到好处。君子如果内修德如平直的大地，外慎行如方方正正的一目了然的平地，就能得到大众的支持和追随。

《老子》中有：“有物混成，先天地生。寂兮寥兮，独立不改，周行而不殆，可以为天下母。吾不知其名，强字之曰道。强为之名曰大。大曰逝，逝曰远，远曰反。故道大、天大、地大、人亦大。域中有四大，而人居其一焉。人法地，地法天，天法道，道法自然。”

这段话，我们可以和“坤六二”合在一起对照着看。“坤六二”所描述的一个完美的、有序的大地物象，儒家的《易传》从中悟出了“正义”，而道家《老子》在解释这个《周易》中完美的“大地”时，则从深层次思考，如此完美“大地”之前的物象是什么？这个“直方大”是怎么出现的？为什么能如此之“大”？而“大”又是什么？《老子》的解释就是“道”，就是“大”，就是能够包罗大千世界万象的先天而生的“大”或称之为“道”。这个“大”和“道”，“天地人”三界，儒称“三才”，都有其“大”，都有其“道”，都有其必须遵循的规则或规律。人们只要寻找到了这个“大道”，则“不习无不利”。这里，老子看到了大自然的强大力量，同时也承认了人类在大自然的能力，在《老子》的“人亦大”的语意中，我们可以看到，《老子》对人的力量和人的智慧的肯定，在某种程度上，也肯定了“人”的尊严，从而确立了“人”在天地大自然中的地位。比较《易传》中儒家的解释，《老子》的解读更立体、更三维，更体现“人”的地位和力量。

六三，含章可贞，或从王事，无成有终。

这段话为我们描述的一个大自然的现象是一朵含苞待放的鲜花，能放而不放，欲放而不放，坚持着忍住不放。鲜花的这种状态，在这一爻中被充分地肯定，“可贞”即可正，可以保持，应该保持，“贞”即正，即持正而不放。

有“含章”之德，如果跟随君王开国平天下，即便不能成君成王，也会在君王之下，善始善终。

这里的“含章”与《老子》的“不争”，两者思想是相通的。

六四，括囊，无咎无誉。

这一爻为我们描述的一个客观事实是如果能够扎紧自己装东西的口袋，会没有灾祸，但也不会有荣誉。

《周易》中的“括”，就是约束、封住、闭上、关上、主动封闭，自觉扎紧。这一动作后面的宾语，可以因人而异，因事而异。

《易传》的解释，“慎不害也”，谨言慎行，小心从事没有害处。从人的言行角度分析，体现了“乾刚坤柔”（《易传·杂卦传》）的不同特点。祸从口出，多说有害。这属于儒家观点。

《老子》的解释在这一点上和儒家差不多。《老子》提出“多言数穷，不如守中”，这里的“多言”并非仅指“话多”“说多”，而包括政令、政策等，但主张“守中”是一样的。《老子》第二十二章中写道“少则得，多则惑”。

六五，黄裳，元吉。

这一爻为我们描述的情形是一个穿着黄色衣裳的君子，自始吉祥。黄裳，即黄衣，黄代表大地、土地，后来代表皇权，即拥有天下的土地，所谓“溥天之下，莫非王土；率土之滨，莫非王臣”。“黄袍加身”，即天下的土地都归皇上。裳为表，吉为里，表可得黄裳加身，但如果里不吉，则反成祸。“元者，善之长也。”不善不足以得吉，不吉，不足以着黄裳而得天下。

显然，在《易传》的解释中，表象中“黄裳”并非只是一件简单的衣物，君子一旦加上黄裳，穿上象征皇权和天下的“黄裳”“黄袍”或“皇袍”，必须得具备一定的能力和本事。《易经·坤文言》记载：“君子黄中通理，正位居体，美在其中而畅于四支，发于事业，美之至也。”能成大事者，必有大德，《易经·系辞下》说：“德薄而位尊，知小而谋大，力小而任重，鲜不及矣。”

《老子》关于表里、内外的论述，只有一句，在《老子》第七章中说：“是以圣人后其身而身先，外其身而身存。”这里讲的是内修心法，主张圣人要谦居人后，置身事外，重内修而轻外形。就这一点上，也可以说与“坤六五爻”

有一定的相似度。“坤六五爻”居尊位、君位、王位，大权在握，实权在手，位尊权重，而且外表光鲜，光宗耀祖，面对着如此巨大的成功和权力的诱惑，圣人、君子要怎么办?

《周易》“坤六五爻”，直接给出的答案就是“元吉”，就是有其外，必有其内在高尚的品质。《易传》的解释也从内在品行入手论述。

《老子》中，道家解释主张退居其“后”，或转向其“外”，以最简单的、最退让的、最谦让的行动处理权与利、外尊而内圣的冲突。《老子》五千言中，还有大量的内修功法，在一定程度上都可以拿来解释“坤六五爻”，为此爻作注。

上六，龙战于野，其血玄黄。

此爻为我们描述的现实是阴已经发展到极点，与阳开始竞争，并且爆发了激烈的战争，战争在空旷的大地田野上持续不断，场面激烈、血腥，甚至尸横遍野，血流成河。玄，是黑色，代表天，属阳；黄，是黄色，代表地，属阴。

事物的发展规律是由弱到强、由小到大、由低到高、由旧而新。而当事物发展到极点之后，物极必反，而在“必反”之际，是最动荡、最激烈、最矛盾、最冲突的时期。

面对着新旧交替、阴阳交换的大变动，《易传》的态度是“阴疑于阳必战”，面对现实，积极参与，正面认可。

《老子》第六十七章写:“夫慈以战则胜，以守则固。天将救之，以慈卫之。”主“慈”和“善战者不怒”，《老子》并没有主张“非战”，仍然承认“战”，但在“战”术、“战”法上，却有自己的方法，即“慈”和“不怒”。一般人认为战争不讲仁“慈”，战争无一“不怒”，但《老子》却极力主张。《老子》主张柔顺，以柔克刚，以顺替争，以不变应万变，这在生死搏杀的战争环境中，在某种程度上往往能取得比“硬战”更大的效果。

五、《周易·坤卦》与《老子》“道冲”

《周易》与《老子》之间的关系，还体现在“谦卦”上。谦即虚，虚有空之意。谦主退让，《老子》主无为。这些主张都相互吻合，异曲同工。

《周易》与《老子》之间的关系仍有许多可比较和分析的地方，在此就不再做具体的列举。

《庄子》《老子》《周易》统称为“三玄”的说法，借《老子》第一章“同出而异名，同谓之玄。玄之又玄，众妙之门”之表述，用于表达“三玄”之间密切关系及其思想之妙用。

身体交往观视域下的老子思想

赵　晟

广西师范大学文学院、新闻与传播学院专任教师，厦门大学新闻传播学院博士。曾辗转重庆、南宁、厦门三地求学，在专攻传播学学科研究领域之外，逐渐培养起了对祖国人文历史的浓厚兴趣。

随着年岁与际遇的增长，对少年时代便开始品读的国学经典有了另一番体味和心得，老庄孔孟式的圣贤智慧是历经时光浣濯依旧熠熠生辉的宝藏，任后人梳妆打扮、释义解读，如西方谚语“一千个人眼中有一千个哈姆雷特”，儒道先贤所留下的精神种子也在所有中国人的心田里开出了亿万万不同姿色的花朵，但想必都有同样的娇艳和芬芳。

“道”是老子思想的核心概念。在老子看来，道不仅仅是宇宙的起源，也是万物存在的依据与发展变化的原动力。在《道德经》中，老子为了将其核心概念的“道”阐述清楚，运用了大量的以身体为载体的隐喻、暗喻来进行解释与说明，《道德经》全篇共有九章二十三处直接提到了“身”字，还有许多具有身体意象的表述。如此看来，身体作为隐喻常是中国思想家进行各种论述，尤其是进行政治论述的重要工具，同时，在当时以治身喻治国的先秦时期，基于“文化即传播”的观念，这样论述文本的背后，也自然而然地反映着作者及其所处时代的身体交往观。

一、身体交往观的提出

随着西方哲学界“身体意识”的觉醒，“身体性”理论日趋成熟。学界对身体的研究主要有三种进路：一是以胡塞尔、梅洛庞蒂为代表的现象学派提出的“物质的身体”；二是以福柯为主的批判现象学家们提出的“文化的身体”；三是考虑到技术的因素和作为技术建构的身体。梅洛庞蒂提道“我所知道的是根据我对世界的看法或体验才被我了解的，如果没有（身体）体验，科学符号就无任何意义。”因此他将身体（体验）视为主客体交互的媒介。福柯则通过对性的研究而将身体视为一种话语即政治实现的媒介，认为权力正在“通过对性的控制来控制肉体”。布莱恩·特纳则将身体视为自我与社会的媒介，认为身体、社会和文化的互动是社会实践的关键特征。库尔第纳从艺术和美学的角度总结“身体即媒介，身体即作品”。而直到 1989 年奥尼尔引用现象学的观点，写下了《传播的身体》一文时，才直言身体的感知活动其实就是一种传播的实践，即身体是传播的媒介。台湾学者陈明珠提出“身体主体可以说是整个文化社会互动的根基与语言系统运作的负载体，身体不但是与生活世界产生主体间性关系的主体，同时也是处在生活世界中被再现与被观看的客体”，把身体作为主体间性的主体，是传播得以进行的基础。如奥尼尔所说的，“我们所拥有的并正在加以思考的交往身体是我们的世界、历史、文化和政治经济的总的媒介”。

在生活世界中围绕着对身体媒介的使用，必然会产生一系列的认识和方法，也就是身体交往观。在本研究中，我们将身体交往观初步定义为“在传播活动中，社会化的个体基于对自身和他人身体的认知、情感、意志、行动而展开的整体且系统的交往观念”。在考察中国文化语境下的身体交往观时，以保生全真为指向的道家思想和文化显然是极好的研究样本，我们今天就从《道德经》入手，探讨身体交往观视域下的老子思想这一崭新命题。

二、涤除玄览：老子身体交往观下的内向传播

“道可道，非常道”，道是难以言说、难以描述的，所以老子为了“强说道”，使用了一种“减损”的方式，即“为道日损”，用损之又损的方式来逼近对道的了解。老子这种“日损”的为道方法所对应的研究对象正是人的身体，因为老子有言：“五色令人目盲，五音令人耳聋，五味令人口爽。”确切地说，就是通过对身体感官的规训，通过引导人体内部的信息处理活动来修持“道”。传播学上通常认为内向传播（或称人内传播、内在传播、自我传

播）就是指一个人接受外部信息并在人体内部进行信息处理的活动。而老子的内向传播智慧则是“为道者在充分认知自我、社会和自然的基础上，在内心进行的以道的形象为媒介，而实现的由俗人向圣人境界升华为目标的信息互动过程”。可以说，老子是基于一种身体的思考来“悟道”的，身体的“属性和特点成了论述‘道’的宇宙含义的类比物”，可见，在老子那里身体的媒介属性是十分突出的，它是宇宙本体、本源的“道”与人之间沟通的媒介。为了更好地体悟“道”，老子提出了一系列针对身体这一媒介的“修身”策略，就是意图“通过内向传播排除智识的蒙蔽，认知和把握最高的‘道’”，而所谓智识的蒙蔽就来自身体的感官，而只有通过“涤除玄览”的功夫，将感官所带来的“五色、五音、五味”此类的负担给去除掉，才能回归一个健康的身体媒介。老子甚至还说：“塞其兑，闭其门，终身不勤。开其兑，济其事，终身不救”，更是猛烈地抨击了眼耳口鼻等器官所生的过度欲望，认为要用塞兑闭门的方式才能让平凡人抵挡住感官欲念的侵袭，可见“涤除感官”的重要性。老子提出“涤除玄览”的观念，正是基于心是思维的器官，是其他感官之主宰，因此，只有心灵保持灵明，其他感官才能各当其位。正因如此，老子认为尽可能避免受单一感官带来的割裂式理解的蒙蔽。老子云：“道之出口，淡乎其无味，视之不足见，听之不足闻，用之不足既。”割裂的、单一的身体感官是无法达“道”的，而只有一种整全式的身体体悟，方能近“道”，就是老子所说的“视之不见名曰夷，听之不闻名曰希，搏之不得名曰微，此三者不可致诘，故混而为一。其上不皦，其下不昧，绳绳兮不可名，复归于无物。是谓无状之状，无物之象，是谓惚恍”。这种“惚恍”的状态正是老子理想的作为修道媒介的身体体验状态。这种状态是人与道相通的，没有区分的状态，这种状态下的人才是真正的自我主人，也才能洞察宇宙人生的本质奥妙。

在米德那里，内向传播常常被理解为主我与客我间的交流互动，“‘客我’表现了使行为举止在其中发生的情境，而‘主我’则是个体对这种情境所实际作出的反应”。而在现象学看来是在有一个身体（having a body）、作用于一个身体（doing a body）和是一个身体（being a body）之间的互动，认为意识或更可说是经验，是世界、身体与他人的内向传播。在老子看来，则是“视之不见、听之不闻、抟之不得”的惚兮恍兮的整全身体功能态和“目盲、耳聋、口爽、心发狂”的被蒙蔽的身体之间的交流互动。惚兮恍兮的整全身体可以大致对应“客我”。而遵从动物本能追逐贪欲和享受的被蒙蔽的身体大致对应“主我”，老子曰：“是以圣人为腹不为目，故去彼取此。”“为腹”代表了原生的、整全的，追求清静生活的身体，“为目”则代表了一切多余的身体欲望。老子还提道：“朝甚除，田甚芜，仓甚虚。服文彩，带利剑，厌饮食，财货有余。是谓盗夸。非道也哉！”在此，他进一步讲述了“为目”的危害，进一步论证了“肉体比精神（带来多余的身体欲望）更加的淳厚，更加接近于道”，老子所讲的修身至圣就是在内向传播过程中不断地破除蒙蔽、不断地整全身体以进道的过程。

三、含德赤子：老子身体交往观下的人际交流

“修身犹如巩固根基，是建立自我与处人治世的基点”，在“涤除玄览”的功夫之后，老子又是如何构建其人际交往上的身体交往观的呢？

（一）柔弱、处下、不争：身体交往观下的人际交流法则

众所周知，《道德经》讲的是“柔弱胜刚强”，讲“知其雄，守其雌”的雌柔文化。在老子那里，当破除了身体所遭受的蒙蔽。而得到的整全的理想的身体应当是一种柔弱的身体，是如婴儿一般的身体，进而用于为人处世。老子所云“专气致柔，能婴儿乎？”“我独泊兮其未兆，如婴儿之未孩”“复归于婴儿”“含德之厚，比于赤子”，婴儿的身体是极致柔弱的，但却在老子那里胜过成年人健壮的身体，这是老子“反者，道之动”辩证思想的表现。而婴儿柔弱之体的优势与老子的身体交往观，也正是在婴儿与成年人身体的对比之中表现出来的。老子所要阐明的“柔弱”与我们在日用平常中所理解的柔弱是不一样的。“弱者道之用”，在老子那里柔弱是“道”得以发挥和显现的一种状态。是在与刚强的对比中显现出来的更具有生命力且能战而胜之的一种状态，老子以水作比，认为“天下莫柔弱于水，而攻坚强者莫之能胜，其无以易之”，又说“人之生也柔弱，其死也坚强”，都是在说婴儿的柔弱是一种极具生命力的表征，是一种隐藏在“柔弱”外表之下的强大，而这种柔弱的外表能够让婴儿的身体在与外界的互动中处于一种有利的地位，这种外界包含了物质世界更包含了人类社会。他还用水和岩石作比，在岩石与岩石的刚强互撞中往往是两败俱伤的结局，而湍流的溪水却能够在岩石的共存中不知不觉地磨平其刚硬的棱角。在社会传播活动中同样如此，过于直率与坚持只会引起争执与对抗。当代电视荧幕上的谈话节目大多都使用女性主持人，其实就是为了运用女性柔美的一面化解对话中可能产生的冲突，而近年来热

播的亲子类节目则更是将儿童的柔弱和童真的展现作为保障收视率的法宝。柔弱是一种需要被保护的力量，在人际交往的交锋中，伸缩自如，进退有据，即是对自己，也是对他人的保护，婴儿的柔弱让他处于整个成人世界关注和保护的中心，这不正是柔弱身体的强大之处么？

而柔弱的身体表象自然而然带来的就是处下和不争的身体交往特征。老子曰“夫唯不争，故天下莫能与之争”，在日常生活交往中，婴儿弱小的身体注定了其无法参与到“有为”的世故人情的攀比争抢中去，但其“不争”的身体交往特征反而是收获了人们最多的关爱与保护，这也就是老子所提倡的“无为”的身体交往观，“为天下溪，常德不离，复归于婴儿”。只有为“天下溪”，处天下之下，才能保有“赤子之德”，如同婴儿一般与世无争。老子用“溪”、用“水”来意指“处下”与“不争”的赤子之德，正是说明了这种“处下”并不是毫无人格原则的一味退让，而是一种摒弃了无谓争强争胜欲望的包容式的“处下”，如同溪水虽不争却能让万物众生得到滋养，婴儿式的身体交往也同样激发着人们对于创造与新生的向往。

（二）虚己无我：身体交往观下的人际出发点

中华文化讲求“天人合一”的身心互渗，如吴光明先生所说的中国思想是一种具体性的“身体思维”。婴儿的身体必然指向一种婴儿的思想，老子云：“圣人在天下，歙歙为天下浑其心。百姓皆注其耳目，圣人皆孩之。”在老子那里，圣人的思想与婴儿的思想是一致的，初生婴儿的思想还未成型，是混混沌沌“如婴儿之未孩”的，圣人则是“圣人无常心”，都是一种极具可塑性、对世间万物都没有刻板印象的“无”的状态，正是这种“无”的状态才能在与他人的交往中避免思想的冲突和矛盾，老子倡导的“复归于婴儿”指的就是让世人摒弃成见，复归于彼此交往的同一性，平等地对待万物和世人。这种“无”的思想也反映在婴儿和圣人的身体态度上，就是老子主张的节制和对人欲望的管理。“是以圣人之治，虚其心，实其腹；弱其志，强其骨。”这是一种对身心欲望的调节。只有既不纵容贪欲，也不绝情寡欲，保持一种自然而平衡的身体态度，才能达至“骨弱筋柔而握固，未知牝牡之合而峻作，精之至也。终日号而不嗄，和之至也”的状态。这种“虚己”和“无”的状态，就是要排除过度欲望对身体的侵蚀，排除刻板印象对于交往活动的不良影响，如“含德赤子”一般用柔弱身体和单纯的思想处世，这是老子关于人际环境中的身体交往智慧。

四、爱民治国：老子身体交往观下的组织沟通

老子云：“专气致柔，能婴儿乎？涤除玄览，能无疵乎？爱民治国，能无为乎？”可见，在老子的逻辑中，只要能够做到涤除玄览、如婴如孩，就能自然而然地过渡到爱民治国，也就是说组织沟通的基础依旧是建立在活生生的人类身体的交往之上的，对自我身体的修行和把控，是同样可以对组织对国家产生重大影响的。所以老子说：“故贵以身为天下，可以寄天下；爱以身为天下，可以讬天下。”就是将修身与身体的自我表达作为国家治理、天下大同的起点，如《淮南子》中说的“未尝闻身治而国乱者也，未尝闻身乱而国治者也”就是对这一老子思想的最好阐述，也即是“从治身的原理出发向外推到政治之道，以治身之道来治理天下的道家‘身国同治’论”。美国学者对组织传播下过一个定义：“指导一个团队，实现一系列共同目标所需的互动被称为组织传播。”而老子的治国理政思想则为这个定义加上了一个主语即“圣人”。在老子看来，治国理政、组织传播归根到底都是要依托领导者即“圣人”这一主体才能达成对共同目标的实现，而且“互动”主要是自上而下的，以圣人“言传身教”的身体交往为主的，所以老子说：“是以圣人之治，虚其心，实其腹；弱其志，强其骨。常使民无知无欲，使夫智者不敢为也。为无为，则无不治。”这是从治身之道推及治国之道的例子。在老子看来，组织传播的顺利进行主要看组织中领导者的言传身教，即通过组织管理者的治身即自我管理来引导组织成员对“道”的遵循。与儒家倡导的“修身齐家治国平天下”思想做对比，儒家修身更注重理想道德人格的树立进而以德治国；而老子思想中的修身理念则更重“贵身”和“爱身”，提倡“养生之道”，所以老子所提倡的“持柔”“处下”“贵身”的身体交往观反映到治国理政的组织传播活动中，就是“无为而治”的思想。但这并不是说老子“爱民治国”思想中对于“身体”的关照就止步于对物质的肉身的养护，而是一种动态的身体交往思想。老子说其为人处世有“三宝”，即“一曰慈，二曰俭，三曰不敢为天下先。慈，故能勇；俭，故能广；不敢为天下先，故能成器长”。这是要求在日常生活中身体力行地履行慈、俭和不敢为天下先的道理，在不断的体用中，通过内向传播的修身将“三宝”从思想浸润到身体的日用寻常当中，便能“成器长”让肉身长生久视，更能够在治国理政的组织传播中展现出“无为而治”“能慈能勇”“能俭能广”的理想治理形态。

所以，前述身体交往观应该包含两个层次的意蕴，如下图所示：

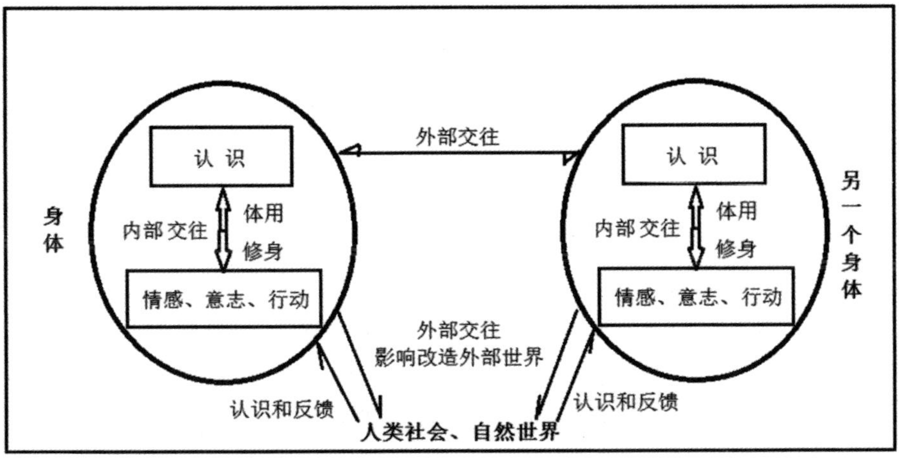

整全身体的交往观示意图

第一层次是身体内部的“社会化的个体对自身的认知、情感、意志和行动”，个体受社会化的影响，势必会产生本我与客我的分立、欲望肉体与灵肉整全身体的分立，而包括老子在内的先贤则在不断地阐释着整全身体的重要性。在日常生活中，我们常说“知易行难”，常说“道理都懂，但就是做不到”，这都是认知到实践的距离。而外在的认知只有通过情感和意志的强化才能够转化为行动，进而身体力行地内化为身体的认知，这一过程是“修身”，是“体用”，也是内向式的身体交往。著名社会学家马克斯·韦伯说过“人是悬挂在自我编织的意义之网上的动物”，如同蜘蛛靠躯干与丝囊打造蛛网一样，人类也同样需要身体与意识来共同编织属于自身的意义之网。“纸上得来终觉浅，绝知此事要躬行”，只有通过修身体用、身体交往所获得的认知才是真正能够悬挂起人生意义的认知之网，才是信息传播的真正意义所在。

第二层次是身体外部的，是“对他人身体展开的整体且系统的交往观念”，在人们对于自己的整全身体有了充分认识后，就能够对于如何影响他人、影响他人的外向式的身体交往观和整全身体的认知与形成进行系统性的思考，而现在我们所述的老子对于组织沟通、治国理政的身体交往观，就是这样一种整体而系统的观念，即“身国同治”，即将一切治国理政的认知、思考都内化为了整全身体的本能，才能在组织传播的外显层次上表现出“无为而治”的终极追求。

五、祭祀不辍：老子身体交往观下的大众仪式传播

美国学者凯瑞将传播的定义分为两大类，即传播的传递观和传播的仪式观，并提出仪式的传播并非分享信息，而是在共享信仰，重在对原有认知和态度的确认和加强，也诚如黄星民教授所言，在古代中国礼乐传播就属于仪式传播，也是在当时最普遍的一种大众传播形式。在老子生活的时代，以祭祀为代表的礼仪活动正是一种十分普遍的社会性活动，应该也是当时最具代表性的大众传播形式。老子云："众人熙熙，如享太牢，如春登台。我独泊兮其未兆，如婴儿之未孩。儽儽兮若无所归。"这描述了一场热闹的祭祀景象，并通过"众人熙熙"与"我独泊兮、傫傫兮"的对照，用一种视觉修辞的对比手法，在一众一独、一动一静之间将礼仪活动中老子理想的身体交往观展现了出来。但这并不是说老子对于祭祀这一类的礼仪活动持反对的态度，老子云："善建者不拔，善抱者不脱，子孙以祭祀不辍。"这就是以肯定的语气表达了"祭祀"的历史延续性，并将祭祀作为其"修道论"的重要组成部分。所以在前述《道德经》第二十章的内容中祭祀活动背景下的对比，是老子刻意为之的一种以身体为媒介的大众传播活动，借由热闹的祭祀活动，以"独泊兮、儽儽兮"的身体视觉形象来传达其意欲表达的思想观点，即祭祀活动是法相天地自然的途径，是将精神的认知与身体的体用结合的途径，是借之修道进道、整全身体以身合道的途径。"天地不仁，以万物为刍狗。圣人不仁，以百姓为刍狗。"老子以祭祀活动中常见的祭品"刍狗"为例，讲述了天地自然之间万物平等的道理，并进一步批评了众人熙熙的"享太牢""春登台"，直言"多言数穷"一类的做法只会模糊了祭祀活动原本以身体道的重要作用，而"不如守中"则强调了只有在虚静无为的心境下祭祀才能以身合道，体悟宇宙自然间的平衡之理。

所以在老子看来，祭祀礼仪之于其身体交往观同样是包含了两个层次的含义的，在"对自身的认知、情感、意志和行动"这一层次而言，是借助祭祀活动来感悟天地以身合道，如同道教就一直专注于严格斋醮礼仪的身体规制来达到天人感应、涵养道德的功能，是修身与体用的层次。而在"对他人身体展开的整体且系统的交往观念"的第二层次上，老子提倡"我独异于人，而贵食母"，不像"享太牢"的一般人那样满足于丰盛的筵席，而是以"食母"即对"道"的追求为贵，提倡在众人熙熙的祭祀礼仪传播中通过"我独泊兮"的特立独行的身体交往形象来试图在大众中树立对"道"的追求的向

往。

六、持大象，天下往：身体交往观下的跨文化交流

通过之前所述的老子的身体交往观来看，老子除了着重关注用以整全身体，沟通意识世界与物质世界的“修身”与“体用”之外，也十分关注人类整全身体所展现出来的“具象”对于人类交往、信息传播所带来的重大影响。所谓具象“既包括了图像中的具体视知觉对象，也包括了由其他符号系统塑造的非直接视知觉的形象”。人的整全身体便是这样一种具象，不仅仅包括肉体的具体视知觉对象，整全身体凝结着人对自身的认知、情感、意志和行动，是一个动态的整体，其表现出来的是一种视知觉与非直接视知觉整合的圆融具象。老子所提倡的，正是这样一种具象传播方式，其描绘和传播的不再只是身体外在之“形”的具体再现，而是借此以打开一扇通往纯粹精神领域的隐喻之门。老子《道德经》中多次提到“言”，比如“行不言之教”“希言自然”“知者不言，言者不知”，可见老子早已关注到语言之于人类社会的局限性，在面对母语沟通失效的跨文化传播语境中，如何最大程度地提高传播效率减少信息误读，老子提出了自己的身体交往观点：“执大象，天下往；往而不害，安平太。乐与饵，过客止。道之出口，淡乎其无味，视之不足见，听之不足闻，用之不足既。”“大象”可以理解成老子对于无限接近“道”的道体即整全身体所表现出来的身体具象，也就是说在老子看来即使在语言沟通失效的跨文化交往中，身体依然可以通过展现出一种“大象”而使得“天下往”，“道”也许是不可尝、不可见、不可闻的，但有了身体具象的中介就可以“以可见者捕捉不可见者，其目的是捕捉无形的作用……并通过不断地穿越有形使其生动”，于是其所能起到的作用却也同样是绵绵不绝没有穷尽的。

所以在老子看来，包括人的身体交往外显的具象本身就是最好也最重要的传播媒介，是一种可以在任何语境下传递信息的普适媒介。美国著名社会学家彼得·贝格尔认为由于人类有机体建立于不稳定之中，所以社会有一个外在化的过程，即人通过其肉体和精神活动，不断地将自己的存在倾注入这个世界的过程。这种外在化的过程正是身体交往的过程，正是修身体用而出的身体具象影响人类社会的过程。陈嫣如教授将这一外在化过程中闪亮的光点定义为“英雄”，认为今天的人们深深地受到英雄的影响，无论物质或是精神方面，人崇拜什么样的英雄就会成为什么样的人，社会崇拜什么样的英雄就会按什么样的模式成长。而在老子那里，英雄就是“执大象”的圣人。在

今人看来，牛顿、爱因斯坦、霍金是全人类的英雄，因为他们象征着科学昌明的时代，他们的思想与成就无视国家、民族和语言的边界传遍整个人类社会；同样的，在老子的时代，“圣人无常心，以百姓心为心。善者，吾善之；不善者，吾亦善之，德善。信者，吾信之；不信者，吾亦信之，德信。圣人在天下歙歙，为天下浑其心。圣人皆孩之”。圣人同样靠着“以百姓心为心”的思想、“无为无不为”的身体交往观跨越了无数人心与地理上的疆域，将古老华夏凝聚成了统一的国度。

七、知子守母：老子身体交往观下的天人传播

老子用前述的身体意象解决了人类社会中的各种传播与交往问题之后，将其身体思维推及天道，提出“谷神不死，是谓玄牝，玄牝之门，是谓天地根。绵绵若存，用之不勤”，将女性的身体进一步阐释为比“赤子”更高一级的完美身体，是前述几近于道的“大象”的具体表征。《道德经》中大量出现“母”的意象，如“有名万物之母”“周行而不殆，可以为天下母”“天下有始，以为天下母”等。而且，这些“母”字都是直接或间接地意指女性身体的。因为有“子”方为“母”，在老子那里，女性身体之所以能比“赤子”身体更进一步，成为“大象”的具象，归根结底也就在于女性身体的生育功能上。“玄牝之门是谓天地根”，生育就是生生不息的“道”的具象，而有子之“母”字正是在意指具备生育能力的女性身体。陈鼓应先生解释“谷神”说，在中国古代，溪谷常用来指代和象征女性。吕思勉先生也说，玄者，深远之意。牝，犹后世言女，言母，物之所由生，宇宙之所由生，故曰玄牝。

老子在“赤子”的层面上肯定了柔弱的身体意象在人际交往中的实践意义，而到了“谷神”或者说女性身体的层面上，则又提出并强调了生生不息与创生、创造的能力。“道生一，一生二，二生三，三生万物。”这就是女性身体的“生”的属性与“道”的“生”属性进行了对应，也就是说在跳脱出人际交往圈子后，老子的身体交往观主要表现在“生”字上，表现在对女性身体“绵绵若存，用之不勤”的造化能力之上。老子云：“大国者下流。天下之交，天下之牝。牝常以静胜牡，以静为下。”就是在讲国与国的交往背景下，女性身体所象征的柔弱与创生能力的作用。《淮南子·地形训》曰：“丘陵为牡，溪谷为牝。”高诱注云：“丘陵高敞，阳也，故为牡；溪谷污下，阴也，故为牝。”可见在老子那里，女性的身体还隐喻了与“高上和阳”相对应的“污下和阴”。这些在常人看来极为负面的意象却是老子看来是女性身体最强

大的地方。老子曰："是以圣人云，受国之垢，是谓社稷主；受国不祥，是为天下王。正言若反。""国之垢"与"国之不祥"正是对应了"溪谷污下，阴也"的女性身体，将上升到国与民层面的交往观尽数寓于女性的身体意象之中，同时强调了"正言若反"的道理，揭示了许多在常人眼中看来附着于女性身体上负面信息是蕴含着至理的。在国与国、国与民的层次之上，老子还运用女性身体为媒介思考了人与道、人与万物之间的沟通交往。老子云："天下有始，以为天下母。既得其母，以知其子；既知其子，复守其母，没身不殆。"老子由母生子类推出道生万物，也由子回归到母，类推出万物回归道。所以在老子看来，人与道和万物的交流沟通要通过"复守其母"来实现，意识到人与自然世界类似于子与母式的关系，"守其母"要求人类作为"子"要时刻意识到自身来自大道母亲，学会感恩和回馈自然，意识到母子间亲情与血脉的联系，意识到"天人合一"的人与自然和谐共处之道。老子说"天门开合，能无雌乎"，又云"知其雄，守其雌"，是在告诉世人女性身体所象征的最高级的天人交往观是一种知易行难的境界，需要"为雌""守雌"的付出。

在老子看来，人体是小宇宙，而宇宙是大身体，女性的雌柔与生育隐喻着宇宙化生万物于无形的能力，同时又有"利而不害"的慈母般养育儿女的崇高品格。如此看来，天人传播则以母性身体为媒介隐喻，纳入老子身体交往观的视域中。老子的天人关系乃是母子传播关系，天人没有高下之别，而是具有平等"主体间性"，这也是为什么老子能提出"道法自然"这一石破天惊观念的思想基础。

八、结论

由"涤除玄览"到"知子守母"，象征着老子对于身体意象的一种递进式思考，我们将之与传播学经典式的"内向传播、人际传播、组织传播、大众传播和跨文化传播"相对照只是一种基于方便理解与新体系建构上的大致对应。且需要说明的是，此结构是一种同心圆式的包含结构，是三位一体式的结构。"人类正是借助内向传播，不断地进行着人际传播、组织传播、大众传播、跨文化传播等传播活动，而这些类型的传播活动又必将为内向传播提供丰富生动的素材。这里的关键是要有一颗道心。"换句话说，象征着母性的"不死谷神"是一种道之化身式的身体形象，其天人传播的传播思想包含独特的中国古典智慧，而"含德赤子""爱民治国""祭祀不辍"与"执大象，天下往”则是一种教化圣人式的身体形象，为了实现这样的道成肉身，老子认为需要不断地通过涤除感官式的内向传播来整全身体，只有和合于内才能显现于外，对于整全身体的追求是老子所设想的人类交往活动的基础。其实在这一点上福柯与老子不谋而合。福柯主张人类在生产技术、符号技术和权力技术之外还有第四种即自我技术，其所谓的自我技术就是指人能通过自己的力量或者他人的帮助，进行一系列对他们自身的身体及灵魂、思想、行为、存在方式的操控，以此达成自我的转变，以求得某种幸福、纯洁、智慧或不朽的状态。与老子一样，都在强调用身体的内向传播与相互交往来实现“以身合道”式的终极追求。

涤除玄览的内向传播是身体交往的第一层次，也是一切人类交往活动的基础。为了让这一基础得以顺利进行，为了“不出户，知天下；不窥牖，见天道”，老子提出了“看”的功夫，即“故以身观身，以家观家，以乡观乡，以国观国，以天下观天下。吾何以知天下然哉？以此”。这里的“观”就是一种“看”的功夫，其“以身观身”的出发点和立足点正是一种以身体为媒介达知天下的身体交往观，也是一种“对社会事件的自我内在省思”。此外老子还使用了视觉修辞的手法，试图将其理想的身体媒介形象内化为每一个传播者心中的“客我”，那个“为腹不为目”的身体，曰“古之善为士者，微妙玄通，深不可识。夫唯不可识，故强为之容。豫兮若冬涉川，犹兮若畏四邻，俨兮其若容，涣兮若冰之将释，敦兮其若朴，旷兮其若谷，混兮其若浊。”如陈汝东先生所说，语言视觉修辞是指以语言文字符号为传播媒介，以取得最佳视觉效果为目的的修辞行为，突破文字符号的抽象性，从而在心理上再现出视觉形象。老子也用文字再现出了一具栩栩如生的“为士者”即修道者的动态而具体的身体形象。通过这种“看”的功夫，在老子的逻辑中实现了身体交往观中外显的第二层次向内敛的第一层次的回归，其理想的整全身体是可以通过第一层次的身体交往即修身，将对外部世界信息的认知与身体的情感、意志、行动结合在一起，进而以身体交往活动为媒介影响外部世界；也可以通过外在的“看”的功夫，通过身体交往活动的展示，来体悟人类丰富多彩的内心世界。“鸢飞戾天，鱼跃于渊。”“故君子语大，天下莫能载焉；语小，天下莫能破焉。”这些说的都是这样的道理，即通过修身体用、以身合道来理解无限宏观的外部世界，也通过“看”的功夫，以身体为媒介观察无限微观的人内意识世界，这与现代科学公认的认识世界的两大途径是不谋而合的。

“人即讯息”，陈嬿如教授认为关于人与讯息的制造、传播这些概念，在中国传统文化中有着悠久的历史渊源。早在先秦时代，哲人笔下那些化道和践道的“真人”“至人”“圣人”和“高人”，无一不是以自己的心态、言语、行动实践他们自己所宣扬的“道”——也就是他们所信奉的某种真理。在老子那里，人不仅蕴含了“道”的讯息，人是“道”的媒介，人是动态的、交往着的身体，老子的身体交往观是与“道”紧密相联系的、动态的“修身”观，而这种动态“修身”观中，也就蕴含了以身体为媒介交通自我、家国、天下的身体交往观。老子用“涤除玄览”“含德赤子”“爱民治国”“祭祀不辍”“执大象”和“知子守母”的身体意象，层层递进地讲述了从自我达至自然的“修道”路径，而这层层递进的路径中，始终是以身体的内向传播“涤除玄览”的功夫作为基础的。老子曰“修之于身，其德乃真”，只有通过不断“涤除玄览”，以老子用“看”的功夫、用视觉修辞的手段描述的“为士者”的动态而整全的身体形象为“客我”，才能不断地自我省思，才能外显于身体的心态、言语和行动，以整全身体的交往达至“道通天下”之和谐境界。

亲子阅读的力量

万　宇

文学博士，南京师范大学文学院副教授，南京师范大学全民阅读研究中心主任，硕士研究生导师，资深儿童阅读推广人。主要从事少儿阅读、阅读评介与推广、阅读治疗等方面的研究，在该领域内取得了丰富的学术成果。著有《书香传家》《分众阅读》《阅读种下一棵幸福树》等专著。

一、如何看待阅读这件事?

在教育孩子时，家长常说“阅读很重要，你要多看书”，我们会把阅读当成看书的一种行为；也有家长抱怨，孩子很爱看书，但没有产出，在看书过程中没有与人分享……

阅读通常被我们理解为语文的下一类，它被归类为“考试”的一种。在网络搜索引擎查阅“阅读”时，出现较多的是和阅读有关的考试，如中小学阅读练习、英语阅读训练、古文阅读、现代文阅读等。

如果让你用一个词来概括阅读，你会用什么？方式和材料的累积、朗读、阅读不是个人行为而是与人分享……每个人对阅读都有开放式的理解。阅读可以告诉孩子们在他们所见所闻的世界之外，还有一个极其丰富奇妙的可供探索的文字世界。

有一个很有趣的测试题，“研表究明，汉字的序顺并不定一能影阅响读”，当你看完这句话后，才发现这里的字全都是乱的。

这种现象其实是人与生俱来的“自信”心理造成的，忽视细节，只通过“外貌”就匆忙对事物做出结论。在阅读整段文章时，人们的眼睛经常是跨行阅读，跳跃着前进。如阅读熟练，能够多看几行，甚至“一目十行”。

二、早期阅读的重要性

儿童是天生的语言学习者，儿童的早期阅读以听读为主。3 岁的儿童已经掌握了大部分口语，很多孩子在这个时候会说普通话、英语、方言等多种语言，6 岁儿童的口语水平和成人相比已有 95% 的成熟度，剩下的 5% 则是对一些高级词汇的使用。6 岁以前孩子以口语为主，上学后开始接触书面词汇，这些词汇能让孩子瞬间打开眼界。

时代在进步，电子产品的使用出现低龄化现象，现在很多家长会选择用音频设备给孩子播放儿歌、古诗、故事等，那这种方式和家长面对面与孩子交流、讲故事有区别吗？

有专家团队为了验证不同阅读方式和取得的效果，组建了 2 个实验组，分别调研面对面朗读和听音频设备、看电视的后期效果。最终实验得出，阅读的最佳效果是面对面的语音输入。因为当你与孩子面对面讲话时，孩子是在分析、编辑你的词汇，而且和孩子一起朗读是很具互动性的亲子活动。希望家长们不要放弃这些活动机会，因为在亲子共读的过程中，可以促进亲子感情、教导社会化行为、传承经验与交流、增强语言能力、培养独立思考能力，以及建立文化价值观。

阅读能提升儿童的语言意识，识别形音义。听读过程伴随儿童思维、智力的发展，从听到读、到写的自然过程以及由口头词汇到书面词汇的转变是培养儿童阅读能力的奥秘所在。

三、给阅读引导员和家长们的建议

阅读活动需要有经过精心选择的阅读材料、愉快的过程和儿童积极的回应和反馈。不同年龄段的孩子会有不同的阅读反应，家长要依据孩子的特性调整阅读方式、制定阅读计划。

0—4 个月的婴儿只能用耳朵听或用眼睛看，在阅读过程中，家长要多抱抱孩子，使他有亲密感。

4—6 个月的婴儿对抓书、咬书比对听故事更感兴趣，这时家长可以用磨牙的玩具转移他对咬书本的兴趣。

6—8 个月时，婴儿喜欢乱翻书，不喜欢静静地听故事，这时家长让孩子随便翻阅，不要因此放弃朗读。

8—12 个月时，婴儿会帮着父母在阅读中有序地翻页，这时家长可以指着书本，教孩子辨认书上的物体。

12—15 个月的幼儿对周围事物充满好奇，表现出多动的情况，这时家长要慎重选择阅读时间，别阻挠孩子的活动欲。

15—24 个月时，幼儿会重复一些句子，喜欢模仿，家长可以阅读一些语句重复简单的故事，以便于孩子模仿。

2—3 岁的幼儿会复述一些故事，语言渐渐丰富，这时家长多给孩子阅读一些情节有趣的故事。

3—4 岁的儿童喜欢反复阅读一本书，爱在听故事时提问，家长们尽量有耐心地满足他们的要求，适当回答他们的问题，回答不了的问题可以反过来问问他们是怎么想的。

4—5 岁时，儿童喜欢玩动脑子的游戏，开始对辨认书中的文字感兴趣，此时家长们多给孩子准备一些如走迷宫、找错误一类的游戏性图书，不要刻意训练孩子认字，但要抓住机会鼓励孩子认字的行为。

5—6 岁时，儿童对各种知识点感兴趣，喜欢动手做些书中提到的小玩意、小实验，此时家长可以为孩子准备手工书，以及有丰富插图的科普书，和孩子一起做做手工劳动。

7—8 岁时，儿童已经有了一定自主阅读的能力，喜欢和自己生活有紧密联系的故事，家长要为孩子准备一些文字量少的读物，满足他们自己读书的欲望，同时为他们读一些篇幅比较长的童话故事，每天读一点，保持他们每天在固定时间听故事的习惯。

9—10 岁的儿童有一定的理解能力和表达能力，喜欢讨论书里的人和事，这时家长可以多和孩子讨论他们喜欢的作品，可以讲一些书的背景，比如作家的故事。同时，应继续保持每天朗读一段文章的习惯，可以选择一些有文学气息、文字优美精炼的作品，只读一部分，其余的部分鼓励孩子自己去读。

11—12 岁的儿童视野更加开阔，他们开始出现对阅读书目和内容喜恶的倾向，这时家长应有意识地引导孩子发展自己的兴趣和爱好，同时也要多推荐孩子阅读和个人兴趣有关联的其他书籍，让孩子不至于因为个人的喜恶导致知识面过窄。

13—14 岁时，儿童的阅读理解水平已经和成人相当，开始有更加强烈地自主选择各种读物的要求，这时家长要鼓励孩子自主选择，让孩子也为你推荐和朗读一些自己喜欢的作品，同时家长也推荐一些经典的成人文学作品给孩子，多和孩子分享阅读同一本书的感受，但不能要求他们阅读的感受和你一样。

四、家长们的阅读功课

阅读可以告诉孩子们在他们所见所闻的世界之外，还有一个极其丰富奇妙、可供探索的文字世界。而亲子共读的过程，则可以促进亲子感情、教导社会化行为、分享经验、增强语言能力、培养独立思考能力，以及建立文化价值观。

家长要有陪伴儿童缓慢成长的心情，养成自身良好的阅读习惯，创设良好的家庭阅读环境，同时结合音频和视频，建立支持儿童兴趣的资源站，以及多元的阅读资源和阅读活动。

当然，最重要的不是阅读，而是因为阅读，和孩子在一起度过的美好时光。

要知道，我们和孩子如此亲密的时间不会太久，就像我们和我们的父母。当孩子终有一天离开我们的臂弯，请不要感伤，陪伴我们的还有这些温暖的记忆。

【对话】亲子阅读是一种生活方式

荀美子

现在的家长在育儿过程中，都意识到了陪伴孩子一起学习成长的重要性，因此亲子阅读成为很多家长的首选。阅读，应当是一个从小培养的习惯，亲子阅读这一过程，看似简单，但其实这一行为对孩子的成长极其重要。那如何正确引导孩子阅读呢？如何在亲子阅读中采取有效措施，以转变孩子的阅读思想和行为？本期“宿沙讲坛”就相关问题采访了南京师范大学全民阅读研究中心主任万宇。

1. 宿沙讲坛：现在很多还未进幼儿园的儿童被家长送到各类学习、培训机构，学习外语。您如何看待低龄儿童过早学习多种语言的现象呢？

万宇：现在很多家长在关注孩子学习外语的时间段。一般来说，普通儿童的口语水平在三岁或四岁的时候就比较成熟了，在母语形成之后，学习外语的效果会很好。因为孩子虽然年龄小，但他们的模仿能力、语言思维、对语言的理解能力都会很好。

我觉得三四岁可以开始进行一些英语的阅读行为，但也不是一定要到培训机构去才能学习英语，比如说在家里看一些英语的节目，听一些英语的音频，如果父母有时间，可以跟孩子一起读些英语故事，这些方式都是很好的阅读启蒙。

2. 宿沙讲坛：有些家长会带着孩子读国学经典，但由于古文和白话文有差距，孩子不易理解，表现出排斥的态度。家长一方面希望孩子建立对传统文化的喜爱，另一方面又担心长期读下去，孩子会失去阅读兴趣。请您指点一些学习国学的好方法。

万宇：我不太清楚父母在教授孩子国学时发生了什么。如果在学习国学的过程中，不去强迫孩子学习、背诵，也不做有目的性的考核，只跟孩子一起享受阅读的过程、感受古文的韵律，通常孩子会喜欢这个，不会抗拒国学。

可能有些家长比较关心从小学习国学对未来有何影响。如果只是单纯背诵，可能对孩子的未来发展没有太多的影响，因为儿童时期的记忆基本上是机械性的，成年后或者是等他们再大一点，孩子的记忆会偏理解性。

孩子童年时期学的阅读材料，从意义上来说对之后影响并不大。但是，如果有的孩子四声掌握得不好，家长带着一定的目的去训练孩子，做朗读练习，进行音律诵读，这些都是比较好的阅读材料，家长可以根据孩子的反馈随时调整阅读指导。

国学是很好的阅读素材，家长可以在此基础上加一些有趣的故事等，让孩子知道，阅读本身是一件很快乐的事情。

3. 宿沙讲坛：对待儿童阅读这件事，家长各出奇招。有些家长会主动读书给孩子听，也有的家长让孩子自己读，还有的家长和孩子各读一段，但事实表明，这些阅读方法对孩子不太有吸引力，孩子不会主动阅读。家长如何做，才能潜移默化地带动孩子阅读呢？

万宇：出现这种情况，家长需要重新考虑一下孩子的阅读兴趣在哪里，他喜欢看什么类型的东西，包括在手机上看某个类型的内容。比如说孩子喜欢看物种日历，那表示他可能对生物方面的知识比较感兴趣，在给孩子选书的时候可以选择这类型的。如果孩子比较喜欢玩游戏，前几年推出的一款老少都会玩的游戏——植物大战僵尸，这个也有同名的漫画，家长可以先从孩子感兴趣的部分进入。不要让孩子感觉阅读好像上课，阅读就是被父母要求，要让孩子知道阅读过程中还是有很多好玩的事。

给孩子选的阅读材料也可以宽泛一点，不一定是选家长认为有意义的，或者是认为对孩子未来有帮助的内容。阅读可以看作是人类主要的一个休闲方式，选一些有趣的、有故事情节的材料给孩子看，跟孩子共同享受阅读的乐趣，这样可能对孩子培养阅读兴趣有很大的帮助。

从与孩子的亲子阅读开始，从让孩子感受、体验生活开始，为孩子开启观察世界的大门，他们会发现世界真的很美。在阅读中，孩子与家长是共同受益、共同成长的，亲子阅读不仅是一种教育方式，更是一种生活方式。

4. 宿沙讲坛：低龄儿童在阅读纸质版书籍时注意力不集中，更爱在电子产品上阅读。如何引导孩子的阅读方式，让他们喜欢纸质版书籍呢?

万宇：这个问题主要关注于纸质阅读和电子化阅读，这二者有相同，但也有区别。

我们生活的时代，多媒体已是无处不在，可以预见，未来，各种各样的新颖产品一定会更大程度融入孩子的生活和工作环境，现在盲目地隔离电子产品并不是正确的做法，父母应该在电子化阅读的过程中控制时间，同时选择好材料。不要只给孩子一个电子产品，让他随便看。还有一点，电脑的反馈是比较机械化的，而父母可以跟孩子多交流。

父母可以跟孩子共同讨论一些具体的内容，喜欢的和不喜欢的，说说喜欢和不喜欢的原因，让他们在这样的阅读过程中充分调动思维，电子阅读可以辅助纸质阅读，帮助孩子开发大脑。

家长要帮助孩子树立一种观念，纸质阅读和电子阅读是一样的，只不过是材料不同，纸质阅读有很多很好的优点，比如可以反复回读，在需要的位置做标记，以及纸质书本没有反光，不伤眼睛。家长要引导孩子，多和他们讨论一些纸质阅读的问题，这些都是非常好的阅读方式。

5. 宿沙讲坛：亲子阅读是为了引导孩子建立良好的阅读习惯，但亲子阅读时间久了，有的孩子依赖这种阅读方式，自己不愿意读，要在家长的引导下才读。如何在亲子阅读中采取有效措施，以转变孩子的阅读思想和行为，而不是充当“书童”的角色，纯粹陪伴孩子读书呢?

万宇：一般来说，在二年级以后，孩子掌握的字越来越多了，阅读便会慢慢地从亲子阅读转变到独立阅读。

有些孩子可能会依赖亲子阅读，这个要分不同的情况。首先要考虑是不是孩子在撒娇，享受妈妈给自己读故事。如果是这个情况，可以跟孩子约定一个时间或是约定一种方式，每周有固定的时间一起读书。

还有一种更具智慧的方法是，在跟孩子读一本书时可以谈一下自己的看法，再让孩子谈一下他的看法。刚开始时，孩子的看法不一定能符合书的主旨，或是比较片面，这时父母可以提出自己的看法，并借助一些其他的资源来解读书本，参考一些精彩书评、导读文章等。一些经典文章则会有经典导读，家长可以花时间跟孩子共同讨论。这样就把亲子阅读变成了精读，精读是跟孩子共同分析文学作品的特点。这样读书会比较有乐趣。

四、华夏传播研究

共生交往："中国"元传播符号的独特气质

谢清果

厦门大学新闻传播学院教授、博士生导师，厦门大学新闻传播学院副院长，传播研究所所长。美国北卡罗来纳大学夏洛特分校传播学系访问学者。

近年来，"中国"日益成为学界热议的关键词，如何理解"中国"的内涵，成为中国崛起迫切需要理解和传播的问题。传播学界应当如何回应这一问题呢？一个可行的方案便是将"中国"阐释为一种传播观念，即具有中国特色的"共生交往观"。因为"中国"是中国人的精神信仰，内含着沟通、合适、中和等传播观念，从而确保中华文明绵延了五千年。当今世界，“中国”是一种元传播符号，它集中代表着一种新的交往气象：以“文明中国”的姿态坚守“中道”传统；在世界交往中阐扬“共生”精神。总之，“中国”是一种负责任、敢担当的宏大传播叙事主题与象征符号。

史学界认为“中国”是一种研究方法，即作为方法的中国；哲学界认为，“中国”是一种价值，体现为“中庸”之道的行为范式；社会学、政治学界认为，“中国”是一种模式、一种方案，体现了中国对世界治理的想象。作为传播学者，我认为“中国”是一种倡导“共生交往观”的元传播符号。因为从内与外、中心与边缘的关系来看，“中国”观念体现为一种传播时空观，即一种追求内外交融，中心边缘一体的沟通理念；从传统与现代、中国与世界的关系角度来看，“中国”观念的精髓是在现代中守望传统，在世界交往中秉持“共生”原则。具体说来是发扬“中国”观念内含的“中道”智慧，落实在共商、共建、共享的丝路精神中，体现出建构“人类命运共同体”理念中的共生意蕴。

一、中国：一个文明共同体的元传播符号表征

正如学者熊鸣琴所言：“历史上的‘中国’并非一个连绵不断的国家，不但各王朝各有专名，历史上的‘中国’概念也不是固定不变的，除了有政权的含义外，更是族群、文化、地理等诸多含义的汇合，即使是同一时期，‘中国’的概念也会因不同的场合而有所不同。‘中国’本身是复合概念，它不是通过严格的外延和内涵等逻辑思维来定义和界说的，而是通过不同的侧面，不同的视角展现和勾勒出来。”即便如此，作为文化的“中国”观念依然较族群、地理和政权观念占据核心和主流位置，换句话说，“中国”观念背后的意象更倾向于一个崇尚礼教的文明共同体，在此观念中滋生了夷夏之辨，中心与边陲之分，正统与非正统之别。进而，传统中国笼罩在“天下中国观”的意识中，逐渐成为东亚文明的共主，至少是想象的共主，即中国处于“天下体系”的中心，有着安定天下的责任。除了春秋时期赵公子成对文化“中国”的赞誉，更有后世宋代刘敞对文化“中国”的坚守：“能自藩饰以礼乐者，则谓之中国；不能自藩饰以礼乐，上慢下暴者，则外之中国。内外之别，不在远近，而在贤不肖，苟贤矣，虽居四海，谓之中国可也；苟不肖矣，虽处河洛，谓非中国可也。”纵观中国历史，“中国”观念有时雄壮自信，有时消极防御；有时中国即天下，有时中国仅为天下之一，但又固守天下之中的观念；

有时指都城、地域，有时指族群，有时指政权。不过，总体而言，有条主线是，“中国”观念是建构自身政权合法性的一套说辞，具体说来，就是天下当由居于中国的天子来统治，正所谓“溥天之下，莫非王土；率土之滨，莫非王臣”，此为一种王者无外，合天下为一家，无限广阔的国家观念。由此不难得知，“中国”观背后有着自我中心的政治观念，有时也流露出明显的华夏族优越感，也有以正统自居、以天命自诩的执拗。然而，在当代中国，我们需要再造“中国”，就应当汲取和发扬“中国”观中的积极因素，特别是华夏文明对文野之辨和天下一家的坚守情怀；摒弃汉文化中心和民族优越感倾向，开放、包容、自信地建构“文明型国家”，即成为一个能与并善与世界各国人民沟通的“中国”观念与“中国”形象。中国之“中”，并不是地域之中，而是政治之中，即是“源于‘以我为中心’的政治理念”。也可以说，是勇于铁肩担道义的自我赋权，是一种“舍我其谁”的历史担当与时代责任。表面上“以我为中心”的国家和族群意识是再自然、再普遍不过的观念。每一个国家和地域都会天然地从自身出发来看世界，难的是还要从世界来看自身。而“中国”观念正是这两方面的统一。从自身看世界，强调的是自我的利益；而从世界看自身，则关注的是自我的责任。“中国”观念正是权力与责任的统一，即既追求成为世界中心、天下共主，也努力承担对世界的责任，天下共荣。台湾学者甘怀真有段精辟阐述：“历史上的中国王权使用中国一词以自称，但此处的‘中国’不是一个专有名词。若用一个或许不是太恰当的比喻，这就好比现代国家‘民主共和国’自称一般。这一词是用来形容并界定自己政权的性质而不是用来作为政体或国家的名称。……中国一词的直接意涵是用来说明自己（的政权）是在天下之中，再借由天下观的操作，证明己身是天下的支配者。于是近代的所谓认同中国之争，是发生于不同王权间如何定位自身是中国。”

当代我们要传播的“中国”观念，可以继续阐扬我们的“天下中国观”，但要淡化天下操纵者的意涵和倾向，注重强调“人类命运共同体”的新“天下”观念，强调共商、共建、共享的共生交往观，重新定位“中国”乃是以“中”通天下的历久弥新的新型“文明型中国”。

二、共生交往：“中国”内涵的精神气质

吴予敏先生曾指出：“对于中国传播观念的研究，以虚心进入中国社会文化历史语境为第一条件。”理解“中国”，就应当进入中华文明展演的历史情

境，从把握其内在的精神气质与观念流变。

中国首先让人想到的是中之国或国之中，因此它首先是作为空间、地理观念而产生的，其次才逐渐在生活中确立起执中、守中、行中的观念与思想。《汉书·律历志》有言“中央四方之中也”。无“四方”则无所谓“中”。而正是因为有了“四方”的存在，才有强“中”的迫切性。因为在三代及其之前，部落或邦国之间为了争夺有限的生存资源而产生冲突，其间当然也包括交流，这一点我们从不同时期的文化遗存的相似性与继承性中便可明白。“中”作为自我存在的标识，可以说“中”之在，便是自我之所在。没有“自我”，“中”便失去了意义。因为族群必须不断加强自己的凝聚力，才能应对乃至战胜周边之强敌，于是“中”作为团结族群的标识与观念，就自然而然地不断得到强化，以至于作为治国的基本原则（即“十六字心法”）被代代相传。“中”作为地理性观念，由于中原地区资源丰富，更因为较早地形成了礼乐制度，换句话说，执中的制度性安排能够更为系统地创制出来，从而更有效地焕发出族群的创造力，也可以称之为古代“文化软实力”。历经不同时代的加持，“中”越发具有哲学意义，例如宋代家铉翁有言“中有定名而无定位”（《则堂集》卷一《中斋记》）：“随地而各不同”（《则堂集》卷一《中庵说》），“中”作为一种处世原则，自然一事一物各有其自己的“中”，应当实事求是地加以确认与把握。不过，作为生活实践中的“中”，却又显得具有方法论的意味。例如夏丏尊在《误用的并存与折中》就说：“从小读过《中庸》的中国人，有一种传统的思想与习惯。凡遇正反对的东西，都把它并存起来，或折中起来。……中国真不愧为‘中’国哩。”虽然夏老对“中庸”有嘲讽的意味，但是，我们又不得不说，生活中实用性地运用“中”，即照顾到双方或多方的利益，以共生为原则来处理事情，能避免事态扩大，最终导致两败俱伤的后果发生。鲁迅先生更是在《无声的中国》中说：“中国人的性情是总喜欢调和，折中的。譬如你说，这屋子太暗，须在这里开一个窗，大家一定不允许的。但如果你主张拆掉屋顶，他们就会来调和，愿意开窗了。”鲁迅在香港演讲的文章本意在于号召国人敢于发出自己的声音，去抗争诸多不公。因为“只有真的声音，才能感动中国的人和世界的人；必须有了真的声音，才能和世界的人同在世界上生活。”显然，“中”不能庸俗化为“折中”，如果以折中处事，则失去了“中”的真精神，即不“中”了。因此，在当代中国，重新确立“中国”的基本要义，是高扬“中国”正能量的必要之举。“中”或不易至，但需心向往之，只有大家都有“中”信仰，才能更好地安顿自己的身心，也才能更好地处理与他人的关系，与世界的关系。

（一）"中国"内含"通"的观念，即交通、共通、神通、通化、通变、通常

交通之通，交往效果之通达。文化在人文化成，以人的方式来相待，是人共生的基本要义，是为"善"。如同变形金刚一样，合则成体，分则各自为政。中国内含"共"的观念，即共同。"共"体现哲学上的"一与多"的关系问题，以实现共通。"中国"的文明与民族都是多元一体格局，正是通的表现，既有满天星斗般（苏秉琦语）的文明涌现，又有以中原为中心的文明交往。《周易·系辞上》有"往来不穷谓之通"，《周易正义》有"'往来不穷谓之通'者，须往则变来为往，须来则变往为来，随须改变，不有穷已，恒得通流，是'谓之通'也"。虽然《周易》是从哲学角度诠释了"通"是事物存在的天然依据，"通"是事物的常态。事物在彼此相通中获得存在依据。"通"意味着交往与互动，"通"意味着变，不变便不能通，以通促变，以变畅通。因此，"往来"能够"不穷"的奥秘就在于变与通中达致的"和"。有学者研究儒道释"和"的观念后指出，一部中华文化的发展史，就是回答"各文化系统之间如何交往、如何化解矛盾"这一问题的历史，这恰恰是当代也面临的重大问题，因而具有历久弥新的当代意义。中华文化的发展历程显示，文化之间的交往之道就是"和而不同""交而遂通"，用当代的语言来说就是多元、共存、接纳、欣赏。"和而不同"是"交而遂通"的前提，即只有率先承认多元与共存，才能进一步接纳与欣赏；而接纳与欣赏，又能促进各自的多元与共存。

（二）"中国"内含"适"的观念，即合适、舒适

中是调适而来的，是动态的。中国的文明观是多元一体的，中国的民族观也是多元一体的。多元意味着差异，表明多元的存在者之间需要调适，需要找到合适的位置。陈国明先生将"位"理解为影响交流的静态的空间因素："要想对'位'加以认识，就必须具有认识，分清对象、事情和地点的能力，从而恰当地开始、维持和结束一次交流活动。与'时'相似，'位'整合了恰当性原则，显示出空间人类传播的影响。""位"自然有空间的含义，但更具有自我认知与抽象的自我定位的问题。"位"应该是动态的关系中因时因地因人制宜的最佳时空与情境的确定，从而使各位关系都得到合适的安排，各得

其欲，而不相伤。因此，“位”的观念包括自我认知与他者认知及其环境认知，从而综合调适的结果。合适的“位”意味着合适的关系定位，这样才能产生“位”正而事顺的效果。不过“适”的观念是综合性的。要想在关系中达到“适”的状态，就需要参与特定情境下的人、事、物的关系处于平衡的状态。达到这种状态，就需要有仁心，即爱人之心，能够设身处地地为他人着想的意愿，否则就容易冲撞；要有义举，陈国明老师称之为“得体性”或“恰当性”，“对于中国人来说，人类传播的和谐状态离不开‘义’（反映在得体、恰当的行为中）的指导，而得体、恰当的行为可以通过灵活性和适应性来实现”。同时要顺时，因为“不能认识到交流中的时机之举，就会有碍于和谐的实现，并由此导致传播的失败”。天时、地利、人和皆具方为“适”。当然，合不合适，还需要与时代的“礼”相适应。“礼”可以视为特定文化背景下规范人的社会行为的共识系统。合“礼”的言行方是合适的。不过，“适”作为中国文化中处理关系的重要概念，在《吕氏春秋》中有突出的论述。尤其在《适音》中，以音之适为例，提出“乐之务在于和心，和心在于行适。夫乐有适，心亦有适”，而心之适在于“胜理”。音乐之美源于心之和，而心又依赖于生活实践与自我的适应性，即人的合理欲望得到实现，心方可和。可见，《吕氏春秋》深知“适”的形而下的物质基础。心适在于“胜理”强调了“适”的形而上的原理，这里内含有“度”即适度的意思。故而《吕氏春秋》提出适行、适言、适威、适时等一系列命题，强调不过也无不及，恰到好处即适宜。而适的最好状态是“忘”。《庄子·达生》有言：“忘足，履之适也；忘要，带之适也；知忘是非，心之适也。”心最适宜的时候是忘却了是非，即是与非不足以扰心，心方可安。

（三）“中国”内含“和”的观念，即和合、中和

“和”是“中”的效果，中是和的方法。张岱年认为：“和包括了‘他’与‘他’的关系，即包含不同事物的关系，许多不同的事物之间保持一定的平稳，谓之和。和可以说是多样性的统一。‘和实生物’，和是新事物生成的规律。”“和”存在的前提是有不同的存在者，“和”的诉求就是为了解决不同存在者如何共生的问题。学界的研究表明，中国人“和”的智慧是从音乐和饮食中得到的启示，悦耳的音乐应该是“音声相和”的结果。段玉裁注：“调声曰龢，调味曰盉。今则和行而龢、盉皆废矣。”美乐是不同声音相和而成的，美味是多种味道调和而成的。“和”是一种你中有我、我中有你的相互促

进的关系。正如阴阳和合一样，独阴不生，独阳不长。中国是个追求中和之道的文化共同体，以“和”作为自己待人处事的根本要领，从宏观而言，要求做到“和为贵”，凡事以不破坏“和”为边界。而从微观而言，要做到“和而不同”，“和”不是要破坏个性，而是为个性的永续发展找到最佳路径；而“不同”则是“和”的应有之义，都“同”了，就不存在“和”的必要性与可能性。从这个意义上讲，对“不同”的肯定，是“和”存在的依据，也是“和”的价值所在，即只有真正的“和”才能真正维持“不同”，使“不同”在彼此相“和”的调适过程中，获得最佳生存条件。故而《中庸》才说：“和也者，天下之达道也。致中和，天地位焉，万物育焉。”“和”具有实现天地和谐，万物生长的方法论功能。贾文山先生认为“和”是宇宙本性，包括四个维度，一是人内心的和谐，重在营造内心气机的顺畅；二是人与人的关系和谐，这种关系是以“仁”为原则的相互成就的“关系网”，而不是相互竞争，追求个人利益最大化的和平相处；三是社会和谐，注重人对社会的责任，即个体与整体的有机协调，社会制度与政策能够为人的安身立命提供良好的环境；四是人与宇宙自然的和谐，这种和谐是对宇宙自然秩序的敬畏，是对“道”的信仰，是最终极的自由与幸福。因此，中国的“和”观念具有自己鲜明的特色：“和”是一种整体性的世界观；“和”是东方对终极本身的诠释；“和”是一种生存方式；“和”观念注重社会和集体；“和”突出精神信仰，具有宗教般的情怀；“和”是一种自然状态，而不是人为的。

此外，“中国”还内含“势”的观念，即以中统御和含摄周边。因为“中”意味着“正”与“常”，通“常”可以达变，正所谓以不变应万变。“中”还意味着要掌握主动，有着“引而不发”的自信与从容，即审时度势之意。总而言之，“中国”观念是内含文化自信的观念。“中”之所在便是道义之所在，也可以说道义所在便是“中”之所处。历史上的夷夏之辨，正是文明与野蛮之争，其归趋都是融汇于“中”之中。

综上所述，我们围绕“中国”何以能够也应当成为一个传播观念以及作为一个传播观念的基本内涵是什么这一问题来进行发问与探讨。受时间所限，我们会另找时机继续发问：“中国从何处来？”以此关照历史的中国，流动的中国；“中国是什么？何为中国？”阐述作为文明的中国和天下的中国；“中国往何处去？如何表述中国？”那就是要建构善传播的中国、可沟通的中国。“中国”这个概念从狭义而言是历史上变化着的历史中国，从广义而言，中国是个“内含天下的中国”，也就是说，“中国”是一种世界理念，是一个可以包含世界他国的中国，亦即无外的中国。这是“中国”意涵中最宝贵的地方。它体现出一种独特的文明观念，那就是兼容并包、和谐共生的观念。这种观念无疑是世界和平的重要思想来源与动力，这也是世界离不开中国的地方。世界上少有国度能有中国这样的胸襟，始终将世界放在自己的心上。“中国”这样一个神圣的观念蕴涵着“生生”（即“共生”）这种代表着人类发展方向的交往观念，且与马克思主义的社会交往理论颇有共通之处，这或许正是中华优秀传统文化能够接受并能让马克思主义不断中国化的内在思想基础。

“秦晋之好”：女性作为媒介及其政治传播功能考

潘祥辉

江西黎川人，文学学士、文字学硕士、传播学博士、历史学博士后，浙江省之江青年社科学者，福建省闽江学者讲座教授，现为南京大学新闻传播学院教授，博士生导师。学术兴趣广泛，致力于传播学的跨学科研究。在学术界首创“传播失灵理论”（Communication failure theory），提出了苏联解体的“传播失灵说”，解释“五四运动”的“观众成本说”以及传播史上的“青铜时代”等命题。近年来主要从事华夏本土传播学、传播考古学、跨文化比较传播学及“日常生活中的传播学”研究，追求“原创的”“接地气的”，有“个人特色”的学术旨趣。

“秦晋之好”的典故出于《左传》。春秋时，秦晋两个大国为缔结友好关系而互相通婚。晋献公于公元前654年将其女儿伯姬嫁给秦穆公，开历史上“秦晋之好”之先河。后来秦穆公又先后将女儿嫁给了晋惠公和晋文公，进一步巩固了两国关系。秦晋两国世为婚姻的故事在中国历史上影响很大，以至后世将所有的两姓联姻均称之为“秦晋之好”，并赋予其一种美好色彩。但历史上真实的“秦晋之好”实则是一种“政治婚姻”，这种婚姻的功能不是保障个人的或家庭的幸福，而是旨在实现政治沟通与政治结盟，因此亦称为“秦晋之匹”“秦晋之盟”或“秦晋之约”。如果我们将政治传播视为“政治共同体内与政治共同体间的政治信息流动过程”，我们就会发现，“秦晋之好”实际上是一种春秋时代的政治传播模式，而这种政治传播的媒介就是女性。

从媒介学的角度看，人本身就是一种媒介，而女性，则更是一种重要而特殊的媒介。汉字中的“媒”字从“女”本身就说明了“媒”的性别属性。在“秦晋之好”中，女性（晋献公的女儿伯姬和秦穆公的女儿怀嬴）是最为核心的要素，实际上她们充当了一种“政治媒介”的作用。而这种“以女为媒”的政治传播模式，不仅在春秋以前，在春秋以后也普遍存在；不仅在中国历史，在世界历史上也史不绝书。然而，对于女性的这种媒介角色及其政治沟通功能在相关研究领域却缺乏应有的关注。

从文献综述来看，有关妇女史的研究可谓汗牛充栋，涉及女性角色的方方面面。知名学者杜芳琴在《七十年中国妇女史研究综述》一文中考察了近代以来的妇女史研究。在她看来，妇女史研究涉及女性的各个维度：“就时间线索而言，有母系社会女性中心的妇女英雄史，有父权制社会女性奴隶时代的历史，有迈入妇女解放时代的历史。就妇女的经验、经历层面言，有妇女的社会政治、经济活动史、家庭生活史、妇女文化史、妇女解放运动史、妇女自我意识史……就妇女所归属的阶级阶层分野而言，有贵族、平民（农妇、商贾、市民、工人等）、奴婢、娼优等不同层类妇女的历史——这就构成了由各时代不同社会形态中各阶级阶层妇女的全方位的历史——地位贡献史、生活状况史、形象塑造、文化心态、自我意识史等。”在这些研究中，也有不少文献聚焦于女性的政治角色与政治影响，如对妇女与民族国家之间关系的探讨，对中国的“女主政治”“后妃政治”以及“公主政治”的研究等，都涉及女性与政治之间的关系。研究者也关注到了历史上政治婚姻的广泛存在，但大多数研究还是视女性为政治活动中的“配角”，鲜有将女性放在政治网络的中心地位予以考察，更鲜有人从媒介学的角度，将女性视为一种政治媒介，在此基础上考察其政治功能与政治影响。

基于此，我提出的问题是，“秦晋之好”为什么会成为古代世界一种较为普遍的政治沟通模式？为什么是女人（而不是男人）在历史上充当了这样的政治媒介？女性这种媒介又具有什么独特的媒介属性？在人类历史上，“以女为媒”发挥了什么样的作用，产生了怎样的政治社会后果？我们如何从政治传播学与媒介学的视角审视女性作为媒介的政治社会功能？今天，我们一起对此试作探析。

一、女性作为一种“关系媒介”：政治联姻的类型与功能

自古以来，婚姻就是一种建立社会关系的重要联结机制。《礼记·昏义》

记载：“婚姻者，合二姓之好。”从“婚”“姻”二字皆从“女”看，女性才是婚姻的主角，是婚姻关系中的主要媒介。在古代社会，婚姻并非单纯的男女两性结合，而是承载了重要的社会政治功能。“夫婚姻者，合二姓之好，上以为宗庙，下以为继后世者也。则有受分器之重，居秉圭之位，修先君之好，结大国之援。”（《册府元龟》卷二百四十五）“修先君之好，结大国之援”道出了婚姻的政治沟通属性。在古代社会的政治合作中，“以女为媒”是缔结合约的重要手段。

陈鹏先生在《中国婚姻史稿》中指出，古代中国的婚姻多为政治婚姻。“亘中国婚姻史之全部，自天子至士大夫，其婚姻之缔结，多属政治行为。稽其形态，约分为四类：曰内政、曰外交、曰朋党、曰仕宦。”事实上，就政治婚姻而言，这四种形态不仅适用于中国，也适用于世界上其他国家。而女性在其中扮演的，其实是一种连接两种政治势力的关系媒介。通过女性的联姻，两个原本没有关系的人或群体，建立起了一种亲属关系。政治联盟就建立在这种亲属关系之上。

从建构这种亲属关系所涉及的政治范围来看，“秦晋之好”可以概括为两种类型，即内政型和外交型。具体又可以分为三种模式，即君臣之间的“秦晋之好”、权臣之间的“秦晋之好”以及外交领域的和亲政治。

下面，我们将做具体讲述。

（一）上下联姻：君臣之间的“秦晋之好”

古代的君主专制广泛地依赖于各种姻亲关系。东汉王符曾一针见血地指出：“自春秋之后，战国之制，将相权臣必以亲家。”（王符《潜夫论》）这道出了中国政治的一个重要秘密。实际上，通过女性联姻进而使君臣关系变成“亲属关系”，使“公天下”变成“家天下”，这是古代政治运作的重要手段。这种做法十分古老，可以追溯到原始社会的部落政治时代。传说中的“尧舜禅让”就伴随着联姻过程。帝尧听闻舜非常孝顺且有才干，“于是尧妻之二女（娥皇和女英），观其德于二女”（《史记·五帝本纪》），最后才选定舜做他的继承人。从上古三代开始，王室同诸侯之间的婚姻就已经具有政治考虑。如夏同莘氏、仍氏部族的联姻，殷商与鬼方、有莘氏、苏氏的联姻，周人与姞姓、邰氏、西方羌族大姓姜姓、东方夷族大姓任、姒等的联姻也都是一种以建立联盟为目的的政治婚姻。

殷商是中国最早的上古帝国，在当时通讯条件与交通条件都极为落后的条件下，商王朝却建立了一个基于军事分封的集权制度，这与其联姻策略是分不开的。宋镇豪先生曾以甲骨文为材料，对商代的婚姻形式进行了详细的研究。他指出："商代贵族婚姻，娶和嫁女，有王朝与各地族氏方国间的，有族氏方国与族氏方国间的，有各家族间的，有以王朝为中介而各族氏、家族或方国间的等等，形式有单向娶女或嫁女，也有双向互见，体现了多层次、多方位和错综复杂的特征。不同国族间的政治联姻，是当时家族本位的族外婚制高度发展的产物。"《周易》中所载的"帝乙归妹"的故事，也是一种政治联姻，其目的就在于"附远"。

到周朝，其统治更是依赖于血缘姻亲关系。西周的封建制度，一方面通过各种礼仪制度来约定，另一方面又通过姻亲关系来联结和加固。联姻是周朝统治最为重要的政治手段。对于"异姓之国"，联姻更是建立和巩固"封建制度"的重要手段。王国维先生指出："非宗法之所能统者，以婚媾甥舅之谊通之，于是天下之国，大都王之兄弟甥舅，而诸国之间，亦皆有兄弟甥舅之亲，周人一统之策实存于是。此种制度，固亦由时势之所趋，然手定此者，实惟周公。"

春秋之后的后世君主，也善于利用联姻来强化政治联盟。东汉的刘秀娶美人阴丽华为妻，后来为了笼络河北真定王刘扬势力，又娶刘扬外甥女郭圣通为妻。刘秀登基后，封郭圣通为后。待北方刘姓集团被征服，又废了郭圣通。可见其联姻策略是出于政治考虑。而魏晋南北朝的皇帝常以"尚主"（公主政治）的方式，不但将士族吸纳为皇室姻亲，加强士族对皇权的认同，也以此融入士族社会之中。公主的婚姻经常被皇室视为拉拢不同势力的手段。宋太祖也十分注重政治联姻。在黄袍加身后，他一方面"杯酒释兵权"解决部下的武装，另一方面嫁女给功臣，把缔结婚姻当作巩固政权的手段。

与君主下嫁女儿相反，臣下或豪门贵族为了巴结君主，也致力于通过把自家女儿嫁入皇家与君主联姻，进而获得政治利益。王莽篡汉，就是王氏家族通过嫁女为汉平帝皇后，才得以实现权力从刘姓之手转到王姓之手的。这种故事在中国宫廷政治中司空见惯。通过嫁女入皇室，贵族因此就成了"皇亲国戚"，如果通过自家女儿生下的太子能够继位，外姓贵族就得以分享皇室的权力。后妃援引外戚，从而导致外戚专政的发生，成为中国封建社会一个常见的政治现象。

事实上，不独中国，这种君臣上下"交为婚姻"的现象在其他文明中也广泛存在。在古代埃及，法老们也注重和贵族联姻，巩固统治精英之间的合作。为此埃及的政治精英们建构了一个庞大的家庭网络，以掌控埃及的军事政治。在动荡时期或中央权力衰弱时期，联姻则更加重要。如在埃及第二十一王朝到第二十四王朝的两三代之间，埃及中央权威旁落，为了重新掌控军事指挥官，埃及国王就只能依赖联姻来维持与军事将领之间的关系了。

在古代波斯也有类似做法。希罗多德曾提到，波斯的大流士夺取权力后，七位参与政变的贵族曾约定，国王以后只能从他们七家中选择妻子。不过大流士本人似乎并未遵守这个约定。他选择在王室内部通婚，以避免王权旁落。同时，也通过他与居鲁士女儿的婚姻，与居鲁士的血统联系起来。此后的波斯国王也大多效仿，目的与大流士类似，出于巩固政治联盟。

在古代日本，通过联姻来确立家族之间的“战略性关系”在社会精英和政治精英中也十分普遍。推古天皇时期的日本正处于氏族联合政权的末期，一些氏族头领为了控制天皇政权，也采取了联姻策略。最著名的就是苏我家族。苏我氏的做法就是长期将本家族女性嫁与皇族，通过联姻增加影响力。到中世和近世，把女儿作为商品，用来交换政治权力和经济优势的做法还在继续。

在古代罗马，“秦晋之好”式的政治联姻同样广泛存在。塞姆在《罗马革命》一书中就认为，理解罗马共和国政治的关键，是显贵家族通过庇护和婚姻关系构建的网络。不论是尤利乌斯·恺撒还是其继任者屋大维都利用女儿来进行政治联姻。如屋大维的女儿尤莉娅在父亲的政治联盟中就扮演了重要角色，通过“一嫁再嫁”，她帮助父亲先后巩固了马凯鲁斯、阿格里帕和提比略的忠诚。这种做法在罗马贵族中十分普遍。因此不论是“前三巨头联盟”还是“后三巨头联盟”，女性都是一种重要的政治媒介。

（二）世家贵族交为婚姻：门阀政治中的“秦晋之好”

除了君臣上下，贵族权臣之间也致力于通过女性建立亲属与联盟关系，合纵连横。“连襟政治”在古代社会十分常见。

春秋以降，诸侯贵族均以婚姻互结邻援。《国语·鲁语上》记载：“夫为四邻之援，结诸侯之信，重之以婚姻，申之以盟誓。”通过联姻，不同家族成员或政治力量之间的稳定关系得以维系。许倬云在《春秋战国时期的社会流动》一文曾考证了鲁国公室季氏家族与其他诸侯国公室之间的多重姻亲关系。鲁室娶妻于这些家族，也把女儿嫁给他们。“家族网络充斥于整个中国，封建结构与家族结构在政治上相辅相成。”到汉代，婚姻政治更加普遍。上至朝廷外交，次如公卿党援，下至闾里豪杰勾结，无不以婚姻为利器。“朝廷以婚姻羁縻夷狄，而贵戚亦以婚姻互相结党，争政权，谋富贵。”地方大姓土豪，武断乡曲，鱼肉邻里，都借婚姻互相勾结，结成一个“官官相护”的大网。

六朝时代，门阀制度盛行，女性更是成为一种巩固大家族之间政治关系的媒介，如《新唐书·李义府传》中所说：“自魏太和中定望族七姓，子孙迭为婚姻。”吴晗先生曾经指出：“从四世纪到十世纪大约七百年间，中国的政治约为三十个左右的绅士家族所独占。”毛汉光先生通过绘制六朝士族婚姻的“诸姓婚嫁图”，发现两晋南北朝时期的皇室均是士族婚姻圈的成员，士族之间彼此通婚的对象大多属于同一阶层。这种“门弟婚”的负面结果就造成了“上品无寒门，下品无世族”的政治格局。隋唐以后科举制度兴起，士族门阀制度有所削弱，但通过女性进行政治联姻的做法依然存在。美国汉学家谭凯根据八至九世纪的墓志以及其他历史文本，研究了晚唐时期政治精英之间的婚姻网络。他发现晚唐占主导的政治家族的分布不仅在地理空间上非常集中（主要分布在两京及其走廊地带），而且通过内部婚姻形成了较为紧密的亲属关系网络。实际上只有到了五代以后，以门第婚为纽带的世家门阀制度才趋向衰落。

欧洲贵族之间也十分注重通过联姻来实现政治上的联盟与合作。在古代罗马，贵族女性是一种重要的政治媒介。正如英国历史学家阿德里安·戈兹沃西所提到的：“罗马的贵族女性和他们的兄弟一样，受过良好的教育，但不能从政。被作为巩固或打破政治联盟的工具，被安排嫁人或离婚。”中世纪的欧洲十分注重家族“血统”，贵族之间才能联姻，这种婚姻有多重目的。确保政治的垄断性和世袭性是重要的目的之一。这种贵族和王室之间的联姻，在权力继承、国土兼并、外交关系以及“战争与和平”等政治领域发挥了重要的影响力，深刻影响了欧洲大陆的政治发展和政治版图。

（三）外交政治中的关系媒介：“秦晋之好”与“和亲政治”

外交总是伴随着结盟，古今皆然。美国政治学者卡尔·多伊奇曾说：“联盟是国际和国内政治中施加影响和行使权力的必要手段。”通过姻亲关系加强联盟是古代国（族）际外交中最为常见的手段，女性因此通常扮演外交联盟中的媒介和纽带角色。这种“以女为媒”的做法自古代世界有文字记载以来就存在了。

公元前 2051 年，苏美尔的乌尔第三王朝的统治者舒吉尔在亚述地区进行了一系列征战并以胜利告终。在舒吉尔统治期间，伊朗地区的埃兰人再次成为边境大患，于是他先后用自己的女儿与埃兰的统治者联姻，有效地化解了危机，将苏美尔人的统治区域大大地扩展了。公元前 13 世纪中叶，赫梯王国与埃及王国的联姻也是一个极其古老的“化敌为友”的案例。公元前 1246 年，赫梯国王哈图西里三世采取了和亲政策，将自己的一个女儿嫁给埃及的拉美西斯法老。在埃及卡纳克神庙墙上有一幅雕刻，描绘的就是当时埃及法老迎娶赫梯公主的情景。通过这种“和亲”，两国的争霸战争暂告一个段落。美国历史学家麦克尼尔指出，在人类的第一个“全球化”雏形时代，即公元前 1700 年至公元前 1200 年这个以战车和封建帝国为特征的时代，当时的世界各国就通过女性联姻来进行政治沟通了。“国王们彼此交换丰富的礼物，通过联姻建立同盟。”

中国的“和亲政治”也历史悠久。“和亲”之名早在先秦就出现了，历代王朝出现了各种各样的和亲方式。如果抛开“华夷之辨”，我们也可以将春秋时期的“秦晋之好”看作一种“和亲政治”。在春秋战国时代，这种通过婚姻缔结外交联盟的做法十分普遍。诸侯之间纵横捭阖，婚姻自然是重要的媒介和外交手段。以至西周以来诸侯国间“同姓不婚”的禁忌都被打破，“媵婚”现象大量出现。苏秦倡合纵，秦则结婚燕楚以破之。事实上，不论“秦晋之好”“秦燕之好”还是“秦楚之好”，都不过是秦国的一种政治外交手段而已。其他诸国也争相使用这一外交手段。如楚国，在春秋早期多与周边小国如鄖、邓等进行联姻，到了春秋中晚期至战国初期，为谋求争霸则与其他大国如秦、晋等联姻频繁。孔子所在的鲁国也大兴联姻政治。历史上“齐鲁之好”也堪称美谈。有学者考证，鲁国曾先后与薛、宋和齐结为世代通婚的婚姻之国，而以鲁齐之间的联姻状态持续时间最长。鲁国一方先后有桓公、庄公、僖公、文公、宣公、成公等六位君主娶齐女为夫人，齐国一方先后有僖公、昭公、灵公、景公、悼公娶鲁女为夫人，双方的联姻状态持续长达一百多年。

而严格意义上的“和亲”，即汉族与外族之间的“华夷和亲”则是汉代才出现的。虽然这种和亲与先秦时期的政治婚姻有很大差别，但显然受到先秦时期“华戎通婚”的启发和影响。汉初刘邦初平天下，政局不稳，匈奴军队屡次侵扰边境。刘邦不得已采纳了刘敬的“和亲”对策，将公主外嫁单于以缔结友好同盟，开中国对外和亲之先河。从汉高帝初年到武帝初年间，汉和匈奴共有 7 次和亲，遣公主的就有 3 次。武帝之后，虽然对匈奴的政策改为“武力征服”，但和亲的外交手段还是保留了下来。在汉学家狄宇宙看来，汉代的和亲其实是一种“绥靖主义”政策，旨在确保和平。尽管它并没有起到一劳永逸地保卫和平的效果，但还是发挥了一定的缓冲功能，也促进了文化交流。

与汉朝相似，唐朝也通过“和亲”来应对北方边疆民族间的紧张关系。据统计，唐朝和突厥、吐谷浑、吐蕃、奚、契丹、宁远、回纥、南诏 8 个族（国）共计和亲 28 次（其中有一次未获成功），为唐朝的稳定和繁荣起了较大的作用。中国传统的和亲政治一直延续到清代。

这种国际沟通中的“和亲模式”在西方世界也普遍存在。恺撒征战高卢时，高卢人中有不同的邦国和种族。为了统一高卢，他致力于联络和说服其他邦国。为了说服爱杜依人，他把自己的女儿嫁给了杜诺列克斯——当时执掌爱杜依人国家大权的狄维契阿古斯的弟弟，并和他结下了盟誓。489 年，东哥特人狄奥多里克在芝诺的支持下，入侵亚平宁半岛。493 年，他成为东罗马帝国在意大利地区的总督。狄奥多里克通过一系列的联姻，与其他一些日耳曼人建立的王国组成了联盟。他自己娶了法兰克王国国王克洛维的妹妹，又把自己的妹妹嫁给汪达尔王国的国王，把一个女儿嫁给勃艮第的国王，把另一个女儿嫁给西哥特王国的国王。通过这些举措，他巩固了自己的政治势力，成为西哥特王国的摄政王。

可以说，从古代到现代，从东方到西方，人类社会广泛运用女性来构建合作网络和政治同盟。在“秦晋之好”的这种政治沟通模式中，女人充当了一种关系媒介。在我看来，女性之所以具有这种联结陌生群体的媒介功能，在于她们可以通过“出嫁”和“生育”将两个陌生（甚至敌对）的男人或男性家族联结起来，形成亲属关系。在费孝通先生看来，亲属关系即“根据生育和婚姻事实所发生的社会关系”。这种关系之于人类社会的合作至关重要，它是古代建立政治信任的最为重要的基石。

在中国古代政治中，这种亲属关系则更为重要，它是中国宗法政治的基础。许倬云先生认为，中国古代的族群整合就是依托血缘和姻亲关系，这在世界古代文明中是非常独特的。“在中国找不出像两河流域那种以地缘结合的方式，商代以后才有变化。商代的政治单位有两个平行的系统，一种是地区性的邑，一种是亲缘性的族。到了西周，以宗法取胜，邑变成族的附属品，周代选择以血缘来结合人群，这个选择形成中国很大的特色，中国的扩大政团遂以亲缘的团体扩大，反映在词汇上是‘天下一家’。”中国的宗法关系虽是建立在男权主导的基础上，女性却是宗法关系中极其重要的联结媒介，这一点常常为研究者所忽视。法国著名社会学家和汉学家葛兰言指出，传统中国是一个宗族社会，宗族的基础即是血缘和婚姻。“通过不同家庭之间的婚姻交叉和女性的定期交换，一个家族与另一个家族之间互惠互利，休戚与共，这就使得家族外部的影响永久地浸透到了内部生活里。”

陶希圣先生在《婚姻与家族》一书中也详细论述了古代中国的婚姻制度和家族的产生、发展与变迁关系。在他看来，中国婚姻的目的与形式是服务于宗法制的：“在宗法制度之下，婚姻是两族的事情，而不是两人的事情。这个前提是直贯到现代中国社会还是有效的。”可见，婚姻关系关联着亲属关系。而这一关系很大程度上是通过女性的嫁娶为中心建构起来的。在我看来，以亲缘关系和父系权力为基础的宗法政治也决定了女性在政治生活中的独特地位，她以充当“宗法关系”中的媒介为主导性角色，在宫廷政治中如此，在一般的世家或家族联姻中也是如此。联姻是两种社会关系与政治资源的结合。娶不同宗族（或族群）的女人，意味着可以与不同的宗族或政治势力拉上关系，形成亲属同盟，累积政治资本。

为了能够最大限度地吸纳不同的政治力量，“一夫多妻”或“多妾”就成为中国婚姻与政治制度设计中的必然选项。就中国的皇权制度而言，中国古代有所谓“七十二嫔妃”制度。《礼记·昏义》记载：“古者天子后立六宫、三夫人，九嫔，二十七世妇，八十一御妻。”中国历代皇帝以及贵族都是妻妾成群，一般人都认为这反映了皇帝的荒淫或权势阶层的穷奢极欲，但事实上，这种制度的出现也有其政治层面的现实考虑。“秦晋之好”式的联姻政治在古代社会是如此重要，如果没有这种“多妻（多妾）制”，“以女为媒”的政治模式所能发挥的联盟作用必然有限。反观西欧，西欧皇室及贵族长期以来实行一夫一妻制，这就意味着欧洲的“秦晋之好”式的政治联姻总体上不如中国广泛。欧洲皇帝由于娶妻少，生育子女的数量就必然有限，与中国皇帝的儿女成群相比，欧洲皇室的“嫡长子继承制”难以为继。欧洲历史上经常出现皇室“后继无人”的情形，退而求其次，皇室中的女性因此也可以继承皇位，这是中国女性所望尘莫及的。相比欧洲女性，在男权主导的封建礼制与名分的约束下，中国女性在政治生活中更多的只能扮演一种关系媒介的角色，经常联姻或被联姻，却很少有机会直接登上政治舞台。

但不论中国还是欧洲，就“女人媒介”自身而言，出嫁与生育都是至关重要的能力和特性。如果说女性“出嫁”是一种联结社会关系的“横向传播”的话，那么“婚育”则是一种“纵向传播”。女性通过婚育，可以将亲属关系延及下一代，正如政治人类学者亚伯纳·柯恩所说的：“在某一代中所建立的姻亲关系，对他们的下一代就会产生母方和父方的亲戚关系，由婚姻而来的姻亲关系就会变成一种‘表亲关系’。人们透过这种方式紧密地联系在一起，形成一个紧密团结的社群网络。”

纵观人类演化史，自古以来这种“婚育”功能只有女性才具有，男性在这个意义上无法成为一种关系媒介。这种差异正是由女性的性别特征或者说生物学特征所决定的。因为女性具有婚育功能，通过生儿育女，女性媒介可以完成“代际传播”。

二、女性作为一种代际媒介：生儿育女与基因传播

从人类传播史的角度看，人本身其实是最原始的媒介。如果我们把“复制基因信息”也看作一种信息传播的话，显然生儿育女就是最原始的传播。人类只有通过生儿育女，才能不断复制并传递自己的基因或遗传信息。恩格斯指出，根据唯物主义的观点，历史中的决定性因素，归根结底是直接生活的生产和再生产。“生产本身又有两种：一方面是生活资料即食物、衣服、住房以及为此所必需的工具的生产，另一方面是人类自身的生产，即种族的繁衍。”

人类的再生产既具生物学意义，也具社会学意义。事实上，在传播介质有限的情况下，任何信息的、文化的代际传递都是依托于人类自身的“肉身”再生产。从媒介学的角度看，如果我们将人体肉身视为媒介的形式，那么附着于这一肉身之上的精神的、观念的、制度的、关系的等“形而上”层面的信息，则构成了这一媒介的内容，其形式与内容密不可分。潘光旦先生认为，作为母体的女性，既是生物的，又是社会的。其生物和文化素质一定程度上决定了一个社会和种族的发展水平，文化的盛衰因此就与婚配有着重要的关联。在《文化的生物学》一文中，他指出，社会的进化是由自然选择和文化选择共同决定的。选择所发生的途径有三：一是生产，二是婚姻，三是死亡。女人至关重要。潘光旦还以希腊文化的兴衰为例，说明了婚姻制度与社会发展的重要关联。

费孝通先生则将生育制度看作“男女们互相结合成夫妇，生出孩子来，共同把孩子抚育成人”的这一套活动。在他看来，生育制度的功能在于“维持社会结构的完整”，是“人类种族绵续的人为保障”，其内容可分为生殖、抚育和继替等三个有机组成部分。“生殖是新生命的造成，抚育是生活的供

养”，而继替则是“在抚育作用完成时，上一代的家庭怎样交给下一代的家庭的过程”。这个过程离不开女性。如果从种族繁衍的角度看，我们就会发现，女性不仅是一种社会媒介，其实也是一种生物媒介。

实际上，任何生物都是通过复制基因来实现“代际传播”，从而延续种群生命。与男人不同，女人因为有子宫，自然成为复制基因的容器和直接载体。因此从媒介属性看，女性的子宫可以视为人类最为原始的“融合媒介”：异质基因在子宫中融成一体。女性也因为具有“子宫媒介”而“身价倍增”。其重要性甚至使得女性一度在人类社会的初始阶段处于社会网络的中心地位。上古原始社会的氏族即以母系为中心建立的，人们通过母亲来确定血缘关系，分别亲疏。在缺乏其他社会组织与传播手段的情况下，女性的繁衍功能使她成为一种天然的组织媒介，因而处于社会网络的中心。可惜随着父系氏族的出现，原始氏族社会解体。尽管男权社会兴起后，改变了女性作为社会组织与文化传承中心者的地位，但女性的繁育功能仍然使之成为一种天然的媒介。女性发挥着联结不同男性家族或社会群体的作用。通过对女性做出选择（男选女或是女选男），可以人为地改变或缔结亲属关系。在政治沟通中，这种缔结合约的方式比其他结盟方式要牢固得多。盖因亲属关系具有更强的生物学基础，它是建立在“基因共享”基础上，能够形成一种“强信任”。在我看来，女性作为一种“生物—社会”媒介，其强大的政治沟通功能即奠基于此。

正是因为能够融合与传递基因，在人类的演化过程中，争夺女性这一“生物—社会媒介”极大地影响了人类的历史进程。早期人类的婚姻制度经历了从血缘内婚制（即血亲之间的联姻）向氏族外婚制的转变。事实上，正是“异族婚制”使女性成为氏族融合的媒介。但在人类的早期阶段，“族外婚”往往伴随着血与火，伴随着对妇女的强力支配。为了实现“异族婚配”，违背女性意志的武力“抢婚”在人类历史上十分普遍。芬兰人类学家韦斯特马克在《人类婚姻史》中用世界各地的大量实例来证明了这种风俗的存在。中国古代社会也存在着抢婚习俗。《礼记·曾子问》中记载了孔子的一句话：“嫁女之家三夜不息烛，思相离也；娶妇之家三日不举乐，思嗣亲也。”娶妇在昏时，且“三夜不息烛”，这种礼俗显然与掠夺婚有关。吕思勉也说：“外昏（婚）之初，起于劫掠。”可见历史上人类“基因融合”的过程实际上伴随着对女性的争抢，而“抢婚”则可能引发战争，这或许是女性影响历史的一种主要方式之一。正如福山所指出的，他说：“我们不应低估，性和俘获女人在造就政治组织方面的重要性，尤其是在通常用女人作为交换中介的分支式社会。这些社会相对狭小，由于缺少非亲女子，其成员往往通过对外侵略来遵循异族通婚的原则。”

从历史上看，女性往往是战争中的重要资源或战利品。有传播学者考证，恺撒在《高卢战记》一书中曾 11 次使用我们现在称之为 communication（传播）的这个拉丁语词的原形“communicare”，用它来描述对所获战利品和敌人妻子的共享（share）。这种“共享”的含义也被注入了现代“传播”一词的词义中。“共享女性”确是古代战争的重要动力之一。蒙古帝国的成吉思汗曾宣称：“最大的快乐是……击败你的敌人、追逐他们，剥夺他们的财富，看他们的亲人痛哭流涕，骑他们的马、把他们的妻女拥入怀中。”

但由于女性是个基因混合的“融合媒介”，她们在传播“胜利者”基因的同时，她们自身的基因以及来自她们父系的基因也被传播下来。因此，战败一方的男性从生命上来说是被消灭了，但是他们的基因仍然还在延续，并与胜利者实现了融合。从这一点来看，可以说，在历史上，没有一个民族被真正完全消灭过。罗马人征服了高卢，但其后代仍然有高卢人的血统。与此类似，罗马帝国灭亡后，日耳曼人不仅在文化上，也通过“娶女联姻”与罗马人在基因上融合。体质人类学在这方面已提供了相当的证据。

可见，人类历史上的民族融合实赖女性之功。正如梁启超在论述中华民族之形成时所指出的，同族不婚，婚必异族的制度：“于我民族之发荣，有绝大影响。盖多数异族血统之混合，即大民族所由醇化也。周人厉行此制，于是‘百姓’相互间，织成一亲戚之网……此制行三千年，至今不变，我民族所以能蕃殖而健全者，亦食其赐焉。”可以说，没有女人，就不会有民族融合。美国女性主义学者 Yuval-Davis 说道：“妇女，作为文化意义上的和生物学意义上的民族再生产者和民族价值的传递者，进入了民族领域，这重新界定了民族和族裔的内容和界限。”考察人类的历史我们确实会发现，女性的婚配和生育，一方面使之成为民族界限的“界定者”，另一方面也使之成为种族与文化融合的中心媒介。

三、女性作为一种流动媒介：和平信使与文化传播

从人类发展演变的历史来看，因为有生育后代的价值，女性在绝大多数的历史时期内，都是一种被交换的媒介。人类学家列维 - 施特劳斯指出，在所有社会中，交换至少在三个层面上进行，即女性交换、物资与服务交换、讯息交换。女性交换是最为原始的一种“传播”。但就交换规则来看，历史上

大部分时间是男性在制定规则，女性其实是被动遵守，被迫服从。因为异族婚是进入文明社会后的历史主流，女性作为一个“基因媒介”，难逃被婚配、被买卖、被劫掠的命运。在战争中，女人常被视为战利品，甚至也可以变成礼品或玩物被人支配或赠送。

在男权主导的社会，女人被支配的命运使之注定要“四处漂泊，四海为家”。不论是“外嫁”，还是“被劫掠”“被赠送”，女性始终处于流动之中。这种流动性也因此成为“女人媒介”的重要属性。在我看来，千百年来的这种“流动性”使女人的基因中缺少故土与思乡情结。这一点正如现代女诗人席慕蓉所说“女人的故乡在远方”。

因此，女人是流动的。作为一种媒介，女性媒介就是一个流动媒介，她们不断地迁徙、移动，女人也因此更少有“故土意识”，而这种故土情结、领土意识又与“民族主义”心理直接关联。相比男性而言，女人确实没有那么浓厚的“政治民族主义”。她们的“流动属性”也因此更容易成为“世界主义者”和“和平主义者”。考察人类历史我们确实可以发现，历史上的女人通过自身的流动，成为沟通不同文化与族群之间的桥梁和使者。在政治传播中，她们往往成为和平的信使。在融合民族、化解仇恨、消弭战争以及传播文化中都起到了重要作用。

（一）化干戈为玉帛：女性作为政治传播的和平使者

历史上的战争通常由男人发动，最后消弭战争的却往往是女人。“秦晋之好”式的联姻减少战争，带来了更多的和平，这是毫无争议的历史事实。不论中国还是欧洲，古代各民族之间的战争都是十分频繁的，而“以女人换和平”也是历史上的一种常态。虽然战争、抢婚和强婚使女性处于被支配地位，但只要联姻发生，战争就会得到缓冲，仇恨就会得以缓解。公元前 324 年，亚历山大率领一支“多国部队”征战东方大获全胜。为了实现种族融合，亚历山大在俄庇斯城大宴群臣。史载大宴的宗教仪式由马其顿人和波斯人共同主祭。亚历山大劝成一万名马其顿士兵娶亚洲妇女为妻，他亲自主婚，希望通过联姻减少对立，实现不同种族的合作。在很多情况下，当姻亲关系一旦形成，战争也就消弭了。在历史上，有时候一个女人的作用，就能抵消千军万马的厮杀。这从历史上不同时期、不同类型的“和亲”效果中能够看出来。

尽管中国历代王朝有各种各样的和亲方式，但所有的和亲使者和媒介无一例外都是女人。以汉代为例，自公元前 198 年刘敬与匈奴首次达成和亲协议后，“汉与匈奴之间关系的结构的主要特征是两个帝国统治家族在婚姻方面的联盟。好像有一种默契，任何一方在新的统治者登基之时，一位汉朝公主便要送往匈奴，大概是作为联盟继续的保证”。事实证明，这种和亲政策还是取得了相当好的效果的。汉代历史上最著名的和亲就是汉元帝时期的昭君出塞。昭君出塞发展和巩固了汉与匈奴两族之间的友好关系，自此匈奴和汉朝关系和睦，长达六十多年没有发生战争。历史学者刘静贞指出，汉元帝刘奭之后的汉匈关系，主要是以昭君为中心而建立的。在汉代的外交政治中，王昭君实际上处于“枢纽地位”。王昭君可谓名副其实的外交“和平使者”。

唐代是中西方文化交流的高峰期，和周边民族的关系也特别好。这种和平景象也与唐朝的“和亲”政策密切相关。唐朝与周边民族政权和亲的规模与影响都超越了前代。唐代和亲以唐朝公主和蕃为核心。最有名的当属贞观十五年（641），唐太宗以宗女文成公主嫁给吐蕃王松赞干布。无论是唐王朝还是边疆民族，都希望通过“和亲”来实现“和平”这一目的。历代和亲的效果是明显的，它增进了中原王朝与边疆民族之间的了解和信任，也加强了彼此之间的经济、文化交流，营造了和平环境，推动了民族的融合。唐代诗人陈陶的《陇西行》一诗中称“自从贵主和亲后，一半胡风似汉家”，描述的就是这种和亲带来的文化融合。

（二）文化信使：女性作为跨文化传播的媒介

“秦晋之好”既是一种婚姻交换，也是一种政治沟通，更是一种文化交流。对于女性而言，她们不仅是和平使者，更是文化使者。从古到今，在少数民族和汉族的杂居地带，民族融合往往都是通过通婚这一机制发生的。不论是少数民族的汉化，还是与之相反的汉族的“夷化”，通婚都是双向互动的民族融合过程的重要途径。历史上的北魏孝文帝变法，旨在改变北魏的制度，实施汉化，为了达到这一文化（政治）目的，孝文帝逼着鲜卑贵族和汉族世家大族通婚。为了使胡人接受汉文化，孝文帝大力通过婚姻促进拓跋氏宗室与汉人世族之间的婚姻关系。他自己娶崔、卢、郑、李、王五姓女为妃，又为自己五个弟弟聘汉人世族女为妻。在孝文帝的大力倡导下，北方汉人门第与虏姓通婚者众，通过“以女为媒”，虏姓最终融入了北方的门第社会里，有力地促进了文化融合。历代政治家都知道，推动“跨种族婚姻”可以更好地实现“跨文化融合”。直到晚清，知识分子陈鼎在他的《校庐抗议别论》中还提出通过“通婚姻”来进行中西沟通以解救迫在眉睫的民族危亡。

通婚促进着文化融合，文化融合的推进也需要“以女为媒”，两者相辅相成。事实上，从文化传播的角度看，“跨际婚姻”就是最好的“跨文化传播”。通过嫁娶融合，双方的思想观念、生活习俗、语言等得以相互吸收，到第二代子女身上，这种融合就更加显著了。从人类历史的发展来看，没有什么比结成“秦晋之好”更能够促进文化和观念融合，更能化解种族仇恨、实现民族融合。

“秦晋之好”式的联姻也有利于技术的传播。历史上的一些技术扩散即借助于“和亲”渠道，女性成为技术传播的信使。例如在汉唐的和亲政策中，中原公主所带去的不只是独立的自己，还有先进的中原文化和各种先进技术。域外民族也深知通过“求婚得女”来获取先进技术。《大唐西域记》一书中记载了有关蚕种历经曲折艰难西传的传说：瞿萨旦那国（古称于阗）未知蚕桑，闻东国有也，命使臣求之。而东国国君秘而不赐，敕令关防，严防泄出。瞿萨旦那国于是卑辞下礼，求婚于东国。东国国王出于怀远之志，答应了其请求。于是，“瞿萨旦那王命使迎妇，而诫曰：‘尔辞东国君女，我国素无丝绵桑蚕之种，可以持来，以为裳服。’女闻其言，密求其种，以蚕桑之子，置帽絮中。既至关防，主者遍索，唯王女帽不敢以难，遂入瞿萨旦那国”。可见，蚕桑外传的过程是伴随着嫁女和亲这一行为。没有女人这一中介，历史上各民族间的技术、文化与制度的交流将大大弱化。

宗教信仰的扩散有时也是通过“秦晋之好”这一传播模式发生的。文成公主入藏和亲就带去了中原的佛教文化，这对于藏传佛教的形成和发展影响巨大。在西欧的中世纪早期，许多信仰基督教的女王通过通婚劝皈，使她们的丈夫连同他们的王国一起皈依了基督教。公元988年，拜占庭皇帝将安娜公主嫁给基辅罗斯的弗拉基米尔大公，随着安娜公主的嫁入，弗拉基米尔大公接受了她带来的拜占庭的东正教教义，并命令所有罗斯人抛弃多神教，改信东正教。正是从这一年开始，东正教成了俄罗斯的千年国教。可见联姻中的女性对人类文化史的影响深远。

四、结语

美国女性主义研究者伊瓦·戴维斯和安斯亚斯在他们所编的《妇女—民族—国家》一书中提出了妇女介入政治进程的五种方式：一是作为族群成员生物学上的再生产者 / 生育者；二是作为族裔 / 民族群体边界的再生产者；三是作为集体意识形态再生产的主要参与者以及为集体文化的传播者；四是作

为在族裔 / 民族范畴的建构、再生产和转换中使用的意识形态话语的焦点和象征；五是作为民族、经济、政治和军事斗争的参与者。这五种方式实际上包含了女性作为一种媒介所具有的复合功能。女性也因此可以看作一种“复合媒介”，她既可以复制和传播基因信息，也可以复制和传播意识形态。但就“政治、经济与军事斗争的参与者”而言，女性要到近代才开始直接参与这一过程，并逐渐成为与男性一样重要的政治角色。而在漫长的古代社会，女性则更多是作为一种政治与文化中介与历史进程发生关联。

通常的观点认为，人类的政治史是由男性主导的，女性远离政治。不过，作为一种政治媒介与复合媒介，女性其实从来就没有置身于政治之外。在古代的政治世界，女性通过“婚姻”关联着“公”与“私”，“内”与“外”，是不同族群政治与文化沟通的重要中介。“秦晋之好”式的政治沟通机制越重要，作为媒介的女性也就越重要。通过“秦晋之好”式的联姻，女性有机地将“私人婚育”嵌入到了“政治领域”。尽管这个过程中的主导权未必在女人手上，但它却必须通过女性这一复合媒介来进行。也正是在这个意义上，女性的政治传播功能得以奠基和彰显。

女性要成为政治媒介依赖于三个前提：一是她是有价值的、稀缺的，这使得“女人”这种资源可以用来交换或者馈赠；二是她是可支配的，这样才能保证女性被用于政治交易；三是“亲属关系”在人们观念和现实生活中的重要性。当这些条件发生变化时，女性的媒介功能也会发生相应的变化。近代以来，随着民族国家的建构，大众政治兴起，不但皇权政治难以维系，少数贵族亦难以主导政治，国与国之间的“亲属关系”被各种正式契约所取代。因此国际外交领域的“秦晋之好”式的联姻越来越难以发挥其政治沟通作用。从这个方面来说，女性作为媒介在现代国际政治中的作用显然下降。

当然，式微并不意味着完全消失。在国内政治中，这种古老的政治沟通模式仍然存在。如在非洲的许多部落，以及亚洲一些家族传统悠久的国家，我们还是能够观察到“以女为媒”的联姻政治的存在。在日本、韩国、印度以及中东地区，通过家族联姻以实现政治经济利益的做法也广泛存在。二战后日本政坛的“世袭政治”事实上也是通过世代通婚形成的，作为日本政坛四大家族的鸠山、安倍、小泉和麻生家族，互为婚姻，女性显然是重要的政治媒介。而在宗法传统深厚，讲究“门当户对”的中国社会，这种联姻模式当然也未完全消失。我们发现，在中国当下的政商两界，特别在县城一级，联姻政治其实还较为普遍，这已经在相当程度上影响着当地的政治生态。冯军旗博士在《中县干部》中对县域的“连襟政治”及其影响做了较为深入的描述和揭示，值得我们重视。在“男尊女卑”观念依然浓厚，又凡事都讲究“拉关系”的中国社会，传统“秦晋之好”式的联姻不可能完全消失。但另一方面，随着政治和社会文明的进步，女性地位的提高以及社会交往的扩大，去政治化的、基于个人选择的“秦晋之好”毫无疑问将成为主流。随着社会文明的发展，作为“复合媒介”的女性将有更多的自主权支配自己的婚姻并以此建构自己的社会网络。显然，从传统的“秦晋之好”式的政治联姻中退场，对于女性而言，是一种幸事。

（文章发表于《国际新闻界》2018 年第 1 期）

中国礼文化的当代传播及价值建构

张兵娟

河南大学中文博士，浙江大学博士后，北京大学及台湾大学访问学者。河南省教育厅学术技术带头人，中国高教影视艺术学会理事，华夏传播研究会副会长。现任郑州大学新闻与传播学院特聘教授、博士生导师。主要研究领域为电视传播、媒介文化等。

一、中国礼的内涵与发展

一般认为，礼大致起源于公元前3500年至公元前2000年。关于礼的起源，主要有“风俗”说、“人情”说、“祭祀”说、“礼仪”说和“交往”说等，这些起源说法各有合理性，可见礼遍布在风俗、崇拜、祭祀、礼仪和社会交往等多个维度。

李泽厚先生提出“由巫到礼”的观点。他认为远古的巫术祭祀活动是“礼”形成的直接来源，其中包含的图腾崇拜和禁忌法则逐渐演变成为仪式制度，支配着人们的日常生活。

陈来先生在《古代宗教与伦理》一书中提出礼的演变进程：“它是由夏以来的巫觋文化发展为祭祀文化，又由祭祀文化的殷商高峰而发展为周代的礼乐文化，才最终产生形成。”经过周公“制礼作乐”、孔子“释礼归仁”，礼的制度与内核得以理性化。中国礼文化排斥巫术，“敬鬼神而远之”，主张克制情感、保持礼仪、举止合宜，用道德伦理超越野蛮蒙昧。“礼”的理性化、礼乐制度的形成，实际上也是中国文化“祛魅”的过程。

礼并非出自儒家，但在礼的发展过程中，儒家已然成为礼的继承者和代言人。在汉代，董仲舒建议汉武帝推行“罢黜百家，独尊儒术”的政策，礼作为伦理规范和社会制度，其重要性提高至前所未有的高度。到了唐代，中国社会出现了儒、释、道三种势力的角逐，但儒家仁礼思想仍旧长期作为中国文化的支配力量，其影响小至个人待人接物，大至国家制度法纪。两宋时期，礼出现了崇古维新现象，不仅官方修订礼典，还发展出礼下庶人、士庶通礼，儒家仁礼思想也得到进一步的阐释。明清时期，皇帝都重视礼乐教化，尤其是清康熙皇帝，认为重整礼制有利于维护统治，更有利于文化融合。

礼在历史中不断发展，但其精神内核并未改变。《礼记·冠义》有云："凡人之所以为人者，礼义也。"可见，人之所以为人，正在于礼义。礼义，是礼的精神内核，也是人之所以为人的根本。李泽厚先生认为，礼义所对应的内在状态是"畏、敬、忠、诚的情感、信仰"，这种内在状态被孔子阐释为"仁"。

在礼的内涵中，礼义并非一个孤立的概念，它既指向孔子"释礼归仁"的"仁"，也是多层次的意群，既包括"仁"本身，也包括与仁相关的礼、智、信、忠、孝、节、义、廉等。这使得在"礼义"外化为"礼仪"时，呈现出诸多面向，这些面向体现在具体实践中，就是礼在公共生活中的规范，上至国家，下达日常，包罗万象，无处不在。

纵观中华历史，"礼"扮演着核心角色，可以"定亲疏、决嫌疑、别同异、明是非"，对传统社会的政治、经济和文化等产生了不可替代的作用。杨志刚先生将"礼"视为一个以礼治为核心，由礼仪、礼制、礼器、礼乐、礼教、礼学等诸方面的内容融汇而成的文化丛体。

陈来先生则认为"礼"是以"敬让他人"为其精神，以"温良恭俭让"为其态度，以对行为举止的全面礼仪化修饰与约束为其规范的文明体系。

彭林先生认为"礼是人类自别于禽兽的标志"，是"文明与野蛮的区别"，"礼是自然法则在人类社会的体现"，礼是"统治秩序""国家典制"，是"社会一切活动的准则"以及"人际交往的方式"。更为重要的是，礼具有仁礼同构、协和互通、敬诚互补等精神内核和人文特色，既具有神圣性，即梁漱溟所言的"以道德代宗教"，又具有凡俗性，即李泽厚提出的"实用理性"。

中国礼制不仅是一种社会制度，还是一种文化制度，这也是中国礼文化区别于西方文化的关键之处。邹昌林先生认为，其他民族之礼，一般不出礼俗、礼仪、礼貌的范围。而中国之礼，则与政治、法律、宗教、思想、哲学、习俗、文学、艺术，乃至于经济、军事，无不结为一个整体，为中国物质文化和精神文化之总名。

中国礼制从形式上说，这是通过行为规范来明确等级秩序；从本质上讲，这是通过行为来传递一种社会共享的价值。而礼的最终作用是建构一种共同的文化，从而实现社会的整合。这种制度化的礼的规范，加强了礼文化在空间上的对外扩散，以及对“他者”文化的同化和融合，同时，也保证了礼文化在时间上的传承和维系，为人们带来文化记忆和文化认同。

中国经常被称为“礼仪之邦”或“礼义之邦”，“礼”是中华文明的核心，其本质上是一种对和谐秩序的追求，而“邦”则代表着因礼而凝聚在一起的文化共同体，这一共同体传播着礼乐精神，共享着道德价值，也传承着文化记忆。

从人类传播的角度来看，礼是一种沟通交流和日常交往的媒介。从婚丧嫁娶到待人接物，从个人培育到社会教化，无不遵循礼的规范，也都离不开礼的影响。礼不仅塑造了关系网络，还塑造了传统中国的“意义之网”，既起到了连接人与人、人与群体、人与社会的作用，更进一步来说，也起到了人性教化、道德提升、灵魂净化与疏解人文焦虑、重建社会秩序的作用。

二、中国礼的表现形态及载体媒介

礼是一种“媒介”，以多种媒介复合并置而形成，既包含着语言媒介，也包含着非语言媒介，承载、传递着各种宗教的、政治的、伦理的、情感的、制度的信息。礼既微观又宏观，既抽象又实在，具体而言，礼作为“媒介域”所传递的核心观念即是“礼义”。礼义无形，需要具象的媒介来表达，这些媒介涉及从饮食、服饰、车马，到制度、祭祀、宫殿等的方方面面，既有实用功能，又有价值意义。同时，在具体实践中，就像媒介及“媒介域”离不开技术的基础作用，礼也离不开权力关系和社会环境的影响，这些媒介虽被设定为传播礼的精神观念，但又不得不成为社会现实的表征工具，当然，它们还有着重塑社会现实的力量。礼对于身处其中的人而言，也是日用而不知的。我从“自然而然”的礼的“媒介域”中，选取礼器、建筑、经典、身体和仪式等媒介，它们中的一些虽不是为了传递信息而打造的，但都可以作为礼的精神观念形成的模式或载体，承担其基本功能之外的中介功能，表征和重塑着礼、媒介以及社会之间的关系。

（一）礼经：行动和思想的文本

儒家典籍通常被称为“四书五经”，“四书”指《大学》《中庸》《论语》

《孟子》，“五经”指《诗经》《尚书》《礼记》《周易》《春秋》。礼的思想、精神保留在各种文献及经典中。经典具有稳定性，其内容通常无法与时俱进而显得落后，尽管有“以周官治天下”的说法，但各朝各代还是会根据实际国情对三礼进行转化。

《仪礼》《周礼》《礼记》并称“三礼”，“三礼”的出现标志着中国礼制的发展步入文本化时期。礼被文字凝固下来，一方面构成行礼之人的文本依据；另一方面也为礼的传承跨越时空的限制。这三册经典分别从仪式、制度和内涵等方面对礼进行了记载和阐释，是古代礼文化的理论形态，对历代礼制的影响最为深远。《仪礼》记述有关冠、婚、丧、祭、乡、射、朝、聘等礼仪。《礼记》既记述礼仪制度，又阐释礼的理论及其伦理道德和思想内涵，其中有很多篇内容是对《仪礼》的直接解释。《周礼》文本出现晚于《仪礼》《礼记》，《周礼》以记载典章制度为主，其记载十分详密，大到朝廷制度，中到分邦建国，小至基层治理，有着复杂有序的制度体系。

除了“三礼”，经典文本还有十三经、先秦诸子及历代典籍等。《礼记·经解》中说：“其为人也温柔敦厚，《诗》教也；疏通知远，《书》教也；广博易良，《乐》教也；洁静精微，《易》教也；恭俭庄敬，《礼》教也；属辞比事，《春秋》教也。”

在中国古代，儒家经典通常被当作教书育人的工具，为实现人才培养和社会教化提供文本基础。同时，儒家经典对礼文化的传播效果也是被“制度化”的，这体现在科举制度中，这些儒家经典被认定为主要教材，成为儒生成圣成贤所必备的知识素养。艺术作品、碑刻楹联、姓名字号，都可见对儒家经典的引据或化用，这实际上已经成为一种浅层的文化意识。

文字为后世保存大事或商定的事情，使人能够储存那些经验，而不用费力去记忆。这些经典，让中国礼文化有字可据、有文可考，并且一以贯之地传承着礼的内在精神，既保证了礼文化传播的生命力，又实现了礼文化的推陈出新。当然，儒家经典的社会普及也使其成为一种“行动和思想的文本”，为社会现实提供精神层面的阐释和依据。

（二）礼仪：参与性媒介

在《周礼·春官·大宗伯》中，礼被分为吉礼、凶礼、军礼、宾礼和嘉礼，分别对应着祭祀、丧葬、军旅、宾客和冠婚等事宜，每一种礼都有着不同的功能。如“以吉礼事邦国之鬼神示”“以嘉礼亲万民”“以宾礼亲邦国”“以军礼同邦国”“以凶礼哀邦国之忧”等。这些礼仪通常以礼器为仪式工具，以建筑为仪式场所，以经典为仪式根据，以身体为仪式主体，可以说是媒介的综合体。

《礼记·昏义》云：“夫礼始于冠，本于昏，重于丧祭，尊于朝聘，和于乡射。”中国古代礼仪还可分为人生礼仪、社会礼仪和国家礼仪。人生礼仪通常指婚丧嫁娶，是一个人在人生中关键节点的过渡性礼仪。昏礼即婚礼，“昏礼者，将合二姓之好，上以事宗庙，而下以继后世也，故君子重之”，是两个人及家庭乃至家族的联姻。丧礼即丧葬之礼，在德布雷看来，葬礼是“人类最早的记忆方法，它将现在同过去以及未来结合起来”。孔子也重视葬礼，将“民、食、丧、葬”并重，认为这是重要的礼仪。祭礼是祭祀之礼，《礼记·祭义》有云：“祭者，教之本也已。”儒家主张“祭之以礼”“祭思敬”，因为“慎终追远，民德归厚矣”。

社会礼俗包括各种节日庆典，如春节、清明节、端午节、中秋节等，是一个社会在每年定期举行的重复性礼仪，还包括社会交往的特定礼仪，如乡饮酒礼是乡人宴会饮酒之礼。礼仪作为交往的仪式，其功能在于交往双方通过交流达到感情的理解与沟通，交往的愉快既是各自情感与心理的满足，又是双方继续交往的动力。国家礼仪通常涉及国家领导和政治活动，如祭天之礼、祭孔之礼、邦交之礼（聘礼），是权力的集中展示和文化的官方肯定，更有利于确认政治事实和国家秩序，实现国家的安定团结。

礼是人际交往或者沟通人神的仪式。仪式与典籍有明显的不同，因为仪式具有很难用文字记录下来的多媒介的复杂性，不断重复的仪式便构成了保证文化一致性的基础和中坚力量。同时，节日和仪式定期重复，保证了巩固认同的知识的传达和传承，并由此保证了文化意义上的认同的再生产。仪式作为礼文化的传播媒介，要求集体成员的共同表演和参与，有利于实现文化认同的强化和文化记忆的共享。通过这些仪式，个人情感得以表达，社会秩序得以维护，礼文化也得以确认和传播。

（三）建筑：无声的传播媒介

美国传播学家威尔伯·施拉姆把包括石雕、纪念碑、泰姬陵、金字塔和教堂等在内的建筑物统称为“无声的媒介”，认为这些建筑“不仅召唤人群、传播生活方式，而且传递民族的历史、讲述其对未来的希望”。中国古代礼制建筑同样属于“无声的媒介”，它连接着礼的文与质、名与实，在实用功能之外，还体现出丰富的精神内涵。

以孔庙为例，孔庙是奉祀孔子庙宇的通称，也是列入国家祀典的礼制庙宇。在古代，孔庙是综合了祭祀、教育、传播、交流等多重属性和功能的建筑群体，孔庙建筑的每一部分都有其文化意蕴，可谓是中国礼文化在建筑中体现及传承的典范。

孔庙采用“庙学合一”的建筑布局，因此，孔庙不仅是祭奠先师孔子的仪式空间，还是传道授业的教育机构，更是法国历史学家皮埃尔·诺拉所言的“记忆之场”。这个凝聚着神圣与世俗的空间传播着礼文化，同时，记忆也被共享，成为社会记忆，印刻在人们的日常生活之中。

建筑作为实体空间，是一种无声的媒介，具有持久的媒介特征。物质化或者是建立成纪念性建筑物，实际上多多少少是要使事物形成群体，产生某个地方，使其得以延续。依照传播偏向论，建筑是思想的物化象征，传播和传承着人类的思想和文明。

中国古代礼制建筑具有强烈的时间偏向，可以穿越历史时空，见证和传承文明的兴衰起伏。尼克·史蒂文森认为，由于偏倚时间的媒介能与具体地方的物质在场非常紧密地联系在一起，它们相对来说是稳定的社会现象，能将过去、现在和将来联结在一起。礼的建筑媒介，将无形的礼的传播得以空间化和时间化，如同为礼建构出存在的场域，既在空间层面具体地展现出政治权力和社会秩序，又在时间层面实现着礼的观念的传承和流变。

（四）礼器：器以藏礼

礼，古体为“禮”，左侧偏旁从示，右边“豊”即器皿。礼器即行礼的器物，从字源来看，也暗示着礼必须借助媒介才能进行。《左传·成公二年》有言：“信以守器，器以藏礼。”《周易·系辞上》也指出：“形而上者谓之道，形而下者谓之器。”可见，礼义是形而上的原则，礼器是形而下的实物，礼器寓含礼义，典章礼法、仁义忠信的内涵在礼器中都有所体现，使用何种礼器行礼，以及如何组合礼器，都传达着礼义的信息。礼器也成为礼的一种物质载体，是传统伦理及礼制的投射，具有重要的传播功能。

礼器的范围很广，主要有食器、乐器、玉器等，其主要媒介特征在于它服务于非生产性目的。有学者认为，当某种实用器物在社会交往中被赋予超出其直接使用价值以上的意义时，就会形成符号象征物的礼器。最早超出使用价值的器物，是人们饮食中使用的食器和酒器。礼器依照材质分类，主要包括青铜器、玉器和陶器。其中，青铜礼器是最为明确有力的象征物，它们象征着财富，因为它们自身就是财富，并显示了财富的荣耀；它们象征着盛大的仪式，让其所有者能与祖先沟通；它们象征着对金属资源的控制，这意味着对与祖先沟通的独占和对政治权力的独占。

礼器是一种社会地位的象征和尊卑等级的标志物，礼通常由礼器的大小、多少或繁简等来表示礼数的高低。周礼规定：礼祭天子九鼎，诸侯七、大夫五、元士三也。《礼记·礼器》说："宗庙之祭，贵者献以爵，贱者献以散。尊者举觯，卑者举角。"学者巫鸿的观点和张光直不谋而合，认为这些礼器具有纪念碑性，而在这纪念碑性背后是其所有者拥有"浪费"这些人工的能力。他写道："中国古代的青铜礼器，包括珍贵的礼仪性玉、陶器，实际上就是在'浪费'和'吞并'生产力。而正是因为这些人造的器物能够如此'浪费'和'吞并'生产力，它们才得以具有权力，才能够获得它们的纪念碑性。"

更为重要的是，礼器是礼文化传播的器物媒介。以玉器为例，汉代许慎在《说文解字》中解释："玉，石之美者，有五德。润泽以温，仁之方也；解理自外，可以知中，义之方也；其声悠扬，尊以远闻，智之方也；不挠不折，勇之方也；锐廉而不技，洁之方也。"玉器通常与"德"相联系，象征仁、义、智、勇、洁五种君子品德，因此，"君子比德于玉焉。温润而泽，仁也"。中国诗词中的"化干戈为玉帛""宁为玉碎，不为瓦全"等观念也都反映出礼文化推崇的处世之道。

此外，礼器还通常被看作是一种沟通天地的媒介，尤其在祭祀活动中，礼器充当着连接生死人神的中介，获得上天的启示以指导人事。因此，礼器强烈的象征性与普通器物的实用性，构成了神圣与凡俗的对比关系。从媒介学来看，礼器从一地传往另一地，凝聚和反映在礼器中的文化内涵，也会伴随着传播出去。而在时间层面，器物也是一种媒介，尤其是古董，往往是历史记忆的携带者，连接着一个政治的、象征的、情感的或者文化遗产的网络，并跨越历史长河。礼器作为一种传播媒介，它也是一个"记忆的携带者"，连接着过去与现在，既是礼文化的具体表达形式，也是礼文化的历史性传承载体。

（五）身体：非语言媒介

麦克卢汉有言："媒介是人的延伸。"他认为任何媒介都是对人体感官的延伸，但反过来讲，身体则可以看作最为基础的媒介。在古代社会，媒介技术尚处于印刷阶段，礼文化的传播除了依靠珍贵的儒家典籍，还依靠人的身体实践。相对于固定的礼器、建筑和书写内容，身体是一种非常关键的“非语言媒介”，正如威尔伯·施拉姆所言“大部分传播不需要借助语词”，身体媒介具有灵活的流动性，儒生的言传身教、社会交往和建构活动，都成为礼文化传播的重要方式。

中国礼文化要求个人通过“克己修身”，以身作则，推己及人，来达到天下复礼归仁。《论语·学而》说：“巧言令色，鲜矣仁。”花言巧语，虚情假意，是缺乏“仁”的表现，传播应该注重真情实感。孔子还提出“不学礼，无以立”，要求“非礼勿视，非礼勿听，非礼勿言，非礼勿动”，认为“其身正，不令而行；其身不正，虽令不从”。一个人的行为正当，不发命令也办得通，否则发命令也无人听从。

《礼记·杂记下》说：“颜色称其情，戚容称其服。”除了行礼者的容貌体态，与身体紧密联系的服饰，也是一种重要的装饰媒介。《礼记·玉藻》说：“玄冠朱组缨，天子之冠也。缁布冠缋緌，诸侯之冠也。玄冠丹组缨，诸侯之齐冠也。”服饰是个人修养的基本，是群体身份的标志，更是社会地位的象征。再如冠礼，“已冠而字之，成人之道也”，男子及冠就标志着成人，就要担负起成年人的责任。

“身体”在传播教化中具有十分突出的作用，其特点是渗透式的“行胜于言”，以示范、模仿、感染、暗示等方式为主，体现出中国礼文化区别于西方文化的特别之处。这种差异实际上源自两种不同的“身体观”。美国哲学家安乐哲认为西方主张人的灵魂和肉体相互分离、二元对立，而中国则强调人是一种身心交融的过程，借助“活着的身体”，礼成为一种表现方式。中国推崇“桃李不言，下自成蹊”的身体媒介，而西方则推崇雄辩与修辞的口语媒介，中国推崇“润物细无声”的教化传播，而西方则推崇魔弹论的强效果传播，这都表明身教实践对于一个人“身心交关”、成圣成贤的意义，以及身体媒介在中国礼文化中的重要性。

三、中国礼的价值诉求

“每一种伟大的文明在开始阶段所选择的方向，对型铸后世的价值取向都会有关键性的作用。”德国哲学家雅斯贝斯在《历史的起源与目标》一书中，提出了轴心时代的理论，认为人类历史曾出现过超越性的突破，而中华文明的轴心时代起点就源于孔子。

孔子是中华文明的关键人物，上承夏商周文明之精华，下启中国千年思想之正统。中华文明的超越性突破在于孔子“重人事，远鬼神”，借助“仁”对“礼”进行理性阐释，为中华文明的发展指引方向，更奠定了人类交往的原则、秩序、规范和理想。

“礼”是伟大礼仪明确而细致的模式，那种伟大的礼仪就是社会交往，就是人类生活。礼包含着社会交往的行为准则、文化模式、价值体系以及传播理念。其中蕴含着丰富的传播思想和传播价值，是中国传播思想及理论中最重要、最具特色的部分。

“修身、齐家、治国、平天下”，这是中国礼所推崇的人生之道，分别对应着个人、家庭、国家和天下。礼既是社会交往的手段和工具，也是人类社会的价值和追求，从个人推及天下，具有不可忽视的价值理性。

（一）仁、义、礼、智、信的交往规范

“仁、义、礼、智、信”被称为儒家的“五常”，是一个人成人立业应该拥有的五种基本德性。在《论语》中，“仁”是出现频次最高的字词，其含义涉及礼乐、伦理、道德、政治等诸多方面，包括孝悌、忠信、礼义、廉耻等内容。美国学者赫伯特·芬格莱特认为，“仁”是一个心理学意义的概念，强调个体、主观、特性、情感和态度。

在《论语·颜渊》中，“仁”被描述为“克己复礼”和“仁者爱人”。“克己复礼”是“仁”的向内探索，“爱人”是“仁”的向外推展，两者看似相背实则统一。“仁”是五常之中最为核心的德性。如冯友兰先生所言：“仁是四德之一，是一种道德伦理概念，仁还是全德之名，是一种最高的精神境界。”

“义者，道也”，即“义”是人之为人之道。“君子义以为质，礼以行之，孙以出之，信以成之。”孔子认为，君子应当以正义为本质，通过礼制实行它，用谦逊的语言表达它，守住信任完成它。“君子喻于义，小人喻于利。”“君子义以为上。君子有勇而无义为乱，小人有勇而无义为盗。”孔子将“义”看作个人行为的评判标准。“义”是一种人生观和价值观，既反映出礼在实际践行中所遵循的规律，又阐明了人际交往的必备原则。

《论语·季氏》有言：“不学礼，无以立。”“礼”是人在社会交往中的基础德性，具有灵活的动态性。在“礼仪”的层面，“礼”是个人在社会生活中具体的交往规范，正如上述所言，从婚丧嫁娶到待人接物，从人际往来到国家外交，都遵循着礼仪规定。在“礼义”的层面，“礼”是一种内在情感和精神追求。礼义为体，礼仪为用，礼义是礼仪的根本依据，礼仪则是礼义的表达方式，两者合而为“礼”。

“智”为“五常”之一。子曰：“仁者安仁，知者利仁。”孔子认为，真正的智者，擅长实践仁德。“智”也是“三达德”（仁、智、勇）之一，《论语·宪问》中说：“君子道者三，我无能焉：仁者不忧，知者不惑，勇者不惧。”“智”不仅涉及对事物的认知、处理问题的能力和对知识的运用，还属于道德实践范畴。“智”是处理五伦关系不可缺少的德性。

在《论语·述而》中有“子以四教：文、行、忠、信”，孔子将“信”视为四种德行教育之一，更认为“人而无信，不知其可也”，可见“信”的重要性。同时，“信，诚也”，古人以信与诚互训，可见两者的紧密联系。诚信是言行一致、行必求果的交往规范，保证了礼仪的真实性，也是一个人怀着真诚之心处事交往的原则。

中国礼文化中详尽周全的礼仪规范背后，是仁、义、礼、智、信的德性品质和交往规范。在儒家看来，道德是在人与人交往的具体行为中实现的，这些行为的共同模式则为礼。礼是相互尊重的表达，也是人际关系的人性化形式。因此，礼的传播思想不仅关乎个人道德，还关乎社会价值，其本质不是功利化的工具理性，而是人类交往的价值理性。这种传播思想既约束着人的行为，又提升着人的修养，更帮助个人连接他人、参与社会、培养和维持社会交往关系，共同影响着人们的道德思想和生活。

（二）止于至善的人文理想

《礼记·大学》说：“大学之道，在明明德，在亲民，在止于至善。”“大学”的宗旨，在于弘扬人们光明的德性，在于教育人们亲爱人民，在于使人们达到至善的目标。在中国礼文化中，“止于至善”是一种德性品质的目标，代表着一个人在道德层面所能达到的境界，也是礼的传播思想中具有重要价值的人文理想。

对社会而言，礼是规范人际关系和社会秩序的要求。而德性则是一个人的道德自主性，它让礼更具有现实意义，使得礼从抽象的精神和规范落实为具体的实践和行动。

对德性的无尽追求是儒家极具连续性的人生态度。“择其善者而从之，其不善者而改之”，“见贤思齐焉，见不贤而内自省也”，散见于《论语》各处的关乎德行心性的箴言，既提供了个人修身的建议，也营造出良好的社会风气，更树立了一种高尚的人格目标，如“贤者”“君子”“圣人”等。这些教化承诺和人格目标，与西方信仰所提供的精神依托具有明显的差异，它们是此刻的、现世的，成圣成贤更是一种可以抵达的境界，指引着人们向“德”和“至善”的境界迈进。

礼所蕴含的止于至善的人文理想，是注重情感和德性的，既是对传受双方各自的修养规范，也是对两者关系的理想追求。它兼顾“克己修身”和“爱人”，既包括锤炼心性的要求，又蕴含言行举止的规范。同时，“爱人”也具有层次，小则“己所不欲，勿施于人”，大则“博施于民而能济众”。因此，止于至善的人文理想，既“以人为本”，又“以和为贵”，突出个体的能动性和创造性，还强调其在社会交往中的调试作用，体现出礼的传播思想和人文精神。

（三）文明和谐的社会秩序

《论语·学而》有言：“礼之用，和为贵。”《礼记·曲礼》说：“道德仁义，非礼不成；教训正俗，非礼不备；分争辩讼，非礼不决；君臣上下，父子兄弟，非礼不定；宦学事师，非礼不亲；班朝治军，莅官行法，非礼威严不行；祷祠祭祀，供给鬼神，非礼不诚不庄。”可见，中国礼文化推崇和合精神，“和”借礼实现，社会因礼而达到一种和谐、和睦、和善、和美的秩序。

孔子追求平等公正的社会生活，“不患寡而患不均，不患贫而患不安”，认为平等比财富重要，安定比混乱重要，所以不患贫、不患寡，而患不均、患不安。当今中国社会对公平公正的追求，“脱贫攻坚战”的实施，都来自这种思想渊源。孔子还论述了义与利、名与实、惠与不费、劳与不怨、泰与不骄等概念之间的关系，主张中庸和合之道，反对极端化的思想和行为，在社会交往中强调“过犹不及”“和而不同”“致中和，天地位焉，万物育焉”。

孔子主张的文明和谐的社会秩序，除了依靠基本的法律维持，最主要的还是依靠礼制和礼治来达到以礼教民、以德化民的效果。《论语·为政》里说：“道之以政，齐之以刑，民免而无耻。道之以德，齐之以礼，有耻且格。”孔子认为，用政令和刑法来治理百姓，只会使他们求得免于罪罚，而无廉耻之心；用道德引导百姓，用礼制教化他们，则会让民心归服。“远人不服，则修文德以来之。既来之，则安之。”用道德感化他人，并加以安抚，方可维持和谐稳定，进而实现大同社会。

追求和谐是中国礼文化的重要特征。《礼记·乐记》中说：“乐者，天地之和也；礼者，天地之序也。和故百物皆化，序故群物皆别。”孔子的理想是通过礼仪与礼俗培育自我与他人，树立不同等级之间的关系意识和伦理观念，形成一种文明和谐的社会秩序。“己所不欲，勿施于人”，这是社会关系中最为基本的规范，由此推演出的推己及人、以礼待人、“己欲立而立人，己欲达而达人”等主张，都彰显着孔子提倡的“敬让之道”以及“和合”的价值追求。

（四）天下大同的永恒追求

中国礼文化强调连续、动态、关系和整体。陈来说：“每一事物都是在与他者的关系中显现自己的存在和价值，故人与自然、人与人、文化与文化应当建立共生和谐的关系。”作为人际交往的中心，个人始终是礼文化的焦点，他“不是作为孤立的个体，而是作为活生生的群体——家庭、乡里、国家和世界——的积极参与者而出现的”。在儒家思想中，个人和天下具有同构性，个人只有在家庭、社会、国家和世界中，才能通情达理、安身立命，乃至成圣成贤。

礼不仅对个人修身有意义，对社会更有提升社会精神文明的移风易俗之作用。在国与国的关系上，“好礼”则体现了尊重其他国家和人民的行为方式。在“世界”或“天下”层面上，礼更是儒家执着不懈的永恒追求。《礼记·礼运》说道：“以天下为一家，以中国为一人”。这体现出来礼的传播理想，即为和平大于纷争、天下高于国家，对世界大同的理想充满憧憬。

《礼记·中庸》说：“凡为天下国家有九经，曰修身也、尊贤也、亲亲也、敬大臣也、体群臣也、子庶民也、来百工也、柔远人也、怀诸侯也。修身则道立，尊贤则不惑，亲亲则诸父昆弟不怨，敬大臣则不眩，体群臣则士之报礼重，子庶民则百姓劝，来百工则财用足，柔远人则四方归之，怀诸侯则天下畏之……送往迎来，嘉善而矜不能，所以柔远人也；继绝世，举废国，治乱持危。朝聘以时，厚往而薄来，所以怀诸侯也。”

从自我修身到礼教天下，儒家提倡“宣德化以柔远人”，用德教的方式来教化四民、善待远人，吸引他们归服。《论语·颜渊》里说：“君子敬而无失，与人恭而有礼，四海之内，皆兄弟也。”中国礼文化崇尚富而不骄、强而好礼的德性，即使国力强大，也不去威胁和侵犯弱者，而是用礼去感化人心。天下大同既是中国对世界结构的想象，也是礼文化的永恒追求。这种天下观指导着中国的对外政策，不主张对外扩张，而是以安边为本，和睦邻为贵，推崇礼尚往来、厚往薄来。

四、中国礼的当代价值及其启示意义

礼是一套文化表意系统和沟通模式，是中国人日常沟通的主导形式。纵观中国历史，汉代董仲舒“罢黜百家，独尊儒术”，奠定了礼的基础，宋代又对礼推陈出新，重新阐释礼学。但是，由于礼的烦琐与束缚，在近代新文化的浪潮中，中国礼文化遭到抨击与批判，甚至被贬为毫无价值的末流。然而中国礼文化有着重要的价值，在中国古代，礼维系着人伦关系和社会秩序，既有世俗狂欢的一面，也有神圣庄重的一面，塑造出“天下”体系内的文化共同体，发挥着“以礼化民，以礼造族”的重要作用。在当今中国，优秀传统文化的价值被重新肯定，习近平总书记更是表示儒家思想在内的中华优秀传统文化中蕴藏着解决当代人类面临的难题的重要启示，中国礼具有穿越时空的当代价值。

（一）文化自律，责任担当

《礼记·大学》有云：“心正而后身修，身修而后家齐，家齐而后国治，国治而后天下平。”这句话被后世转述为“修身、齐家、治国、平天下”，这成为儒家的处世之道的精髓。在这一处世之道中，终极目标是“平天下”，但其最初的要求是个人的“修身”，即个人的“克己”和“慎独”。中国礼的当代价值就体现在一个人的“克己复礼”和“文化自律”。

文化自律体现在个人身上，实际上就是道德约束，是对自身修养的要求和提升。用杜维明先生的话讲，就是“学做人”，意味着“审美上的精致化、道德上的完善化和宗教信仰上的深化”。自我约束一方面来自文化环境的内部性建构，另一方面则来自儒家道统的召引。在儒家思想中，自我约束包含着自觉禁欲的成分，“为己之学”需要高度强大的自律。这种自律表现在“头悬梁”“锥刺股”，表现在“闻鸡起舞”“凿壁偷光”，这些都可以看作一种儒家的“苦行”。

同时，安乐哲认为“礼”使人处于有意义的、交互的角色之中，并处于和他们的家庭及群体之间的关系中。区别于道家和佛家的个人主义的避世，儒家的“自我”，指的是“各种关系的中心，一种具有群体性的品质，它从来没有被看成一种被孤立的或可孤立的实体”。在“克己”修身的过程中，修身是核心，入世是为了修身，修身又是为了更好地承担社会赋予自己的角色，这正体现出了“修身、齐家、治国、平天下”的文化逻辑。通过修身式的文化自律，“一日克己复礼，天下归仁”，每个人的修养都得以提升，整个社会的文明也就走向进步。

当前社会存在着的诸多只关心个人得失、缺乏公共意识的个人主义现象，还出现了不同程度的危机：拜金主义、信任缺失、道德滑坡。而儒家主张积极入世，参与政治生活，这是因为礼作为一种中国特有的道德体系，具有人文教化、道德提升，以及疏解焦虑、重建秩序的作用。中国礼具有重要的当代价值，从自我推及他人，从个人走向公共，当前提倡的社会主义核心价值观，与“仁”“善”“谦让”“诚信”“忠孝”“和谐”等礼的观念一脉相承。中国当代知识分子和古代的儒生一样，都不应仅是局限在自我之中，而应参与社会、关心天下。

（二）社会教化，重德重情

礼，像语言一样，是交流和自我表达的一种形式。一个人若不逐渐知晓礼的语言，就不能成为社会的全面参与者。人的成熟，依赖于创造性地获得群体共同规定的价值。在当今社会，礼仍然承担着社会教化的重要功能。《周易·贲卦》说：“观乎人文，以化成天下。”教化可以被理解为向社会推行道德教育的重要手段。礼以“仁”为核心，以“礼”为外化，通过社会教化，对个人进行道德培育和人格养成。

中国历来推崇身教实践，重视榜样的力量，君子可以说是其中最具代表性的教化者。“古之君子，进人以礼，退人以礼”，如果说圣人是礼的终极目标，那么君子就是礼的具体实践者，其人格特质在《论语》中表现为“坦荡荡”“求诸己”“泰而不骄”“欲讷于言而敏于行”等。君子是每个人通过教化培育都可以达到的人格境界。在当代中国，君子已经被创造性地转化为“最美孝心少年”“最美教师”“感动中国人物”等具有高尚品质的社会楷模，但他仍然是最为生动的礼的传播者，为社会树立崇高的标杆，发挥着垂范作用。

礼的社会教化功能，是一种多层次的体系，因为人从落地伊始就被理解为受独特的、相互作用的关系模式影响和培育，而不是孤立的存在。在君子作为道德模范之外，家庭通常承担着初级的教化职责。父母长辈是教化过程中的启蒙者和引领人，是被后代晚辈模仿学习的对象。学校是重要的社会教化机构，在中国古代，孔庙和书院都承担着传道授业的职责。个人通过学习儒家经典，传承儒家道统，而成为一个“儒生”，这也是个人进入政治领域的必需途径。在当代社会，教师成了知识的传播者和人格的培育者，推动着个人的成长成才。

乡里是又一层次的教化者。“一方水土养一方人”，自然地理和文化风俗都是“地域性”的教化者，乡俗民约对维系礼文化有着重要作用。而在互联网蓬勃发展的当下，地域已经不再是限制个人发展的关键因素。社会教化通常是“潜”“默”的，它可以使得个人长时间地沉浸其中，将伦理道德自然而然地内化于心，践诸日常；使“自我”由身向家、由家向国、由国向天下层层推展，转变成一个胸怀天下的“大我”。

现代社会是一种经济社会，讲求得失、权衡利弊，充满着功利气味，但凡事不能只以经济标准作为尺度考量。有学者认为：“‘礼’为中国社会提供了一种难得的‘道德资本’。一旦这种资本被人为摧毁或自行流失之后，就不可能重建道德与法律秩序。”对于一个民族、一个国家来说，礼是一套社会生活的规范体系和理想社会的实践方式，在功利价值之上，发挥着伦理价值功能。现代人仍需要终极关怀、价值理想、人生意义、社会交往，儒家文化价值体系的承继与转化，至少对中国文化主导的社会仍有十分重要的意义，礼也将源源不断地为中华儿女的社会生活、文化自信的树立，以及中华民族的伟大复兴提供精神养料。

（三）文明重塑，和而不同

礼在中国文化中占据着核心位置，发挥着治国安邦的重大作用，为人们提供了最广泛的认同。礼是道德的标准、教化的手段、是非的准则，是政治关系和人伦关系的分位体系，具有法规的功能，也有亲合的作用。在中国，礼与法发挥着同等作用。法国汉学家汪德迈曾说：“礼治是治理社会的一种很特别的方法。除了中国以外，从来没有其他的国家使用过类似礼治的办法来调整社会关系，从而维持社会秩序。”

以礼治国是中国文化最突出的特色，礼的行为规范有利于社会秩序的维持，也有助于“新天下主义”的实践。传统中国的“天下”是以中原为中心对世界空间的想象，也是一套关乎真善美之道的文明价值体系。随着地理大发现和科技革命，世界正在浓缩成为“地球村”，国际交往更为密切，地理层面的天下想象已被消解，但文明层面的天下价值体系还发挥着作用。礼就是天下价值体系的核心部分，礼所包含的尊重、关爱、美好、友善等具有公共性的观念，不仅仅是中国独有的，也是世界共享的，更是全人类普遍人性的核心价值。这种价值不仅会为中华民族提供文化认同，还会超越出民族文化上的你和我、我们与他者，与普世文明产生联系，成为一种放之四海而皆准的“人类价值”。

当代中国重返世界舞台，努力构建人类命运共同体。但诸多文明的相遇，势必会带来塞缪尔·亨廷顿所言的“文明的冲突”：在这个新的世界里，最普遍的、重要的和危险的冲突是属于不同文化实体的人民之间的冲突。如何调适不同国家、人群和文化，是个关键的问题。事实已经证明，礼绝不过时，虽然“礼是古代诸侯国关系调节的法则”，但礼的精神与帝国主义、霸权主义是对立的。礼重“理”，而不崇尚“力”，礼是王道，不是霸道。其精华可以为当今时代所用，甚至可以起到文明重塑的作用。

从中国礼的传播思想中，我们也可以获得解答，“和而不同”的交往观提倡的是“文明对话”：这种对话不是说服和压制对方，而是在自我反思之时了解对方，也利用对话的机会让对方倾听和了解我们的文化。文明对话中的新天下主义有“对普世伦理秩序的理解和追求，它不需要敌人，其现实目标是化敌为友，将对抗性的敌我关系转变为平等对待、互通有无的互市关系，而最高理想是怀柔天下，建立普世性的世界伦理共同体”，进而寻求和扩大彼此共有的价值观、制度和实践，减少冲突、和平共处，让人类向更加美好的世界前行。

五、结语

《历史的起源与目标》一书中说：“直至今日，人类一直靠轴心期所产生、思考和创造的一切而生存。每一次新的飞跃都回顾这一时期，并被它重燃火焰……轴心期潜力的苏醒和对轴心期潜力的回忆，或曰复兴，总是提供了精神动力。”

礼一次又一次地被复兴，也一次又一次生发出新的生命力，这是因为礼的功能和作用可以维系社会生活的有序性。礼作为中国独特的文化传统和人类追求的永恒价值，已经成为一种隐性的文化基因，内化于心、外化于行，具有穿越时空、历久弥新的力量。当前，我们正为建设文明中国，重塑礼仪之邦，实现中华民族伟大复兴而努力，礼文化腐朽落后的糟粕自然应当舍弃，而其中弘扬真善美的美好价值，与社会主义核心价值观相呼应，更与普世性的人类价值共享，这也应该被肯定和弘扬。

当代中国，新媒介技术正在对礼文化进行新表征，如文化类影视节目中

“礼的展演”，祭孔仪式的网络同步直播，国家公祭网的在线祭奠等。礼是中华民族发展壮大的丰富养料，也是文化自觉和文化自信的必备条件。在与西方文化的交流碰撞中，只有理解中国礼的传播与传承模式，发挥“媒介域”的多重功能，并坚持创造性地转化、发展和继承中国礼的思想价值，才能为当代中国固实文化底蕴，增强文化软实力，为世界文明做出独特贡献，实现天下大同的历史梦想和人类命运共同体的伟大宏愿。

《道德经》在英语世界的传播与接受研究

杨玉英

长江师范学院外国语学院教授，文学博士。主要从事英美文学和文学翻译教学。研究方向为英美文学、比较文学和海外汉学。近年来主要从事“中国经典在英语世界的传播与接受”系列研究。已出版个人学术专著8部，译著1部。主持各级别课题15项，其中国家社科基金课题1项、教育部课题1项、省部级课题3项。发表相关学术论文60余篇。

一、“中国经典在英语世界的传播与接受”系列研究

（一）英语世界的郭沫若研究

（二）英语世界的毛泽东诗词与文艺理论研究

（三）英语世界的苏轼英译研究

（四）英语世界的《孙子兵法》英译研究

（五）英语世界的《道德经》英译研究

（六）《孙子兵法》在英语世界的传播与接受研究

（七）《道德经》在英语世界的传播与接受研究

（八）马立安·高利克的中国现当代文学研究

外国学者以英语为母语或外语撰写的，以中国经典为研究对象的译作、论文、专著、书评、引文等，皆在此研究范围之内。

二、对“中国经典在英语世界的传播与接受”进行研究的目的与价值

一是在全球化日益加深的今天，中国和西方都需要从自身的传统和对方的视角来客观、全面地认识自己。异质文化、异质文明间只有通过不断的交流、对话，才能真正做到了解与沟通。“中国经典在英语世界的传播与接受研究”对异质文化语境中中国经典的传播与接受研究的系统研究能开阔国内相关研究者的视野，让我们听到来自异域“他者”不同的声音，从而促使我们从不同的视角对自己的文化与学术研究进行反思。

二是“中国经典在英语世界的传播与接受研究”全面收集、整理了“中国经典”在英语世界传播与接受研究的第一手英文文献资料，为其他相关的研究者做了很好的学术准备。

三是“中国经典在英语世界的传播与接受研究”借鉴比较文学的研究范式，尤其注重从中西文化的异质性、文本流传过程中读者对异质文化的接受、过滤、误读与误释等方面来分析西方研究者对选题的取舍、美学的诉求以及中西“中国经典”研究的互动与借鉴，对拓宽中国经典研究的领域，促进国内外中国经典研究的交流与发展有相当的积极作用。

三、“《道德经》在英语世界的传播与接受研究”之国内外相关研究动态

总体说来，英语世界的《道德经》研究相当积极、踊跃，《道德经》英译文本达 124 个，新世纪的《道德经》应用研究成果更是一个接一个相继面世。在 ProQuest 硕博论文库中输入关键词 Dao De Jing、Tao Te King、Lao Tzu、Lao Zi、Daodejing、Lao-tzu、Laozi、Tao Te Ching、Taoteching 等，可检索到与《道德经》或“老子”相关的硕博论文 34 篇。此外，英语世界还有 151 篇学术期刊论文、15 篇会议论文论及《道德经》或“老子”。

但国内关于英语世界的《道德经》研究之研究的成果却不容乐观。从收集到的资料来看，相关研究专著仅有辛红娟根据其 2006 年同名博士论文改编的《〈道德经〉在英语世界——文本行旅与世界想象》（2008）和易鸣

的《从接受理论视角看〈道德经〉在英美的翻译》（2006）等两种涉及英语世界的《道德经》英译研究情况。此外，从不同切入点研究《道德经》英译的硕士论文有36篇，如曹宏的《从阐释学角度分析〈道德经〉多译本现象》（2008）、崔莹的《论意识形态对译者的操纵——〈道德经〉两英译本对比研究》（2011）、李怡青的《从后殖民女性主义角度看〈道德经〉的三个英译本》（2010）、梁萍的《〈道德经〉第三十三章的英译个案研究：翻译原型取向》（2011）等涉及英语世界的《道德经》英译研究情况。但这些研究涉及的英译本都不完整、系统、准确。此外，期刊上还有陈师瑶的《从功能对等看〈道德经〉中'名'的英译——以Arthur Waley，D.C.Lau，Victor H.Mair三个英译本为例》（2010）、焦艳的《〈道德经〉英译研究综述》（2011）、吴宾凤的《〈道德经〉四种英译本之误译辨析》（2011）、辛红娟的《追寻老子的踪迹——〈道德经〉英语译本的历时描述》（2008）、袁臣的《〈道德经〉中文化负载词英译对比研究》（2011）、周岷的《〈道德经〉首章四种英译本述评》（2010）等29篇涉及英语世界的《道德经》英译研究情况。由中国社会科学院文学研究所主办的"中国文学网"上陈才智的文章《〈老子〉研究在西方》提及英语世界的《道德经》英译类别有34种，其中有译著、硕士论文、学术期刊论文。而对《道德经》在英语世界各领域的应用研究成果的系统整理，至今完全是一片空白。

英语世界的《道德经》研究之研究的情形就更不如人意。到目前为止，只有2008年出版的阿莱斯特·克罗利和德怀特·戈达德的学术专著《〈道德经〉的六个全译本》评介《道德经》的六个英译文本。期刊上仅见德尔克·博德1954年发表在《美国东方学会会刊》上的《〈老子〉的两个新译本》、吴光明1993年发表在《东西方哲学》上的《梅尔、拉法格、陈对〈道德经〉的解读》、多米安·贝尔和香农·费拉2000年发表在《亚洲哲学》上的《对〈道德经〉英译本的比较与分析》以及史蒂芬·尚克曼2006年发表在《中国哲学季刊》上的《菲利普·艾凡赫的老子〈道德经〉与莫斯·罗伯茨的〈道德经〉：道之书》。另有德国波恩大学教授汉斯·穆勒在其专著《〈道德经〉之哲学》中简略提及《道德经》的14个英译本。

除这些研究成果外，总体的研究几乎没有，更不用说有专著出版。

四、研究内容

我此次的研究对象是"《道德经》在英语世界的传播与接受"，以英语世界的《道德经》英译文本和应用研究成果为主要研究对象。研究内容和篇章结构均参照了即将出版的专著《〈孙子兵法〉在英语世界的传播与接受研究》。除序、附录、后记和翔实的参考文献外，正文分为两个部分共五个章节。

第一部分为"《道德经》在英语世界的传播研究"，共有两章。

第一章为"《道德经》在英语世界的英译研究"，分三节分别对19世纪英语世界的《道德经》英译研究、20世纪英语世界的《道德经》英译研究和21世纪英语世界的《孙子兵法》英译研究情况做了翔实的梳理，并对每个时期具有典型特征和重要影响的译本之重要内容做了译介。

第二章为"比较视野下英语世界的《道德经》传播研究"，从七个方面对比较视野下英语世界的《道德经》英译本做了分析阐释：一是以马王堆汉墓出土的《道德经》帛书本为底本的英译比较研究；二是以郭店楚墓出土的《道德经》竹简本为底本的英译比较研究；三是以王弼《老子注》为底本的英译比较研究；四是亚瑟·韦利的《道德经》英译比较研究；五是托马斯·克利里的《道德经》英译比较研究；六是韩禄伯的《道德经》英译比较研究；七是迈克尔·拉法格的《道德经》英译比较研究。

第二部分为《道德经》在英语世界的接受研究，共有三章。

第一章为"《道德经》在英语世界的应用研究"，从八个方面展示了《道德经》在各个领域的应用研究情况：一是《道德经》与政治；二是《道德经》与领导才能；三是《道德经》与经营管理；四是《道德经》与教育；五是《道德经》与宗教；六是《道德经》与医学；七是《道德经》与社会和谐；八是《道德经》与日常生活。通过具体的文本阐释向读者展示了《道德经》在各个领域的丰硕研究成果。

第二章为"比较视野下英语世界的《道德经》接受研究"，分九个小节从比较的视野梳理了《道德经》与其他西方经典的相似性，或是《道德经》对其他西方经典的影响，或是《道德经》与其他西方经典对后世各个方面的影响：一是道与逻格斯：老子与海德格尔；二是道与逻格斯：《道德经》与《约翰福音》；三是《道德经》与阿奎纳的《形而上学》；四是《道德经》与普塔霍特普的《箴言集》；五是《道德经》与维特根斯坦的《逻辑哲学论》；六是《道德经》与弗雷德里克·皮尔斯的《完形治疗法》；七是《道德经》与威廉·戴明的《十四法》；八是《道德经》与保罗·弗莱雷的《受压迫者教育学》；九是《道德经》与《蛙氏教义书》。

第三章为"《道德经》在英语世界的传播与接受研究对中国经典研究的启

示与借鉴”，从英语世界学者在研究《道德经》的过程中所表现出的特别的研究视角、研究范式和接受态度等探讨其对中国经典研究的启示和可资借鉴之处。

附录为本成果的重要组成部分。附录一为“安乐哲英译本所依郭店楚墓出土《道德经》竹简本底本”。附录二为“刘殿爵英译本所依王弼《老子注》底本”。附录三为“安乐哲英译本所依郭店楚墓出土《道德经》竹简本中的《太一生水》原文及译文”。附录四为“韩禄伯英译本所依郭店楚墓出土《道德经》竹简本中的《太一生水》译文”。

后记“找寻老子”向读者交代了本研究的缘起和找寻《道德经》研究资料的艰难过程。

五、研究的基本思路与方法

（一）研究思路

本课题的一大特点就是其多学科性。《道德经》在英语世界的传播与接受时间较长，横跨三个世纪，研究成果丰硕，涉及政治学、宗教学、哲学、美学、语言学、教育学、文学、医学、翻译学、传播学、社会学、历史学和管理学等众多领域，对其展开全面、系统的研究必然要借鉴相关学科的研究方法，进行多视角、多层次的系统研究。除为老子学、宗教学、海外汉学和传播学的研究学者提供一份系统、翔实、完整的参考资料外，对《道德经》在英语世界的传播与接受研究的成果进行系统研究的一个重要目的就在于反思我们自己，从而为全面建构具有中国特色的老子学、宗教学、海外汉学和传播学的研究框架和学术体系提供参考与借鉴。

（二）研究方法

本课题的研究采用比较文学实证性研究方法、比较文学译介学理论方法和比较文学变异学理论方法。

六、以郭店楚墓出土《道德经》竹简本为底本的英译研究（2013 年 11 月出版的专著《英语世界的〈道德经〉英译研究》的第七章）

该章以 2000 年出版的韩禄伯所作《老子〈道德经〉：以郭店新近出土的令人惊异的文本为底本的英译》和 2003 年出版的安乐哲与戴维·霍尔合译的

《〈道德经〉的哲学阐释：让今生有意义（以新近出土的〈道德经〉竹简本为特色）》为细读文本进行比较研究，让读者了解英语世界这两本颇具影响力的译著对竹简本《道德经》的解读与取舍。

韩禄伯的《老子〈道德经〉：以郭店新近出土的令人惊异的文本为底本的英译》在“导论”中向读者介绍了“郭店楚墓发掘的地点和时间”“墓中发现的文本”“《老子》甲本、乙本和丙本”“标点及章节的划分问题”“有趣的个例：第十九章、第三十章和第六十三章”“竹简《老子》的哲学”“结语：何谓‘竹简《老子》’”。英译的《老子》为甲、乙、丙三组，每章后均有译者的评论和注释。三个附录中，附录一为“司马迁的《老子传》”；附录二将竹简本《道德经》中的每一章与马王堆汉墓出土帛书本 A 本与 B 本以及王弼《老子注》本按竹简本译文顺序进行了逐行比较；附录三为“标点符号和章节的划定”。

2003 年出版的安乐哲与戴维·霍尔合译的《〈道德经〉的哲学阐释：让今生有意义（以新近出土的〈道德经〉竹简本为特色）》尽管不是以 1993 年郭店出土的《道德经》竹简本为底本，而是以 1973 年在马王堆汉墓出土的《道德经》帛书本为底本的英译，但该书在封面已经非常清楚地强调了该译本的特色，即反映出了竹简本的特征。这个特征就体现在译者在译文前的“前言与致谢”“翻译简介”以及“附录”的“导论”中对《道德经》竹简本丙本中的《太一生水》的多次分析、强调与英译。

（一）韩禄伯《老子〈道德经〉》（2000 年版）英译本的特点

2000 年出版的韩禄伯创作《老子〈道德经〉：以郭店新近出土的令人惊异的文本为底本的英译》译文按照原本由七十一枚竹简组成的老子《道德经》分成的三组，即《道德经》甲本，共有三十九枚竹简，包括第十九章、第六十六章、第四十六章、第十五章、第六十四章（第二部分）、第三十七章、第六十三章（第一至四行，第十四至十五行）、第二章、第三十二章、第二十五章、第五章（第五至七行）、第十六章（第一至六行）、第六十四章（第一部分）、第五十六章、第五十七章、第五十五章、第四十四章、第四十章、第九章的内容；《道德经》乙本，共有十八枚竹简，包括第五十九章、第四十八章（第一至五行）、第二十章（第一至七行）、第十三章、第四十一章、第五十二章（第五至十行）、第四十五章、第五十四章的内容；《道德经》丙本，共有二十八枚竹简，其中十四枚为《道德经》第十七章、第十八章、第三十五章、

第三十一章、第六十四章（第二部分）的内容，另十四枚为《太一生水》的内容。

竹简本《道德经》共包含原《道德经》八十一章中的三十一章内容。每章译文后仅有“评论与注释”（comments and notes）对译文分行进行评论或解释。每章译文后还附有该章的中文，包括誊抄本和现代版本。

对于《太一生水》与《道德经》的关系，韩禄伯也谈了自己的看法。他指出，在《郭店楚墓竹简》一书中，《太一生水》是被当作与老子《道德经》分开的文本来看待的，尽管该书的编辑也指明了这些竹简原本为《道德经》丙本一部分的可能性。而且，似乎没有理由怀疑这种说法的真实性，因为《太一生水》竹简的长度、风格与《道德经》丙本是完全一样的，书法也相同。

译文前的“导论”中，有几部分内容特别值得注意。一是关于郭店竹简本《道德经》章节的问题，韩禄伯对其做了详细地归纳、说明。对于内容完整的章节，他强调，所谓“完整章节”，即是郭店竹简本与后来版本在内容、长度上几乎没有什么变动的部分。大部分的情况下，它们在用字上几乎一样。这些完整章节包括第二章、第九章、第十三章、第十九章、第二十五章、第三十五章、第三十七章、第四十章、第四十一章、第四十四章、第五十四章、第五十五章、第五十六章、第五十七章、第五十九章、第六十六章，共十六个章节。但是，如果考虑到郭店竹简本中仅包含了老子《道德经》八十一章中的三十一章内容的话，这“完整的”十六章就没多大意义了。而且，假如依 D. C. Lau（刘殿爵）所理解的那样，只有四章，即第九章、第三十七章、第四十四章和第五十九章属于编辑过的章节，假如他的理解正确的话，那么对这些特殊章节的编辑一定发生在公元前 300 年，事实上，很可能更早。二是那些后来版本要稍长些的章节，包括第十五章、第三十章、第三十一章、第四十五章、第四十六章以及第四十八章。这些章节中，后来版本要么是在该章的开始，要么是在其结尾增加了诗行。郭店竹简本的第十五章和第四十五章，尽管诗行已经“在位”，但由于标点符号的缘故，使得它们与该章主体部分有所不同。三是后来版本在其基础上增加了不少内容的章节。第五章、第十六章、第二十章、第五十二章、第六十三章在郭店竹简本中只是部分，并不是完整的。如第五章，竹简本只有中间的几行，其首行为“天地之间，其犹橐籥乎”（The space between heaven and earth — is not like a bellows）。而后来的版本中，此前还有四行，其后还紧跟两行。同样，第五十二章的中间两行“塞其兑，闭其门”构成了《道德经》乙本中该章的内容，而在后来的版本中，其前还有四行相似的诗行，其后还有两行。而第十六章和第二十章，这两章都相当长，郭店竹简本的这两章却仅有其开始的六行或七行。而郭店竹简本的第六十三章，仅是将后来版本的开头三行和最后三行顺溜地粘在一起，后来版本在这六行中间还插入了九行。四是将两章合并为一章。郭店竹简本的第六十四章同时出现在《道德经》甲本和丙本中，而其第二部分是两个明显不同的版本。第三十二章在后来的版本中，也将其归在此一类中，因为其标点表明该章的开头四行与第五至十二行是有区别的。但这部分之间的连接表明标点符号可能是误用。五是将一章分为两章。郭店竹简本中的第十七章和第十八章很显然为一章，它们是由第十八章开始的汉字“故”连在一起的，这在马王堆《道德经》帛书本中也是一样的。

“导论”的“有趣的个案”（Interesting Cases：Chapters 19，30，and 63）中韩禄伯对这三章有趣的、值得读者注意的地方进行了解读，详细情况我们下面会提到。

在“导论”中“竹简本《道德经》的哲学”一节中，作者对竹简本《道德经》中所包含的章节中所反映的老子哲学思想做了归纳，并指出了老子哲学思想在竹简本中的“缺失”情况。一是《道德经》中讨论“无为”（non-action，to do nothing）哲学思想的十章中郭店竹简本中包含了六章；二是《道德经》中讨论“无事”（serve without concern for affairs）的两章均包含在其中；三是其中论述“朴”（genuine，natural，uncarved wood）的章节，有第十五章、第十九章、第二十八章、第三十二章、第三十七章、第五十七章，除第二十八章外，其他竹简本里全部包括；四是《道德经》中讨论“知足”哲学的三章中，有两章，即第四十四章和第四十六章包括在竹简本中，只第三十三章除外；五是论述“知耻”（to know when it is time to stop）哲学思想的两章（第三十二章和第四十四章）都包含在竹简本中。可以看出，《道德经》的主要哲学思想在郭店竹简本中得到了完整体现。但是，有些术语明显缺失，有些观点（思想）没有得到进一步讨论或受到足够的重视。这些“缺失”是否至关重要还值得商榷。韩禄伯详细指出了他注意到的“缺失”之处，共有六处，具体情况如下。

一是老子《道德经》中论“道”的八个章节中，在郭店竹简本中只有一章，即第二十五章。其余章节如第一章、第四章、第六章、第十四章、第三十四章、第五十一章和第五十二章都没有包含在其中。二是老子《道德经》中论“一”（One）的章节，包括第十章、第十四章、第二十二章、第三十九章和第四十二章，郭店竹简本中完全省略了。三是讨论“天道”或“天之道”的章节，郭店竹简本中只有第九章，其余章节如第四十七章、第七十三章、第七十七章、第七十八章和第七十九章没有包含在内。韩禄伯特别强调，郭店竹简本中没有包含《道德经》第六十六章后的章节内容，因此，《道德经》中“反对贵族阶层或上层社会”（anti-aristocracy）的章节，即第七十二章、第七十五章、第七十九章、第八十章和第八十一章，也没有出现在郭店竹简中。四是对女性行为模式的影响或“被动、柔弱”胜“刚强、主动”的思想，郭店竹简本几乎没有提及，这些章节包括第二十八章、第三十六章、第四十三章、第六十一章、第七十六章和第七十八章。而作为女性潜在象征体的“水”，在《道德经》第八章、第三十四章、第四十三章和第七十八章有讨论，也在郭店竹简本中“缺失”了，但“水”却实实在在在《道德经》丙本中的《太一生水》中起到了至关重要的作用。五是“道”意指“母”的五个章节，即第十六章、第二十章、第二十五章、第五十二章和第五十九章中，只有第二十五章和第五十九章包含在郭店竹简本中。如邢文所指出的，用母婴之比喻来描绘“道”与“万物”之关系的内容，包括第十章、第二十章、第二十八章、第三十四章、第五十二章，也没有出现在郭店竹简本中。尽管郭店竹简中确实包含有第二十章和第五十二章两章的诗行，但这些诗行却不是论述这二者关系的那些。六是通常以“是以圣人……”（其后紧跟格言，告诉我们哪些事情该做，哪些不能做）结尾的章节，如刘殿爵指出的，均被认为是编者加以评论的章节，共有二十章，包括第二章、第三章、第七章、第十二章、第二十二章、第二十六章、第二十七章、第二十九章、第四十七章、第五十七章、第五十八章、第六十三章、第六十四章、第六十六章、第七十章、第七十二章、第七十三章、第七十七章、第七十八章和第七十九章，但仅有五章，即第二章、第五十七章、第六十三章、第六十四章和第六十六章包括在郭店竹简本中。

（二）韩禄伯的《老子〈道德经〉》（2000年版）英译本对第十九章、第三十章和第六十三章的解读

在“导论”的“有趣的个案”（Interesting Cases：Chapters 19，30，and 63）一节，作者指出，“郭店《道德经》竹简本中有相当多的章节或与后来的版本字不相同，或有偶尔的变化。但这些变动对读者了解该章的意思并无太大的影响。但有的章节，却变动较多，自然，它们就成了学者们研究和争论

的焦点。”作者在此节着重分析了其中的第十九章、第三十章和第六十三章。

韩禄伯认为，第十九章在郭店《道德经》竹简本中的地位非常重要。在过去的很多年里，有不少学者认为第二十章的第一行“绝学无忧”应该为第十九章的最后一行。他指出，此行与第十九章的第九和第十行一样，每行也是四个汉字，并且其语法模式也是一样的，为动－宾动－宾结构。如果“此三者为文，不足”的话，该章的最后就必定需要再加上三行。但在郭店竹简本中，第十行后却是一个句号，其后紧随的是第六十六章的开篇。而大家讨论的这一句“绝学无忧”，却出现在《道德经》乙本第三部分中，即第二十章的首行。

但在韩禄伯看来，这还不是后来版本第十九章的关键问题。重要的是该章在形式上的问题，其中第一、三、七行的变化相当明显。用“圣”一字的位置郭店竹简本为“辩”；用“仁”“义”二字的位置郭店竹简本用的是“伪”“诈”；第七行中的“文”字在竹简本中为“使”，因此，郭店竹简本第十九章，其中第五、六行出现在（后来文本）第三、四行之前，可英译为：

Chapter 19

1. Eliminate knowledge，get ride of argumentation，

2. And the people will benefit one hundredfold.

3. Eliminate craftiness，get rid of profit，

4. And there will be no robbers and thieves.

5. Eliminate hypocrisy，get rid of deceit，

6. And the people will return to finial piety and compassion.

7. But these three sayings，regarded as a distinction，are not complete，

8. And perhaps we should add to them the following things：

9. Manifest simplicity，embrace the genuine，

10. Lessen self-interest and make few your desires.

韩禄伯指出，“圣”“仁”“义”是被儒家极力倡导的思想。在孔子看来，“仁”应该是“德”之最高原则。郭店竹简本中此章并没有出现“圣”“仁”“义”—— 但它出现在后来的《道德经》版本中，因此给人的第一感觉是多少有些“反儒家思想的”。

韩禄伯声明，自己并不赞同文物誊抄本第一、三、七行中所用的那些奇怪的汉字。在其译文中，他将“㚷”解作“辨”（distinction）；将“㤥”解作

“化”（transformation）；将“慮”解作“虑”（deliberation）；将第七行中的“叓”作“使”（mission），与该词在第五十五章中的读法一致。其英译为：

1. Eliminate knowledge，get ride of *distinction*，

2. And the people will benefit one hundredfold.

3. Eliminate *artistry*，get rid of profit，

4. And there will be no robbers and thieves.

5. Eliminate *transformation*，get rid of *deliberation*，

6. And the people will return to finial piety and compassion.

7. （But）these three sayings，regarded as your mission，are not complete，

8. And perhaps we should add to them the following things：

9. Manifest simplicity，embrace the genuine，

10. Lessen self-interest and make few your desires.

韩禄伯指出，郭店竹简本《道德经》第三十章只有九行，而后来的版本该章却要长很多。令人惊异的是此章的形式看起来确实像“梗概”，像“骨架”，它只涵盖了那些思想的要点部分，此外再无其他。现在把它英译出来，将其中后来添加进去的那些内容用斜体标示出来读者就能一目了然了：

Chapter 30

1. One who uses the Way to assist the ruler of men，

2. Does not desire to use weapons to force his way through the land.

Such things easily rebound.

In places where armies are stationed, thorns and brambles will grow,

Great wars are always followed by famines.

3. One who is good at such things achieves his result and that’s all.

4. He does not use the occasion to make himself stronger still.

5. He achieves his result but does not brag about it；

6. He achieves his result but is not arrogant about it；

7. He achieves his result but is not conceited about it.

He achieves his result，*yet he abides with the result because he has no choice.*

8. This is called “achieving your result but not being vicious.”

9. Such deeds are good and endure.

When things reach their prime, they get old;

We call this "not the Way".

What is not the Way will come to an early end.

郭店竹简本此章的第九行（即最后一行）以恰当的评论结束了这一章，后来的版本中那加进去的三行只是显得与该章的重要内容完全不相干。

韩禄伯强调了后来版本的另一变动，即是将郭店竹简本该章的最后一行“其事好长”（Such deeds are good and endure）改成了“其事好远”（Such deeds easily rebound），并且将其变成了该章的第三行。

韩禄伯指出，郭店竹简本《道德经》第六十三章共有六行，包括了后来版本的前三行和最后两行，合并了后来版本的第四行和第十三行，省略了其余共九行的内容，即省略了该章的大部分内容。第四行通常被读作“大小多少”（Regard the small as large and the few as many），第十三行通常被读作“多易必多难”（Those who regard many things as easy will necessarily end up with many difficulties），合并为“大小之多易必多难”。因此，该章可英译为：

Chapter 63

1. Act without acting;

2. Serve without concern for affair;

3. Find flavor in what has no flavor.

4. In affairs large or small, the more things you take to be easy, the more difficulties there are bound to be.

5. Therefore even the Sage regards things as difficult,

6. And as a result in the end he has no difficulties.

韩禄伯认为郭店竹简本《道德经》第六十三章现在看起来存在显而易见的“缺口”（gap），即该章中间大约五十个汉字的缺失，并分析了造成此“缺口”的原因。在他看来，这种缺陷可能是誊抄时的粗心所致。即在誊抄时，抄写的人漏掉了写有该章主要部分的一枚或者两枚竹简。第四行中最开始的两个字“大小”正巧在一枚竹简的最后位置，而第十三行的“多易必多难”恰巧在另一枚竹简的开头位置，但这两枚竹简中间漏掉了其他竹简。解决的办法是用郭店竹简本《道德经》该章第四行中的小品词“之”将其完全整合在一起。“之”的运用使得后来版本中的那九行似乎成了是在原初这个简短、连贯的文本中插入的部分。

韩禄伯还强调了该章一个非常重要的、值得注意的地方，那就是郭店竹简本《道德经》中没有的那九行中的第五行"以德报怨"（repay resentment with kindness）常被用来作为老子《道德经》存在于孔子时代的依据。论争的焦点在于《论语》第十四章中记载孔子被弟子请求对此作出评论，由此而认为此说，即"以德报怨"定是出自老子《道德经》的第六十三章。韩禄伯认为，显然这种论争是不能用来作为"以德报怨"这种观点是最早出现在《道德经》第六十三章的依据的。

译者在译文后的评论与注释中指出，竹简本此章共有六行。由于后来版本的十五行中只有前三行与竹简本一样，因此以马王堆帛书本为底本把其中的四至十五行补充英译在后，以便读者明了。

4-15 Lines of Chapter 63 (translator' s version)：

4. Regard the small as large and the few as many.

5. And repay resentment with kindness.

6. Plan for the difficult while it is easy；

7. Act on the large while it is minute.

8. The most difficult things in the world begin as things that are easy.

9. The largest things in the world arise from the minute.

10. Therefore the Sage, to the end does not strive to do the great,

11. And as a result, he is able to accomplish the great.

12. Those who too lightly agree will necessarily be trusted by few；

13. And those who regard many things as easy will necessarily end up with many difficulties.

14. Therefore, even the Sage regards things as difficult,

15. And as a result, in the end he has no difficulty.

（三）安乐哲译本对《太一生水》与《道德经》关系的解读

安乐哲译本在"翻译简介"中特别交代该译本是以 1973 年马王堆汉墓出土《道德经》帛书本为底本的，并在第三十七章的中文后附有"道 二千四百廿六"，在第七十九章后附有"德 三千四一"字样，分别注明"道"与"德"的总字数。但该书的标题中明确标明是"以新近发现的竹简本为特色的"。那么其"特色"体现在什么地方呢？

在"前言与致谢"中，安乐哲指出，毫无疑问，对《道德经》最重要的补充就是十四枚竹简，即写在这十四枚竹简上，作为竹简本的一个有机整体的《太一生水》。《太一生水》不但用与《道德经》相似的词语讨论了道家的宇宙观，更凭借对这个宇宙观的清晰阐释，以一种在此之前不太可能的方式让我们了解了《道德经》的其他各章。对《太一生水》这个令人激动的新文本与《道德经》本身之间关系的讨论在继续，且仍然悬而未决。此书将摘录这一新文本，以“The Great One Gives Birth to the Waters”为标题将其英译版置于附录中，并对其进行详细地分析阐释。《太一生水》对于《道德经》本身的重要地位，其作为反映《道德经》对造物的来源与本质这个宇宙问题的回答之佐证的极端重要性都是该部分要讨论的核心问题。

在“翻译简介”中，安乐哲再次提及 1993 年郭店竹简本的一个“有趣的特征”，即除那些附录的材料外，还有《太一生水》。此外，郭店竹简本并不包含马王堆帛书本和王弼《老子注》中没有的内容。

在附录《太一生水》的“导论”中，安乐哲首先谈到写在这十四枚竹简上的《太一生水》的特征：从外在看，其竹简的长度、用绳捆绑的标记、总体的外观、书法的风格都与《道德经》丙本的其他竹简没有什么分别。尽管《太一生水》被最初负责整理郭店文本的编辑当成单独的文本来对待，这主要是根据《道德经》的内容，以现在的《道德经》作为排除的原则来衡定的。现在，同样是这些学者，又认为它是《道德经》丙本的一个组成部分。

安乐哲在介绍了这些特征后提出如何看待《太一生水》与《道德经》丙本之间关系的问题。他指出，尤为有趣的是，《太一生水》被放在构成《道德经》丙本七个部分之中，紧跟在第六十四章的第二部分之后，该章的第二部分是以“是以圣人……能辅万物之自然而弗敢为”结尾的。这个句子表明在道家的宇宙观中，即便是最明智、最有成就的人也只能辅助道。在此道中，万物舒展，他们是不会想到去干扰万物的自然状态的。

首先，如刘殿爵指出的，在古代经典中，使文本一致的最常见的办法就是重复使用某一个或某些汉字。实际上，我们也能将此种重复使用相关汉字的办法将《道德经》丙本中的七个部分连为一体。“辅”（to help）这个汉字，正如出现在刚引用的《道德经》第六十四章第二部分中那句一样，在《太一生水》的开头一个自然段中就出现了八次。而且，第六十四章的第二部分是唯一一个在郭店竹简本中出现了两次的文本，首先是出现在《道德经》甲本中，后又出现在《道德经》丙本中，而且这两个文本在内容上有着显著的差异。此句在两个文本中的不同之处是，描绘圣人的沉默胜过宇宙之自然的表述在《道德经》甲本中是“是以圣人能辅万物之自然而弗能为”。此句的这个版本显得其内在是互相矛盾的。

为了让读者更加直观地了解郭店竹简本《道德经》第六十四章第二部分的不同，本书作者特意将包含在《道德经》甲本和《道德经》丙本中的原中文文本附录在下：

《道德经》甲本（Laozi A）中的第六十四章第二部分内容：

1. 为之者败之
2. 执之者失之
3. 是以圣人无为故无败
4. 无执故无失
5. 临事之纪
6. 慎终如始
7. 则无败事矣
8. 圣人欲不欲不贵难得之货
9. 教不教复众人之所过
10. 是故圣人能辅万物之自然而弗能为。

《道德经》丙本（Laozi C）中的第六十四章第二部分内容：

1. 为之者败之
2. 执之者失之
3. 圣人无为故无败也
4. 无执故（无失也）
5. 慎终若始则无败事矣
6. 人之败也恒于其且成也败之
7. 是以（圣）人欲不欲不贵难得之货
8. 学不学复众人之所过
9. 是以能辅万物之自然而弗敢为

安乐哲提出了假如《太一生水》不属于《道德经》的一个有机组成部分的话，它至少可以作为是对第六十四章的一个解释性的评论或看法。他认为《太一生水》的重要性体现在它以其相当清晰的思路向我们展示如何理解道家宇宙哲学的方法，是我们所拥有的对中国人的宇宙观最早的相当简洁的记录文本。它不仅有助于我们理解《道德经》中其他简要的、提示性的论述宇宙观的章节，尤其是第二十五章、第三十九章、第四十二章、第五十一章和第五十二章，并且在语言上也与这些章节有着显而易见的共鸣。

安乐哲指出，《道德经》开篇第一句的意思在《太一生水》中已经得到了解释，即当我们试图去思考那些我们现时还没有的类别之时要使用道的理由。这种相辅相成的循环是互为对立面的：涨，然后消；前进，然后退后；涨满，然后退空。在这样的循环中，天道贵生，直至那些既存的事物长至极点然后终止。

（四）韩禄伯译本与安乐哲译本《太一生水》的比较研究

韩禄伯译本和安乐哲译本在译文前都有对《太一生水》的分析阐释，二者对《太一生水》中某几处关键语句的理解和英译无论是在解读还是在译文中都有所不同。

1. 湿燥复相辅也，成岁而止。

Moist and dry repeatedly assisted each other；they developed the year，and the process came to an end.（Robert G. Henricks）

And the moist and the dry again assist each other，culminating in producing the yearly cycle.（Roger T. Ames）

韩禄伯译本的"成"一以贯之用的是"develop"（发展、生长、养成），第一自然段中描绘造物之过程的"成天、成地、成神明、成阴阳、成四时、成冷热、成湿燥、成岁"中的八个"成"字让文本有机地统一起来（developing heaven，developing the earth，developing "the gods above and below"，developing *Yin* and *Yang*，developing the four seasons，developing cold and hot，developing moist and dry，developing the year）。

安乐哲译本的"成"用的是"produce"（生产、创造）一词，前面用了七个平行的句式来表达造物的过程（thereby producing the heavens，thereby producing the earth，thereby producing the spiritual and numinous，thereby producing the *yin* and *yang qi*，thereby producing the four seasons，thereby producing the hot and the cold，thereby producing the moist and the dry），但其将"成岁而止"解读为"终止于每年的循环"，没有用之前的句式，意思也有些改动，不及韩禄伯译文处理得好。

2. 天道贵弱，削成者以益生者。

The way of Heaven values weakness. To cut away at what is complete in order to add on to life is to attack using force.（Robert G.Henricks）

The way of *tian* is to prize softness. It pares away at what has culminated in order to benefit new growth.（Roger T.Ames）

韩禄伯译本对“贵弱”的强调在于对“弱”（weakness）的“重视”（value），安乐哲译本的“贵弱”则在于对“柔”（softness）的“珍视”（prize）。韩禄伯译本的“削”是要“砍掉、切掉”（cut away）已“完成的”来“增加生活的长度”（益生）；安乐哲译本则是要“消减、减少”（pare away）那些“已经达到顶点的”以“让新生之物得到益处”。可以看出，韩禄伯译本的“益生者”为动宾词组“益—生”，意为“增加生活的长度”，“者”没有翻译出来；安乐哲译本的“益生者”也为动宾词组“益—生者”，意为“使新生之物从中得到益处”。结合上下语境理解，安乐哲译本的解读是正确的。

3. 道亦其字也。

“The Way” is its designation（*zi*，字）.（Robert G. Henricks）

As for Dao，it is just another style name for the same thing.（Roger T. Ames）

韩禄伯译本按字面意思英译为“道即是其字”，等于没译。“designation”意为“名称、称号”。“字”在古代汉语中意指“根据人名中的字义，另取的别名”，如“孔明”是诸葛亮的字，岳飞字“鹏举”。“字”可英译为“a style（or name）taken at the age of twenty，by which a man is sometimes called，for example，Zhuge Liang styled himself Kongming.”可以看出，安乐哲译本的解读“是同一事物的另一个名”，更符合“字”的原文意指。

4. 以道从事者，必托其名，故事成则身长。

One who uses the Way to work at his tasks certainly relies on its name；for this reason his tasks are completed and he endures.（Robert G. Henricks）

Those who would accord with *dao* in their undertakings must do so in the name of *dao*. It is thus that they are successful at what they do and are personally long-lived.（Roger T. Ames）

“托其名”之“托”，为“依托、依靠”，韩禄伯译本作了恰当的解读。安乐哲译本理解为“以道之名义”，也比较接近原文意旨。但对于“身长”，二者的解读却相去甚远。韩禄伯译本为“endure”，意为“忍耐、容忍、坚持”，是为误读误译。安乐哲译本将其理解为“使个人延年益寿”（personally long-lived）。相比较，安乐哲译本与原文意思更接近。

5. 天不足于西北，其下高以强……不足于上者，有余于下……

Heaven is incomplete in the northwest. What is below it（i.e., the earth）is high and firm. ...When what is above is lacking，there is a surplus below....（Robert G. Henricks）

The heavens are wanting in the northwest，but the earth beneath compensates for this deficiency by its height. ... Any deficiency above is made up for in what is below...（Roger T. Ames）

韩禄伯译本将“高以强”理解为“高且坚”（high and firm），“余”理解为“盈余、多余”（surplus），与“不足”相对。但安乐哲译本显然是承着其前文来加以解读的。他对《太一生水》的第四段首句“天道贵弱，削成者以益生者”的解读为其对后面两句“以其下之高去补偿其上之不足”与“其上的不足可由其下来补偿”的理解提供了语境。如果我们承认安乐哲对“天道贵弱，削成者以益生者”的解读是正确的话，那么他对此句中的“高以强”和“余”之解读也是完全可以接受的。

跨文化传播理解的实现路径：以中国儒释道文化沟通为例

赵立敏

中国人民大学传播学博士，衡阳师范学院新闻与传播学院副教授。研究方向为跨文化传播、话语传播。目前主持国家课题和省部级课题多项（含重点），出版专著2部，在《中国人民大学学报》《新闻大学》《西北大学学报》《新疆师范大学学报》《中州学刊》《东岳论丛》等重要刊物上发表论文20余篇。

一、从文化同化走向文化差异，是实现跨文化传播理解的前提

20世纪50年代，跨文化传播研究兴起，又在20世纪70年代迎来了早期发展的第一个高峰。随着全球化和国际互联网的发展，跨文化传播呈现繁荣景象，但无论如何变，不同文化之间的冲突与融合始终是跨文化传播研究的两个主旋律。概而言之，跨文化传播研究学者主要从个体或群体的行为、认知和理解三个层面来考察文化冲突与融合现象。例如，从行为层面看，Berry根据一种文化与其他文化交流的倾向性和保持自身文化倾向性的不同程度，区分了四种文化适应策略，即分离（separation）、边缘化（marginalization）、同化（assimilation）、整合（integration），而这些行为又分别对应着人们对所处主流文化和自身文化不同的态度，这些态度包括否认、防卫、最小化、接受、适应、整合，这里反映出人们对自我与他者文化的复杂的心态和敏感的程度。随着对跨文化传播研究的不断深入，人们逐渐意识到单纯的文

化同化或文化自闭都是不可取的，化解文化冲突的办法还是在于不同文化应在保持自身主体性的基础上积极展开交流与对话。

跨文化传播的理解模式（IMIC）就认为跨文化传播是一个不同文化彼此协商建构意义的象征性过程。例如，在这种模式中，文化融合理论（Cultural fusion theory）就指出个体可以在坚持自我为核心的前提下融入东道国文化。马克·奥比在20世纪90年代后期提出了共文化理论（Co-culture Theory），他认为对于处在边缘或弱势群体顺应主流文化并非是融入主流社会的唯一选择，他们还可以“在主流社会结构中凭借特定的传播和交流方式与主流社会群体进行差异的协商，以获得某种程度上的成功”。例如文化旅居者，这类人“既无意去同化他者，也不会轻易地被他者同化；他们肯定差异，并且还能够生产差异”。赫斯科维奇同样指出：“文化相对主义的核心是尊重差别并要求相互尊重的一种社会训练。它强调多种生活方式的价值，这种强调以寻求理解与和谐共处为目的，而不去评判甚至摧毁那些不与自己原有文化相吻合的东西。”

跨文化的理解模式试图勾勒出一种不同文化相遇时对各方都有利的美好图景，它一改过去跨文化传播理论的同化视角，指出并非一方必须去顺应另一方。这一理论更加注重不同文化的自主性和差异性，认为通过基于尊重甚至利用基于差异上的协商，才可以实现一种对各方都比较有利的结果，即和谐共存，多元共生。

然而，很多跨文化传播研究者依然认为差异是产生文化冲突的一个潜在诱因。因为差异意味着不同语言及语境，这就可能造成不同文化人们的沟通困难，进而引发文化冲突。过分强调差异也可能导致沉浸于文化自身的扩张与防御机制，由此产生不同文化的不对等性，进而引发冲突。很多跨文化冲突都是“主客二分的唯我思维、中心化思维之下的文化主体性冲突”。相比这些学者而言，跨文化传播理解模式则敏锐地指出冲突并不源自差异，而是源自对差异的消除。当人们主动或被动地以一种文化去同化或顺应另一种文化时，个体层面和群体层面之间的文化冲突就在所难免。

跨文化理解模式不仅认为差异与冲突不存在必然关系，还认为差异是不同文化和谐共处的前提。不可否认，文化上的差异确实可能诱发文化冲突，但并不必然导致文化冲突。差异仅仅只是不同文化的自然状态，若要避免冲突，还必须有其他路径，那就是从差异走向分区。社会学者一般认为社会越是往高级发展，在文化功能的差异和功能发生的领域分区上就越明显。艾伦·麦克法兰说："旧制度将生活互不相干的领域混成一锅粥，在部落社会，亲属关系作为调节器，将所有人团结在亲属关系之内，在农民社会，社会与经济彼此不分，宗教与政治不分你我……相反，现代社会对不同领域进行了深入划分，致使生活中没有任何一个领域，无论是亲属关系、宗教还是其他能够提供一种基础性原则。每一个领域都被另一个领域所制约。"而现代社会的困境，也在于当其中某一文化逻辑过度扩张时，这一逻辑最终混淆、干扰了其他文化的运行逻辑，哈贝马斯曾区分了文化领域具有三重逻辑：认识领域、规范领域（或称道德领域）、趣味领域（或称艺术领域），它们分别代表了文化的真、善、美。认识领域以理性逻辑为指导，道德领域则以价值逻辑为指导，趣味领域则以审美逻辑为指导。他进一步指出，随着现代自然科学和社会科学的扩张，理性逻辑压制了价值逻辑和审美逻辑，强行入侵了"善"和"美"两大领域，这种以"目标—手段"为导向的工具理性地过度膨胀，导致不同领域及运行逻辑的区分最终被一种单一的文化逻辑所取代，以至于最终使人们沦为"现代性囚笼"中的困兽，理性的神话走向了启蒙的反面。

二、从文化差异走向文化功能分区，是实现跨文化传播理解的路径

考察佛教传入中国之后儒释道文化发生冲突的症结，也是在于它们各自的功能领域与逻辑的混淆或相互侵入。长期以来，中国的世俗生活领域尤其是政治领域一直是儒家的势力范围，所以一旦道家和佛教进入这个领域，去干扰儒家作为治国理政的功能，往往会遭到儒家激烈的反对。所以，佛教和儒家的矛盾最常发生的地方不在别处，而在世俗领域和政治领域的争权。佛教和道家的矛盾则最常诉诸精神领域的话语主导权的归属问题，因为这才是他们共同的竞技场。

仅从佛教的角度来看，佛教在理论上形成了一套完备而严密的系统，传入中国以后，又经过佛经在翻译上的格义以及理论上的调适、融合，最终实现了佛教的中国化，其作为"夷"的外来身份也不再是困扰中国人的难题。这时儒释道三教的冲突就由理论冲突与身份冲突转为政治权力层面上的冲突。事实上，魏晋以后，儒家知识分子对佛教幽深的宗教义理和哲学思想不仅不再反对，还至为服膺。他们所反对的只是过度发展的佛教在政治层面与国家争劳力、争财税，而这些其实都是政治问题，不是宗教问题。范缜如此批评佛教："浮屠害政，桑门蠹俗……致使兵挫于行间，吏空于官府，粟罄于惰游，货殚于泥木。所以奸宄弗胜，颂声尚拥，惟此之故，其流莫已，其病无限。"

韩愈在《送灵师》中更直言："佛法入中国，尔来六百年，齐民逃赋役、高士着幽禅、官吏不之制，纷纷听其然，耕桑日央求，朝野失遗贤。"李翱驳斥佛教说："故其徒也，不蚕而衣裳具，弗耨而饮食充，安居不作，役物以养己者，至于几千百万人。推是而冻馁者几何人可知矣。于是筑楼殿宫阁以事之，饰土木铜铁以形之，髡良人男女以居之，虽璇室、象廊、倾宫、鹿台、章华、阿房弗加也，是岂不出乎百姓之财力欤？"就国家层面而言，国君佞佛，以致不理朝政，就会导致政治紊乱，乾坤解纽。佛教过度发展，寺庙林立，僧尼激增，正常从事生产的劳力和从事战争的兵丁就会大幅锐减。根据唐朝慧琳所撰《辨证论》统计，佛教发展到北魏时期，全国佛寺已超过了三万多所，僧尼达到二百多万。据《法苑珠林》记载："元魏君临一十七帝，一百七十年。国家大寺四十七所。北台常安，镌石置龛，东三十里。王公等寺八百三十九所，百姓所造寺者三万余所，总度僧尼二百余万，译经四十九部。佛教东流此焉为盛。"佛教既是方外之宾，然而正因为此，也极易成为窝藏奸邪和犯罪的不法之地，所以后期的儒家知识分子多不从理论上去反对佛教，而是从国家治理和社会控制层面去反佛，因为此时佛教的问题，已不再是它那个神圣领域内的宗教问题，而是一个对世俗社会产生极大干扰的政治问题。历史上著名的"三武灭佛"，多半不是因为佛教信仰或思想本身有什么问题，而是统治者已深切感受到佛教过度膨胀严重危及了统治和国运，此时佛教已经由一个"协契皇极，大庇生民"的宗教变成了一种危害国家政治运行和引发社会动荡的"顽凶"，这时执政者才会采取强力手段予以打压。而每一次佛教在经历重创之后又总是重新恢复元气，回归到原来的位置。尽管有时会矫枉过正，但人们并非真要完全推翻它，而只是要防止它对其他领域的扩张。这不仅让人想到托克维尔笔下法国大革命的目的同样不是要推翻基督教，托克维尔这样写道："基督教之所以导致如此强烈的仇恨，并非因为它是一种宗教教义，而是因为它是一种政治制度，并未因为教师们甘愿对来世的事务进行统筹管理，而是因为他们是尘世的地主、领主、什一税的征收者、行政官吏；并非因为教会不能在即将建筑起的新社会享有一席之地，而是因为在正被摧毁的旧社会里，它占据的地位是最有特权、最有势力的。"佛教与基督教的问题都在于它们不安于自身本来的宗教领域，而试图侵入或同化其他文化领域的地盘和逻辑。

要规避不同文化相遇时的冲突，就必须对这些文化进行分区。儒释道之间的冲突可以看成三者功能领域的混乱和相互干扰的结果，而它们之所以能从早期的冲突最终走向融合，也是因为三种文化的功能和各自的功能领域终被厘清，基于差异上的分而治之成了三种文化共同接受的规范，于是三种文化各自恪守它们的边界和秩序，互不侵犯，却又相互制约。面对佛儒的冲突，早期的高僧们提出了“释教为内，儒教为外”的化解策略。内与外的分区说明了人们试图消解佛儒两种文化冲突的努力，然而这一区隔还未把道家也容纳进来。直至宋孝宗赵昚综合儒释道三家优劣，在学理上均齐三家，正式提出“以佛修心，以儒治世，以道养身”，以此规定儒释道三家文化各自的功能和边界，由此儒释道才从冲突为主走向和谐共处为主，中国古代基本文化秩序也才得以形成。概而言之，中国文化秩序把儒家的功能领域主要限定在政治领域和世俗领域，道家的功能领域主要限定在身体领域，佛教主要限定在精神领域。这种功能区分与分层逐渐成为中国世代沿袭的基本文化构架，它改变了儒释道三家彼此竞争的格局，转向了彼此和谐相处、多元共生的秩序。在宋孝宗看来，儒释道三教义理看似有别，实则相通，只不过“所施不同耳”。所谓“所施不同耳”正是基于差异上的一种功能区分。后耶律楚材继承宋孝宗之论，重提“以佛治心，以儒治国”的治理主张。清朝时雍正皇帝也说：“朕惟三教之觉民于海内也，理同出于一原，道并行而不悖。”

究而言之，“三教合一”表面上看是“合”，其实质却是“分”。“分”是通向“合”的桥梁，正如差异是走向统一的纽带。这还体现在儒释道三家的社会功能以及它们各自作用的具体场景和时空上的区别。譬如当形势有利时，一个中国人可偏向于选择儒家，当形势不利时，可偏向于选择佛教或道家。当一个人年少时，正好放手一搏，建功立业，所以学儒出仕是最佳选择；当一个人年老时，暮气沉沉，便可修身养性，沉潜回归，所以学佛入道是最好的修行。当一个人意气风发时，会偏向儒家，当颓靡退缩时，会偏向佛道；当国君英明有为、求贤若渴时，应该选择儒家；当国君昏庸无道、纲举不振时，可以选择佛道，从此出走红尘，不问世事；得势时可倾向儒家，失势时可依靠佛老；若想通过身体获得保全和延续时，则可信奉道教，而想在精神上获得自由和延续时，可寄身于佛教。于是，儒释道在不同时空发挥不同的功能，而一个人的一生总会经历不同的生命阶段和起伏颠簸，在不同的阶段都有不同的文化与之适应，于是一个人才能进有所据，退有所守。无论生存环境多么有利或变得多么恶劣，都能让生命有所归属。

“以佛修心，以儒治世，以道养身”，这个最初由帝王提出的文化秩序很好地管控了三教的冲突，很快就受到中国古代社会担纲者——士大夫阶层的推崇，并被内化为每一个中国人个体的心灵秩序。因为佛教的作用已不再局限于宗教和僧人，佛教思想就不再只是一种宗教观了，还成了一种人生观。从方外之宾到人间佛教的转变，从宗教教义到普适性世界观的迁移，从僧人的修行到人生哲学的华丽转身，是佛教跨文化传播过程中里程碑式的一步，佛教从宗教正式走进了日常生活世界。最终，儒释道三家形成了日常生活普适性的文化标准，成为一个人人都可采用的日常生活实践模式。

三、从文化功能分区走向文化秩序，是实现跨文化理解的理想状态

当今，习近平总书记曾在多个场合强调差异之于文明交流与互鉴的重要性。他提出，每个国家、每个民族不分强弱、不分大小，其思想文化都应该得到承认和尊重。“我们应该维护各国各民族文明多样性，加强相互交流、相互学习、相互借鉴，而不应该相互隔膜、相互排斥、相互取代。”

中华人民共和国成立以来，中国的对外交往就一向主张以“求同存异”来消弭分歧，化解冲突。通过对差异搁置或忽略而形成共识，这种方式有利于在剑拔弩张的谈判桌上很快达成短期的一致，但是如果是作为长期的文明或文化交流，视差异为潜在的敏感因素，只是搁置或忽略差异，这只能暂时避免文明多元带来的冲突，是一种相对有限的包容，并不能从根本上消弭文明冲突。因为被搁置的差异犹如被刻意隐藏的病灶，迟早有一天会爆发出来。既然文明对话必须是基于差异上的对话，这意味着既不能让差异消失，也不能以冷处理的方式消极逃避差异，对差异视而不见。如若如此，还不如直面差异。与其避开差异，还不如主动利用差异，让“异质性”去创造价值，把“同”建立在“异”的根基之上。习近平总书记的文明交流与互鉴思想正是在继承新中国外交思想基础之上的重大创新，这一新型文明观强调对差异性的尊重与利用，他指出，人类文明因多样才有交流互鉴的价值，因平等才有交流互鉴的前提，因包容才有交流互鉴的动力。

儒释道三教合一，便是从历史经验为文明交流互鉴思想提供行动的示范，是从差异到区分的成功案例。三国时期居住吴国的高僧康僧会曾对吴主孙皓说道：“虽儒典之格言，即佛教之明训。”吴主问：“若然则周孔已明，何用佛教？”康僧会答：“周孔所言，略示近迹，至于释教，则备极幽微。故行恶则有地狱长苦，修善则有大宫永乐。举此以明劝沮，不亦大哉。”在二人的一问一答中，吴主其实指出了症结所在，即“若然则周孔已明，何用佛教”，这句话的意思是说如果佛教与儒家两种文化统一的话，那么只需要一个就可以了，

何必再用另一个？然则康僧会的回答却反映了古代高僧在弘教时难免落入的一个误区：总想在佛儒道之间分出一个高低优劣，以“我比你更高一等，所以世人更应选择我”的姿态把对方比下去，这种传播方式不免会遭到儒家和道家的激烈反对，这也是当前一些盲目的跨文化传播存在的通病。自康僧会以后，传教者转变传播思路，“把对方比下去”变成了“我与你都是独特的，谁也无法替代”，于是儒释道三教界限逐渐厘清，分工渐次明白，最终形成“以儒治世，以佛修心，以道修身”的文化秩序，儒释道各依不同的逻辑和秩序在各自时空下发挥作用，既相互分别又相互补充，既相互关联又相互制衡，如此开创了中国多元文化繁荣的文化生态。

由于不同文化拥有各自的价值逻辑，而不同逻辑往往又具有适合发挥作用的不同时空场景，所以在不同文化之间往往会形成一种基于层级关系的文化关系，这种层级关系或是匹配关系，或是主次关系，或是内外关系，或是上下关系，就像不同的原子，以一定的方式相互嵌套构成一个整体结构或价值链条，在适合彼此的位置上发挥作用。这种基于差异性的文化秩序，可以很好地避免不同文化在相同领域内的竞争和排斥，化解冲突，形成一个一体多元的文化共同体。

当多元文化相遇时，建立在文化层级关系基础上的文化秩序是化解跨文化冲突的有效手段，这种层级关系不是“我比你更优”，而是“相互配套、相互嵌套、相互促进”的分工合作关系，而这一切又建立在文化各自的特性与差异基础上。“异”让每一种文化或文明各成其所是，区别于其他文化或文明的特质构成了文化主体性的基石。如果说“同”可以产生文化上的亲和性，那么“异”则形成了文化上的互补性，真正的“同”不应是追求“同一”，而是要同时共存，共同服务于“人”这个目标。文化的异质性，既可以是冲突的导火索，也可以是交流互鉴的一面镜子，关键是如何对待差异。文化的异质性不应是文化走向自我封闭的通道，更不是走向文化同化的理由。正如在传播思想史上，无论是走向封闭的不可沟通，还是走向同一的共同性，都不是交流（Communication）理想的选择，倒是应该提倡一种“免于交往的自由”，“我们不应强求别人与我们一致，不必把自我投射到他人身上”。交流的目的是“保护人们免遭他人骚扰，然而又使人们能够享受彼此的相伴”。显然，交流是为了各自的共存与繁荣，辉映各自的光芒，让自身变得更加光彩夺目。也就是说，相互交流与借鉴最终要建立在让各自身上的“异”在自足中更加闪耀在这一基座之上。章太炎早就意识到“差异性”的重要性，于是融合佛道思想和西方哲学，创立了“不齐而齐”的齐物哲学。这一哲学省思的宝贵之处在于肯定了每一个体和每一文明的价值，试图拯救被泛滥的“公理”和“普遍原则”同化掉的个性，重新回归不同文化或文明的内在性和相对性。日本的池田大作也曾试图从佛教思想中去获取文明交流互鉴的灵感，他把差异当作创造价值的源泉，用佛教话语来说就是要“自体显照”。此外，他还用佛教中的“梅樱桃李”来说明特性的宝贵，指出在“具体的生活中没有必要也不可能让所有的花都变成樱花或梅花。只要樱花作为樱花，梅花作为梅花，遵循各自的真理和法则，光彩夺目就好”。而这与习近平总书记在博鳌亚洲论坛 2013 年年会上的主旨演讲中提及的“一花独放不是春，百花齐放春满园”有异曲同工之妙。

诚如费瑟斯通所言，在不同的民族国家、政治集团和文明之间展开更大规模的对话，不仅是在一块工作和形成共识，而且是一个可预见大量分歧、立场碰撞与冲突的对话空间。“差异”是一个产生各种可能和机会的场域，是通往“同”的桥梁，也是走向人类命运共同体的阶梯。正如儒释道在不同领域以及不同时空发挥不同作用一样，三种截然不同的意识形态也因此最终得以汇流。从“求同存异”或“和而不同”的思路向“不同而和”转变，从“交流是为了同化、替代或影响”向“交流在于彼此辉映各自的光芒”的宗旨转变，文明交流互鉴把跨文化传播提升至了又一重新的境界，增添了又一层新意。反思儒释道的“三教合一”，在正视差异的基础上对不同文化进行功能上的区分与嵌套，按照彼此的逻辑规范它们各自的疆域，形成一种多元文化的层级关系和内在秩序，这正是儒释道跨文化沟通向文明交流与互鉴提供的一条颇具启发性的历史路径。

（文章发表于《宁夏社会科学》2019 年第 5 期）

赋权的转移：媒介化视角下的“四书”升格运动——以《中庸》为例

杜恺健

中国人民大学新闻学院讲师、博士后，主要研究领域为华夏传播、中国新闻史。

我们认为媒介有自身的思考环境和社会空间，它能够重构社会的环境和知识的塑造。宋代的雕版印刷所带来的媒介变革是一种积极的社会进程，使得知识可以被以多种方式理解。在此之后，因为雕版印刷在科举以及日常生活当中的使用，赋予了印本书籍的权威地位和文化主体地位，印本书最终作为皇权政治话语的一个特殊象征成为神圣的经典。但当儒家的印版书被作为一种神圣的经典规定下来之后，它并没有一成不变，而是也同时发生着变化，它自己本身也在逐渐打破这种权威，四书在这一过程之中逐渐取代了以往的经典而成了新的经典，朱熹的《四书章句集注》则是这一经典化过程的完成。

德布雷指出文字最初是教士的特权，可它后来也成了政教分离的承载者，支配的工具，革命的介质。文字不仅是知识的载体，它同时也是历史变革的见证者与参与者。《中庸》同样也是如此，它可以作为统治阶级的统治工具，到了南宋也能够成为士人阶级伸张权利的依据。在唐宋之际的中国，也发生了一场社会、文化的转型，内藤湖南将其概括为“唐宋之变”。而在经典的场域之中，这一变革就表现为儒家的经典逐渐由五经转移到了“四书”之上。这一过程，周予同将其定义为“四书升格运动”，遗憾的是，目前学界对于这方面的研究更多侧重于哲学义理阐释方面，以学术思想史为主，而缺少与社会、政治、教育之间的互动关系。包弼德就认为哲学史并不是代表思想文化的历史，也不能充分描述和解释我们建立共同价值观（shared value）的方式。如果要考虑“四书”与社会建构的关系，媒介化的视角恰能够给我们提供一个全新的视角。

所谓媒介化，指的是一种去本质化的认知起点，即媒介不应只被当作内容、频道或是机构，而应当被适当地主体化或是建制化。《国际传播学百科全书》则将其概括为媒介化社会代表了这样的一种趋势，媒介的影响已经扩展至社会及生活的各个角落，在社会、经济、政治等各种社会机制的生产中，我们都能察觉到媒介逻辑所产生的影响及效力。黄旦将其概括为“媒介制度化”，即不同的媒介由于特性不一，开拓出区别不同“现实”的可能性，创造出各自的“传媒性”感知。媒介并非只是简单地传递信息，它还发展出一种作用力，从而使得每一种媒介，都成为一种思维和认识方式，也是一种记忆方式。总而言之，媒介化象征着一种“三位一体”的力量，即一个技术、社会和文化性质的负责的、多重的网络。通过媒介化，一个观念可以成为物质力量，而我们的媒体只是这些媒介化当中一种特殊的、后来的和具有侵略性的延伸。

毫无疑问，宋代书籍的出版是宋代理学的标志之一，是其物理之学的标志之一。由于雕版印刷的繁荣，印本书已经成为宋代主流的图书形态，这一时期也是我国图书生产的重大变革和历史转折时期，周宝荣则将此定义为宋代的“出版转型”，并认为这与宋代的“文化转型”是密不可分的，它是文化转向的重要组成部分，又是文化转向的动力因子。关于文化与出版的关系，过去有太多的文献有所讨论，此次我们主要考虑的是既然斯文的典籍传统是诸种规范性观念的来源，那么这种“神圣化”的《中庸》到底是如何受到物质之变的影响进而生成思想上的变化呢?

一、媒介变革——雕版印刷在宋代的普及

在唐代末期，雕版印刷就已经诞生，并用于刻经事业。现存最早的雕版印刷为唐代出土的《陀罗尼经》，可见在唐代雕版印刷就已经得到充分使用了。

但在唐代，雕版印刷并没有在世俗社会达到完全普及的程度。雕版印刷的完全普及还是在宋代实现的，结合历代文人以及诸多学者的推断，雕版印刷的普及大致在宋初至北宋中期。这一时期也是书籍出版发展成为一种全国

性的重要的文化事业与文化产业的重要时期。

按照书籍出版机构来划分，宋代的书籍出版可分为官刻、坊刻以及私刻三种类型，分别对应官方刻书、商业刻书以及私家刻书三种类型，后二者我们可以统称为民间出版。早期出版水平并不发达，但宋太祖所确立的文治国策以及大力推行的文治实践为书籍出版奠定了政治基础。因此宋初的书籍出版市场主要是官刻的天下。除国家机构以外，地方政府也从事刻书行业，宋代的地方政府及其教育机构往往也从事刻书事业，并在宋代后期逐渐与私家刻书机构联合刻书。

另一方面，刻书的权力逐渐下放并随着商业的发展导致了坊刻的兴起，这一时期也同时是宋代经济社会大发展的时期，斯波义信将它归结为上升期，同时在商业上也是发展的黄金时期，以东京相国寺为主的大型图书市场正在形成。民间出版在这一时期开始成为宋代经济文化发展的新因素。这一时期的书坊数量激增，地域分布广泛。魏了翁称：“自唐末五季以来始为印书，极为近世，而闽浙、庸蜀之锓梓遍天下。”书坊集编辑、刻印、售卖于一身，在图书制作和原料产地上建立起多种联系，与各地书贩建立流通网络，成了一个实力雄厚的生产经营实体。民间出版业成了宋代文化发展的一支重要力量。宋代民间出版的发达已经远远超越了一般商品生产的意义，有了塑造近世文化、思想以及观念的启蒙意义。

自靖康之乱后，官刻书籍在官方层面上遭到了重创，因此官方只能够“请下诸道州学取旧监本书籍，镂版颁行”。在官方发行权力大幅下滑后，士大夫刻书之风反倒盛行了。莫光言“反缙绅家世所藏善本，外之监司、郡守搜访得之，往往锓板以为官书，然所在各自板行”。由此可见，此时的官方藏书因监本毁坏之故，多以私人的善本来作为官方版本，这里从侧面展现此时的官刻已逐渐没落，民间刻书业则作为宋代末期的主要刻书形式而兴盛起来，私刻的兴盛，是宋代刻书业繁荣的一个标志。

总而言之，在宋代，雕版印刷已经成了当时人们普遍使用的文字媒介，并且开始了它向文化领域的侵略性延伸。下面我们以《中庸》为例来探讨雕版印刷对于文化领域的影响。

二、雕版印刷的媒介特质和影响

“今人谁不读书”，陈善的话说得很对，宋人对于书籍的痴迷，可谓前无古人。上至宋太宗“独喜观书，虽在军中，手不释卷”，宰相韩琦“历古以来，治天下者莫不以图书为急，盖万物之根本，后世之模法，不可失也”，下至王升“布衣蔬食，无书不读，道、释二典，亦皆阅过”，读书无疑成了宋人的风尚。书籍在这之中扮演着极其重要的角色，尤其是雕版书籍在这一时期占据了阅读的主要地位，并逐渐使阅读开始普及，实现了阅读的社会化。

回过头我们来看《中庸》的流行。作为一部在宋之前几乎无人问津的著作，毫无疑问，《中庸》的普及与神圣化，与这种阅读的社会化密不可分。包弼德认为思想交流的基础之一就是三种（儒释道）各不相同、逐渐积累的典籍传统的存在。但这一基础实际上自宋初开始，就不是一种完全平衡的典籍传统，因为媒介的不同，它们有着各自的偏向。

刘子健有一个观点对我们讨论《中庸》的普及与神圣化似乎很有帮助。他指出佛教的图书馆曾经是儒生们苦读的所在。当儒生成为士大夫之后，他们和僧侣之间的友谊对后者裨益良多。然而，随着印刷术的发展，佛教图书馆能为儒生提供的东西越来越少，私学开始出现。同时随着宋代经济的扩张和发展，曾经在城乡日常生活中起重要作用的佛教工匠和金融服务业也日渐衰退，寺庙失去了它的地方权力。

这时我们发现媒介似乎在这里扮演了极为重要的作用，不同媒介的产生制造了不同的知识权力。寺院在古代藏书史上具有重要的地位，是我国古代藏书体系中不可缺少的部分。北宋以前，佛教寺庙大多是当地的文化中心，僧徒除了阅读佛经以外，在撰写著作时往往也要参看其他书籍以作参考，因此佛寺的藏书往往除了佛经以外还有其他各类书籍。且寺庙往往除了藏书以外还设立寺学，开课授徒，如刘勰、陆羽等人都是寺学的学生。在五代时期，政治上虽纷纷扰扰，但寺庙却保持了很强大的独立性，免除了外界政治更替、王朝迭代的困扰，也不至于在战火之中遭受灭顶之灾。因此寺庙的藏书在战争时期往往具有很强的稳定性。

也正是因为这样的关系，宋之前的一段时间，文化尤其是书籍的权力是在寺院手上。生活在宋初的释智圆就是一个很好的例子，他同时也是首倡《中庸》的佛教僧侣之一，虽然他自 8 岁就出家，但他似乎一直都是在从事儒家典籍的学习，甚至在 21 岁时还可以“从师受周孔书，宗其道，学为文则以训世”。另外宋太祖在即位之后首先雕刻的也不是儒家经典，而是《开宝藏》，在雕版时代还未完全到来之前，佛教与寺院在书写时代毫无疑问是文化上的统治者。因此释智圆在他的《中庸子传》以佛教来解释《中庸》，这恰是因为此时的佛教与寺院正处于文化上的统治地位，以佛解儒乃是一种文化权力上的压制。

媒介有自身的思考环境和社会空间，它能够重构社会的环境，并重新塑造知识。雕版印刷的诞生是一种积极的社会进程，它打破了寺院对于知识的垄断，使得知识可以被以多种方式理解。钱穆言“雕版印书亦由寺庙开始”这句话其实放在宋代也很适用。但是雕版印刷在宋代却不是为佛经而设。作为一种可以大量复制以及大规模出版的媒介，官刻将它用于大量出版经史子集类书籍。宋太宗言：“雕刻印板，便施华夷。凡尔生灵，宜知朕意。”雕版印刷的目的正是在于为天下垂范，树立一种知识的模范。

官刻之所以能够如此，其主要原因还在于雕版印刷的媒介特质。技术的发展，使得宋代的纸较前代来说更加适合印刷。此外，易得且价格低廉的原材料，以及广泛的劳动力，使得雕版印刷能够在各个地方大量生产。国家在出版书籍时，考虑的是如何使思想得以流布，因此官刻书籍的出版，降低了知识获取的难度，解决了普通人获取书籍的问题，使得知识开始从王公贵族流入寻常百姓家。同时雕版印刷的可复制性要更强，只要雕版的数量一上来，雕版印刷的数量也能够在很快的时间内飞速上升，如宋太宗所言“乃宣付史馆，令刊版流布天下”。

正如伊丽莎白所说，印刷术使得图书便宜而丰富，注经者的时代结束了，“书籍相互参证的新时代”开始了。雕版印刷的大规模复制除了可以在大范围传播以外，更重要的是它保存的力量以及标准化的力量。出版作为一种传播技术的变迁，通过利益结构的变更、符号体系的改变、社会性质的变化而影响文化，在这一过程之中印刷机创造了一种新的文化联结模式。

孔维在《校勘五经正义请雕版表》中说：“自是至此，三百年来，讲经者止务销文，应举者唯偏节义，苟期合格，志望策名。出身者急在干荣，食禄者多忘本业，一登科级，便罢披寻……今则逐部各详于训解，写本皆正与字书……傥今雕印以颁行，乞降丝纶之明命。”由此可见，在五经乃至九经刊印之前，学者们对于经典乃至于文化的解释依然有所不同，这也能够解释为什么此时的佛教能够以佛解儒，正是因为经典的媒介未能够完全成体系，雕版印刷的出现使得人们在研讨经典时能够“问义质疑，有所依据”，且在刻印过程之中必须“重加勘正，除去舛谬”。有了统一的版本以及注释，这些经典就能成为一种标准化的力量，去传播宋王朝的政策。

在此基础之上，官方开始将印刷的经典作为文化权力的象征，并通过御赐《中庸》的方式进行显耀，天圣五年（1027）赐进士王尧臣等《中庸》，景祐元年（1034）赐新第张唐卿诗及《中庸》。皇帝将印本书作为御赐的赠品，在科举以及平时都会使用，赋予印本书籍的权威地位和文化主体地位，印本书至此终于作为皇权政治话语的一个特殊象征成为神圣的经典。

在印本书成为神圣经典的背景之下，文化之上的三教融合逐渐由“以佛解儒”变成了“佛儒相通”，我们也能知道佛教对于《中庸》的理解从智圆到契嵩的变化。契嵩在上宋仁宗书中曾多次提到想将自己的著作入藏的打算。他自言“臣固为道不为名，为法不为身”，这里我们可以将它理解为国家政治的法与道。此时的佛藏与儒家经典都是作为宋代儒佛并举，三教并重的文化政策之下形成的经典。契嵩要想将自己的作品放入佛藏之中必须尊重当时统治者的文化政策，印本书的影响通过儒佛并举的文化政策最终都反映到了他的作品之中。雕版印刷此时已经逐渐打破了寺院藏书对于知识的控制，儒家因为雕版印刷重新焕发了生机，并通过政治所赋予的权威地位成了神圣的经典。因此契嵩将《中庸》以《中庸解》的形式呈现，是想将《中庸》也作为一部与佛经并重的经典来进行再诠释，而这也正是契嵩将《中庸》理解为“经”的原因了。

当儒家的印版书作为一种神圣的经典规定下来之后，它并没有一成不变，而是同时发生着变化。这种变化不一定仅体现在受众数量的变化或是书籍本身的变化上，田建平所强调的雕版书籍的物理形态固然是一种文化，而其生产的诸环节无疑是文化。这一系列的过程构成了经典的场域，对于经典的确认往往需要经过以上的诸环节才能够实现，这种变化自然也首先体现在这诸多的环节之上。

雕版书籍解放了文字，将文字的神圣性、神秘性彻底瓦解，这是导致宋人疑经、宋学兴起的重要原因，田建平在此已经指出了雕版书籍在塑造经典之中的另外一种作用，那就是改造经典。当雕版印刷扩大了传播范围以及读者数量的同时，相对应地会提高这些读者的文化水平。此时的人们必然也会对过往的经典有所怀疑。秦奭在《上校定五经正义表》中言：“存历朝错综之文，虽具陈解说；在群儒讲经之旨，亦或有异同。”这指的正是时人对于在校勘经典之中对于这些经典疑义的困惑，宋代疑经形成的一个重要原因是文献学的发展和思想水平的提高，宋代疑经重视文献比勘、义理辨析，有很强的学术理性色彩。综上所言，雕版印刷虽赋予了儒家经典神圣性的权威，但另外一个方面，它自己本身也在逐渐打破这种权威，随之而来的就是疑经运动的产生。

在这种疑经运动之中，其实质无非还是为了让这些经典更好地运用于生活之中。余英时指出宋代儒学关注生活世界的特性发展为经学的政治化、社会化，以“经”为体，以现实为“用”，注重经世致用，使经学朝着“明达体用”的方向发展。经学的这种“经世致用”的思潮在文化上表现为疑经运动，在媒介上则表现为对“经典”的再造。陆游云：“唐及国初，学者不敢议孔安国、郑康成。况圣人乎！自庆历后，诸儒发明经旨，非前人所及。然排《系辞》，毁《周礼》，疑《孟子》、讥《书》之《胤征》《顾命》，黜《诗》之序，不难于议经，况传注乎！”此时雕版印刷的权力转向正逐渐作用于经典的变革。

在疑经运动风潮与雕版印刷的相互配合之下，新的经典在这一时刻逐渐凸显而出，既然对经典有所疑问，那么办法无非就是再造经典。《中庸》就在此刻脱颖而出了，这也就能够解释为什么宋人普遍认为《礼记》是汉儒的杂记而不是一部真正的经典，《中庸》却是记载“圣人之言”的真正经典，甚至认为他们本来就是专门的经书，与礼无关。

这样的经典再造无疑需要一个契机。仁宗天圣年间兼以策论升降天下士，到了仁宗庆历年间则重策论和诸科重大义；神宗熙宁年间更是将诗赋、帖经、墨义剔除，专考策论和大义。这一时期的科举已经开始了义理的转向。熙宁五年（1072），神宗谓王安石：“经术，今人人乖异，何以一道德？卿有所著可以颁行，令学者定于一。”于是同一年间，王安石取消了诸科的考试，这意味着考试只能在常规的进士科上竞争，经典正式成了国家获取人才的唯一指定书籍，它同时也是王朝的合法性依据。

趁着这次机会，王安石也正好可以通过科举改革经典，通过印本书的快速发行，新的经典恰可以通过快速的发行抢占市场。熙宁六年，宋神宗专设经义局，专门编撰《三经新义》，熙宁八年（1075）夏，“颁王安石《诗》《书》《周礼》义于学宫”。在这之后的几个月时间之内，《三经新义》通过印本书的形式遍及宗室、太学及州学、州府等地方。王安石此举，按照包弼德的解释来说，是在发展一种学的方式，这种学的方式的物质基础是作为书面文献的儒家经典，而他所说的学是从那些文献里获取的价值观。因此王安石将注重仪式的《仪礼》排除在外，反而加入了包含《中庸》的，注重义理的《礼记》。自此也可以证明雕版印刷所带来的媒介革命不只是印刷形式的变化，大范围的传播、长时段的保留所带来的转向在于人们不再只局限于外在的仪式，追求的是“义理”的永恒。而要想重新将“义理”解释清楚，那就有必要再造经典，媒介变革所带来的应是编撰、写作、阅读、传播乃至一系列的变化。

在这场疑经运动之下，此时关于《中庸》的著作开始大批量出版，如陈襄的《中庸义》以及晁说之的《中庸传》等。解经开始由“注疏”走向了“义理”，但是义理不单单只有一家之义理。既然雕版印刷使得书籍、思想得以大范围地传播，那么伊丽莎白所言“书籍相互参政的新时代”就要到来了，技术使得铺展、撒播的范围更加广阔了，那么我们就更应该强调“异花受精”或是文化交流的作用。

三、经典场域之内的话语争夺——作为经典的《中庸》的诞生

（一）话语的对抗——民间《中庸》著作的出版

除了以王安石为代表的官刻外，逐渐发展的民间出版在此时也参与到这场确立经典的书籍出版活动中来。宋代的人口增长、商业的发达使得民众对于教育的需求越来越大，而雕版书籍的出现使得出版正好可以满足人们对于教育的需求。民间出版业在此时已是一支不可忽视的力量。庆历以后，经学打破了定于一尊的局面，激发了民间经学的活力，使得经书的解释更加多元。周启荣认为这种思想氛围主要源于私人出版业的发展，这种氛围会鼓励科举考试中对于儒家经典的开放化和多元化的解释。商业出版能够促进读书人阶级的成长，也为这个阶级提供了宣传的机会和随之而来的政治权利。

正是在此时，民间许多关于《中庸》的非官方著作陆续出版，它们所代表的是民间印本书业的力量。这些民间出版业的特点之一就是它们所针对的经典一般来说篇幅较小，同时在进行注释时主要以义理为主。民间出版业使得人人都可以对于经文之中的某一段落展开自己的解释，并将这些解释出版成册，使之流传散布，在一定区域内广泛发行。

由此可以发现，陈襄与晁说之，应当正是这种民间力量的代表。他们在政见上都与王安石相左，因此他们对于《中庸》的观点，自然不会收录到王安石所著的《三经新义》之中，但民间出版业给予了他们反抗的力量，他们可以将他们所认为正确的“义理”通过民间出版的方式来进行传播，恰也正得益于到了宋代中期这种经世致用、讲求义理的文化风潮。他们通过《中庸义》以及《中庸传》阐释了另外一套不同于《三经新义》的“义理”，例如晁说之的《中庸传》就是为了反对王安石的《三经新义》而出，他们对于义理

的阐释也只能通过像《中庸》这样篇幅较少的经典来进行阐释，但义理的优劣不在于篇幅，而在于见识的深浅，《中庸》也因此能够脱颖而出，成为与《礼记》等原有经典相抗衡的“新经典”，我们在此打上引号以示此时的《中庸》还未成为经典。

（二）赋权的转移——作为“四书”的《中庸》的诞生

这种民间力量上升以至顶峰的标志，毫无疑问是朱熹与他的《四书章句集注》。承接之前所言，我们发现不管民间出版业在北宋时期如何发达，在对经典的定义之上，主动权始终掌握在官方的手上。贾晋珠就发现在北宋建立之后的一百年里，国子监出版的经书、史书始终统治着当时的图书市场。但有意思的是，学校中有关国子监向其捐赠图书的记录到北宋就停止了，到了南宋时期就再也没有这些记录了。贾晋珠的这一发现是我们解释《中庸》成为经典的基础，这里我们还是要从雕版印刷业的转向开始说起。

李心传曰：“始建炎兵火后，史院片纸不存。”从北宋到南宋，国子监之中的印版、书籍以及三馆的书籍都被金人劫掠干净，这无疑是出版业的灾难，《宋会要辑稿》称之为“艰难以来，兵火百变，文书之厄莫甚今日，虽三馆之制具在，而向来之书尽亡”。因此到了南宋时期，朝廷已无能力再像以前那样，向地方州学、县学捐赠官方指定的经书。此时的官方出版业要想重新恢复生机，只能够向民间寻求旧版书籍，重新雕版刻印。李心传的《建炎以来朝野杂记》记载：“张彦实侍制为尚书郎，始请下诸道州学取旧监本书籍，镂版颁行，从之。然所取诸书多残缺，故胄监刊《六经》无《礼记》，三史无《汉》《唐》。”这段话表明南宋初期重新刻版的经书主要是以残缺的北宋旧监本为底本，因此还需要从其他地方继续搜集。王国维说：“监中自不刻书，悉令临安府及他州郡刻之。此即南宋监本也。”州县出版的一些书籍在这一特殊时期内算作是国子监出版，而这里的州县出版按照王国维的考察，除了地方政府出版以外，也还有书房出版甚至少数私刻出版。由此可见，这些雕版在当地刻完之后，也有可能会被重新运回国子监。毫无疑问，失去了原有监本书籍的官方出版业，丧失了官方出版经书在义理解释上的统治地位，也正是从这里开始，经书的诠释权才真正掌握在士的手上，朱熹所言“道统之传”才能够正式展开。

既然官方的统治力有所下降，民间出版行业自然有所发展，士大夫刻书成风以这一阶段为盛，此时商业化出版就已经颇具规模，消费市场的发育也已经成熟，当时的刊书环境非常宽松，再加上雕版印刷的大规模使得民间出版业飞速发展，谢良佐言“人人读书有分”在这时开始从一种理想成了现实。

莫叔光言：“凡缙绅家世所藏善本，外之监司，郡守搜访得之，往往锓板以为官书，然所在各自板行。”官刻在南宋的雕版，往往都掌握在民间出版业的手上，这里实际上就反映出到了南宋时期，官方出版的统治地位在这时已经开始让位给了民间出版业。嘉定十三年（1220）由官方出版的《中兴馆阁续书目》中就记载：“盖自绍兴至嘉定，承平百载，遗书十出八九，著书立言之士由益众，往往多充秘府。”此时确立标准的权力已经由官方开始向民间转移，确立经典的权力早已不在官方之手，此时的官方出版业再也没有能够一统诸家观点定于一尊的能力了，相反，这种能力要到民间去寻找。

民间出版业的繁荣极大地促进了民间著书立言的发展。这里我们不得不提到朱熹，根据诸多学者的考察，朱熹著作的出版可以确定是民间出版事业，《四书章句集注》成为官方科考的参考书籍不仅意味着《中庸》神圣经典地位的确立，更意味着民间出版在此时已经取得了它的合法化地位，成为得到官方认可的出版业。

中国古代对于经典的注释有很明确的规定，只有成为“经”者，才能够用“集注”的方式来进行注解，朱熹将其对“四书”的注释名为《四书章句集注》，可见朱熹是明确将“四书”当作经来做注释的，他也是第一个将《中庸》的文体形式明确为经典之人。在此我们可以进一步对它做出解释。我们已经说明官方在此时已经再也没有统一诸家观点定于一尊的能力，因此这种重新汇集的方式就只能通过民间的力量来寻找。朱熹毫无疑问就是这种希望能够重新将思想定于一尊的其中一员，也就是他自己所说的“道统之传有自来矣”。但民间出版行业自然不能跟官方出版的经典一样，他们没有大量专业人员参与其中校勘乃至刊刻，因此朱熹选择以篇幅较小的《中庸》作为经典也有其经济因素的考量。在《学古》一文中他就曾说道：“有纸万张，欲印子经及《近思》《小学》《二仪》。然比板样，为经子则不足，为《四书》则有余。意欲先取印经子分数，以其幅之太半印之，而以其余少半者印它书，似亦差便。”过往这类经典的注释往往都需要国家的力量才能够发行，例如孔颖达的《五经正义》、王安石的《三经新义》，而如果让民间出版业承担起如此大的印量可能还是力有不逮，因此朱熹只能选择以“四书”来作为他标写注释的书籍。

当然，朱熹以《中庸》为经不单单只是经济和出版的考量，在这之中更有文化的考量。其一我们在之前也说了，在北宋末期以后义理的优劣不在于篇幅，而在于见识的深浅，黄榦评价朱熹道：“切闻道之正统，待人而后传。自周以来，任传道之责，得统之正者，不过数人，而能使斯道章章较著者，一二人而止耳。……由孟子而后，周、程、张子继其绝，至先生而始著。”朱熹对于道统的提倡毫无疑问使得朱熹和他的《四书章句集注》有这个资格可以称为经典，这一点过去已有许多学者开展了讨论。但除了义理以外，著述、刻书、讲学与人际交流都是理学传播的主要方式，我们需要对此进行考察，才能够理解为什么朱熹的著作能在当时被如此大范围地传播。

朱熹在出版《四书章句集注》之前还出版了《中庸集解》和《中庸或问》。作为一种语录体的书籍，他们实际上非常适合用于考生在科举考试中的备考阶段。魏希德就曾言语录类书籍是传播道学教导的重要媒介，它们收录了教师对流传的道学理论的解释，也包括了教师对儒家经典和史书中章节的解读，后者对于备考十分方便。现在我们再来看看《中庸章句》，朱熹在《中庸集解》和《中庸章句》之中更多的是分析他人对于这些章节的解读，而《中庸章句》实则完完整整地记录了朱熹对于这些经典章节的解读，突出了自己的义理。因此，在朱熹看来，《中庸章句》比起之前的《中庸集解》和《中庸或问》更适合用来指导学生的考试。在《论学绳尺》中记载：“本朱子中庸之说，而参以己意。议论有根据，文理有发明，此时文中之冠冕者。”由此可见，后人认为朱熹的标准至少在参看经典的时候也应当提出己见。朱熹自己在《大学章句序》之中也认为：“大学之书，古之大学所以教人之法也。……学者修己治人……自是以来，俗儒记诵辞章之习，其功倍于小学而无用；异端虚无寂灭之教，其高过大学而无实。”可见朱熹十分注重在讨论义理时提出自己的见解而非单纯的记诵。魏希德则发现朱熹曾说过“略用体式，而囊括以至理”“大抵不问题之长短，而欲必分为两端，仍作两句对偶破题。又须借用他语以按贴题中之字，必极于工巧而后已。其后多言二三千言别无他意，不过只是反复敷衍破题两句之说而已。如此不唯不成经学亦复不成文字”。对于朱熹来说，阅读不仅仅是文字内容及意义的活动，阅读必须能给读者个人带来转变甚至是革新，因此朱熹反对在时文之中加入破题的冗长解释，而应当注重写作、注重修身之心。因此他主张在写作的时候应当直面原始文字，使用注疏则需要批判性地阅读，最重要的是个人对于这段文字的理解。田丰也认为朱熹对于义理具有一种“祛时”的倾向，这个论断并非指他们无视具体境遇的复杂与微妙，而是指应对具体境遇时所依凭的判断根据是超“时”的定理。相应地，他们对经史实学的忽视，根本原因在于对“天理”或“道”的理解远离了对传统（以经史为典型）的回归与重新开启。这样的直接后果是去除了“理”或“道”的历史性，即其在历史中变化与生成的维度，而“经”原本为民族道路奠基的意义及其作为诠释史的意义也被削弱了，相应地强化了“不易之定理”的意义。由此可见朱熹在科举之中试图传授的不是一种答题的体式，更重要的是在这之中的义理。朱熹可谓将义理之学在日用平常之间贯彻到底，不管是生活、著述，抑或讲学，如果是这样子的话，《中庸》的篇幅就特别适合朱熹用于讲述义理，同时又与经文相贴合。朱熹将《中庸》从礼记之中单独提出，想必也是为了更好地讲述义理。

当然，最终朱熹的这些思考、著述都要放到一定的场域之下进行传播才能得以流传，毫无疑问这个场域就是书院。田浩指出书院是道学群体重要的活动中心，他们在书院推行各种礼仪规范，意图加强团体的责任心和凝聚力。学生在先生面前行弟子礼成为正式的学生后，也变成讲经传道群体中的一分子。另外田浩也注意到，南宋朝廷的文化权力实际上不仅在出版业上大不如前，甚至在书院上也放弃了北宋的控制政策，这一点李兵在其《书院与科举关系研究》之中已得到证实。李兵指出赵宋南渡之后，在科举制度的影响下官学无法完全承担人才的培养，因此大量处于政治边缘的新儒家开始大力创办书院，这其中自然就包括我们前面所提到的朱熹。实际上书院、科举的没落与官方掌握经典的权力是密不可分的。当官方缺少了强力推行统一经典的能力时，它对于科举、书院的掌控能力自然就会降低，而这也主要源于民间出版业在此时的强力崛起。书院、精舍都是当时建立文人知识分子的群体的重要机构，在国家无力承担大量士人在官学之中学习时，这些书院与精舍自然成了当时知识分子聚集的重要机构。而这些书院自身也同样可能是出版机构，因此科举与印刷此时都在书院交汇，完成三位一体的汇合。书院在此时不仅承担教师讲学授课的职能，它自身也要作为出版机构，为这些学术刻印图书。依照马刘凤与刘家红的统计，朱熹在书院之中就曾多次刻录书籍作为讲学之用，而他的《四书章句集注》更是在他与他人的书信往来之中数次提到被用于教学。至此，雕印、科举与书院三点连成了一线，而此时书院教学的目的，与朱熹强调经典与科举的目的一致。吕祖谦在为朱熹的白鹿洞书院题记的时候言：“晚进小生，骤闻其语，不知亲师取友，以讲求用力之实……而先有王氏高自贤胜之病。”可见他对于现下学校太注重科举文章的做法有所不满，所求只是“阖相与揖先儒浓固憨实之余风，服大学离经辨志之始教。

由博而约，自下而高”，他与朱熹所求同样也是打破北宋晚期以来注重文章雄辩之风，而专门追求“大学离经辨志之教”。田浩对此的解读也是朱熹希望书院培养学生，强调儒家经典的学习和道德修养。这与前面所提到的朱熹对于科举以及《中庸》的态度是一致的。由此，媒介的力量通过现实层面的其他设施开始向社会推动，在印本书、科举与书院三者的联合推动之下，朱熹的《四书章句集注》才能在文人群体之中展开，并成为连接这些士人群体的纽带。宋代所谓的“道学群体”也终于在这三者的联合推动下得以形成。

四、小结

从媒介化的观点出发，我们就可以打破原有的四书研究囿于哲学思想史一隅的界限，而去讨论这些思想是如何发酵并最终形成一种社会制度的。实际上每一场革新或是变革并不一定是狂风暴雨式的，它往往都是在原有的基础之上增加或是减少一些东西。田浩与苏费翔也曾提及朱熹所提倡的道统实际上也不是朱熹自己的原创，而是理学人士逐步转换的结果。这种逐步的转换与传播、媒介还有各种各样的社会交往活动是密不可分的，也只有通过媒介化，我们才能理解社会结构变化之下，《中庸》所承载的转变。

余英时说得很对，我们只有将儒学放置到当时的历史脉络之中以观察其动态，才有可能重建朱熹曾活跃于其中的世界。这种历史脉络不一定是恢宏广大的社会史抑或锱铢必较的政治史。正如王汎森所说，生活、制度或现实当然也塑造人的思想，这两者相互激荡，成为推动历史发展的巨大力量。我们所做的就是从更小的一点媒介切入来看雕版印刷在完成出版转型之后在宋代的政治、文化场域之中所泛起的涟漪。这也正应了媒介学所述的“承载物”支配着一定的内容。

（文章发表于《现代出版》2019 年第 4 期）

五、科技创新与人类社会

科技化的社会是怎样形成的

曹志平

陕西澄城人，理学学士，哲学博士、博士后，现为厦门大学哲学系教授，科技哲学专业博士生导师，曾担任厦门大学哲学系主任、教育部哲学教学指导委员会委员，承担国家社会科学基金项目2项、教育部人文社会科学规划项目1项，福建省社科项目多项。出版有《科学诠释学的现象学》《理解与科学解释》《马克思科学哲学论纲》等专著十多部。

关于当下的社会，应该有这么几个判断：一是当下的社会是科学技术化的社会；二是当下的社会，是从西方强而东方弱的不平衡态势发展而来的；三是当下的社会，是重物质发展而轻精神追求的社会；四是当下的社会是人类不断增强的社会。那么，我们生存的当下的社会是如何形成的？或者说，人类社会是如何发展到现在这个样子的?

一、科学的产生

当代社会的现象学充分展示了一个本质，那就是科学技术和资本的结合。什么是现象学?现象学方法，就是不通过任何中介来观察现象，在现象的展示中来把握事物的现象即本质的方法。如果放眼全球，“看”人类社会的发展现象，科学技术和资本就会自然地凸显出来。实际上，马克思在《资本论》中揭示现代社会经济的发展规律时，已经预示了资本对剩余价值的谋取将以与科学技术的结合为主要方式。科学技术与资本的结合，可以大略地勾勒出人类社会从资本主义产生以来的社会发展脉络。但我们首先还要谈一个问题，那就是为什么会有科学技术。

马克思主义的历史唯物主义把物质资料的生产看作人类历史的第一个条件。在马克思和恩格斯看来，技术作为生产工具对于人具有生存论的条件性，它是人作为人存在的一个标志和条件。科学则不同，它不具有技术在本体论上的这种意义。科学是人类社会生产力发展到一定阶段的产物，它本身的出现需要社会生产力的积累。历史上，近代自然科学就是欧洲文明的一个结果，是欧洲文化和自然双重选择的一个结果。我们知道“李约瑟难题”，它说的是，为什么技术高度发展的近代中国没有产生自然科学?这说明，自然科学不代表所有的自然知识。产生于欧洲的自然科学就没有在古代中国出现，中国的自然知识，如中医药，就在一些认识的基本特征上和自然科学不同。

为什么会出现科学?我用来自于人的对象性的形而上学性来解释。马克思曾说，人的本质在于人是对象性的存在。人的对象性必然产生一种属性，即追求意义，我们把人所具有的这种本能追求叫作“人的形而上学性”。人是对象性存在，说明人总是把身外的事物作为对象；人的形而上学性就是在人的对象性活动中，有限生命的人总想追求无限意义的事情的本性。正是这种属性创造了人类文化，包括自然科学。

人追求的意义是关于自己生存的世界的，控制周边的自然成为人们最初的追求目标。这样看，说文化、自然知识、科学等，都产生于人类的控制欲望也是可以的。

最早的文化形式是巫术。它表明了人类早期控制自然的状况。把一种想象出来的简单的因素作为自然的原因，然后用这种因素来表达人类对自然事物运动的“控制”。在自然的认识上，巫术和科学的联系在于因果性思维，即从原因来实现目的的思维方式，尽管巫术用于解释自然现象的原因是虚幻想象的主观的东西。然后是宗教。宗教是一套社会性的信仰系统。宗教和巫术一样，也用想象出来的主观原因来解释和把握自然运动。比如说，从发展趋势看台风要来厦门，结果去了上海，这个时候巫术就解释成台风是受到了某人的“做法”控制，宗教的解释就是“妈祖”等神的存在，这两种解释都产生了自然解释的因果关系，只要掌握了结果和原因的关系，就可以掌握任何事情。但凡控制不来的事情都要找出原因来，找不出的就归结于“神”，这就是我们的原始的崇拜。

自然哲学也是这样产生的。自然哲学使用自然的因素来解决自然的现象。解释台风的时候，自然哲学就可能会用磁铁矿来解释，虽然不对，但这是很大的一个进步，当把这种因素归结为副热带高压的时候就接近现代的科学解释了。

欧洲自然科学和古代中国的自然认识的不同，不在于因果性思维，而在于前者和技术、仪器的结合。因果思维方式，是所有自然认识和自然知识的基础。中国古代自然知识也是因果思维的结果。但欧洲科学是经验主义（经验）和理性主义（数学）的结果，应用技术的仪器成为独立于生产的实践活动，它把经验和数学紧密而合理地结合了起来。这就产生了自然科学独有的测量性。自然科学的对象必须可测量，测量不到的对象得不到科学承认。比如，暗物质目前还只是一种猜想，就是因为无法在测量中确认它。自然科学是以测量为基础的，它代表着人与自然之间的改造的关系。

自然科学同时开启了人类征服人类的社会模式。社会研究开始追求可测量，追求物质性，追求客观规律性。自然具有规律，把这种思维方式移植到社会研究之中，就会产生社会也具有规律的观念。

在这我们可以看出巫术是用臆造的主观的力量解释世界，宗教是用社会化的信仰系统地解释世界，自然哲学以自然的原因理解和解释自然。它们都具有思辨的直觉的特点。虽然自然科学也是因果模式，但它是分析的、测量的，并以数学形式实现了知识的客观化。

二、科学技术是现代社会革命最重要的力量

以中国为代表的东方文明和以古希腊为代表的西方文明的不同，在于对自然的态度不同。科技文明最先是从欧洲开始发展的。科学技术造就了工业社会，决定了现代社会发展的方向。我们也都知道，是生产力的发展产生了

现代科学技术，现代科学技术产生后，又让生产力得以高速发展。同时，欧洲社会也得到财富累积。

下面，我们用历史上的科技革命来分析人类社会是如何从重工业发展到现在被称为“高科技”的领域的。

我们先来看 18 世纪中叶第一次技术革命，这次技术革命的起点是工作机——纺织机械的革新。正像马克思指出的，工作机在现代生产中处于核心地位，纺织机械生产能力的提升，使英国的社会财富得到快速累积。

18 世纪工业革命的标志是蒸汽机的发明。这一发明带来了空前的结果，蒸汽机开始广泛应用，工业生产实现机械化，英国等国家建立了系统的机械制造业体系。以机械制造技术、蒸汽动力技术和采矿冶炼技术为核心，欧洲形成了包括造纸技术、交通运输技术、金属加工技术、化工技术、纺织技术、煤炭技术、采掘技术等在内的重工业体系。欧洲社会的产业结构也发生了翻天覆地的变化：从工厂手工业成为机器大工业。这必然也就引起社会结构的变化，破产农民成了无产者最终进入工厂，成了工人，成为资本逻辑中的劳动者。

18 世纪的工业革命奠定了英国在全世界的地位，但同时也导致了世界政治经济格局的变化，基本形成了西方强而东方弱的格局。比如，中国就逐步走向了半殖民地半封建社会。英国爆发工业革命后，曾在 1793 年派遣使者访华，要求中国开放市场，乾隆皇帝说“不”，继续实行了闭关锁国的政策。1825 年英国工业大规模出口，1840 年第一次鸦片战争爆发，1856 年第二次鸦片战争爆发，1900 年八国联军占领北京，1901 年清政府在北京与英国、美国、德国等 11 国签订《辛丑条约》，至此中国完全沦为半殖民地半封建社会。欧洲国家侵略中国的这个过程，本质上是通过殖民地寻找工业产品的出口地。当时中国的社会经济实力如何呢？就经济学中常用的 GDP 来说，按照购买力计算，1700 年中国人均 GDP 是世界第 18 位，相当于发达国家；1820 年是世界第 48 位，算是中等发达国家；1900 年降低到世界第 71 位，成为初等发达国家；1950 年排到第 99 位，是欠发达国家。从鸦片战争时期中国人均 GDP 的国际位置，很难解释鸦片战争后中国走向半殖民地国家这个问题。能够解释这个历史事件的，还是科学技术。在当时中国的 GDP 中，立足于科学技术的工业的贡献率非常低。17 世纪产生于欧洲的自然科学对于中国的影响，非常有限。

下面来看看第二次工业革命。第二次工业革命的时间是 19 世纪中叶。它的特点是以电力技术为主导，工业电气化为主要特征。第二次工业革命不是起源于技术革新，而是起源于法拉第的电磁感应理论的发现。科学革命成为技术革命的主导。以通信技术、电力技术、能源技术为核心的第二次工业革命，形成了包括电气技术、机械技术、照明技术、电加工技术、电化学技术、交通技术等在内的工业体系，科学技术和工业开始走向改变人类生活的历程。一方面，科学与技术的关系越来越紧密，科学突破成为技术发展的先导，另一方面，科学技术和工业日益进入人的生活，塑造人的生活。

发生于20世纪40至50年代的第三次工业革命即第三次科技革命，延续了第二次工业革命的趋势。第三次工业革命以电子技术为核心技术，实现了社会生产的自动化。核心技术从电子管到晶体管再到集成电路的发展，推动了以通信技术、电力技术、自动化技术为核心的，包括仪器仪表技术、电子器件技术、精密机械技术、电子材料技术等在内的工业体系的整体发展。

20世纪70年代以来的工业发展，有人认为是一次新的工业革命，也有人认为这是一次延续到现在还没有结束的工业革命。

和以往的工业革命相比，当代的工业革命主要有四个方面的特征：一是主导技术以技术群落的形式出现。新能源技术、新材料技术、信息技术、空间技术、海洋开发技术、生物技术、新加工技术、激光技术，被称作“高技术”。二是信息技术地位突出，社会生产力表现为信息化的趋势。三是科技创新与知识产权成为最重要的经济形式。四是宏观复杂系统和非线性特征的认识地位日益突出。

我们知道生命科学，即从分子层次揭示生命系统的运动、遗传、变异、发育、病态等；认知科学，即在人脑结构及运动规律的基础上，充分考虑到遗传、传统文化、社会环境的影响，研究人的智能及认识（知觉、注意、语言、推理、意识）的本质；生态学，即大气圈、水圈、生物圈等作为“显科学”得到突出的对待。

那么，科学究竟是如何推动社会发展的呢？刚才我们已经探讨了科学技术推动工业化发展的道路。但社会的工业化发展，仅仅有科学技术是不够的。在这里，我们要再次回到马克思，从马克思主义理论上寻找突破。马克思在《资本论》中揭示了资本逻辑对现代社会经济发展的意义，即资本是现代社会的秘密，资本利用一切社会资源为自己增值。这样就大致形成一个逻辑：资本占有科学技术和科学理性，通过产品的更新换代、新的产业的出现以及产业转移等来使自己增值。需要注意的是，资本不仅占有科学技术，还占有科学理性。何为科学理性？科学理性就是对于自然，人类可以通过理性活动获得科学真理，并且以“合理性”“可计算性”和“可控制性”为标准得到对自然的改造和征服，口号是“知识就是力量”“科学技术是生产力”。在社会历史领域，科学理性使人们相信社会的发展是合理的、进步的，人们通过理性协商达成社会契约，逐步实现自由、平等和博爱的理想，同时随着社会科学的发展，科学理性逐步推动形成以效率为核心的社会进步的评价体系，以“物性化”为核心的社会价值体系。总之，资本是工业发展和社会现代化的秘密，资本利用一切社会资源为自己增值，资本使科学理性、理性形而上学变成了资本形而上学，使科学技术变成了资本增值的最有效率的文明力量。

这样，关于人类社会的发展，我们建立了“资本—科学技术—科学理性（理性形而上学）”的“勾连”。资本投资科技创新，科技创新以新产品和新的产业领域回报资本，以科学理性为基础的理性形而上学建立了“越……越好”的社会价值观，推出个人和社会的消费，从而形成一个封闭的逻辑链条。马克思在《资本论》中就认为，机器的使用、工厂制度、商品生产等，既是工业革命的内在性，又日益使生产变成了科学的应用，变成了科学化的生产。马克思对资本与科学技术关系的理解，表现出了现代科学技术具有资本的属性，科学技术的发展不仅在一般属性上，而且在具体内容上表现为资本增值的发展趋势。

三、科学技术化的社会与人类未来

关于科学技术化的社会与人类未来的发展，这只能由人类的社会实践来回答。但从人类社会、生活的科学技术化的现状看，我们可以勾勒出一些基本的方向。

第一是人类利用自然，沿着物质—能源—信息的方向，未来的社会生产力表现为信息化。

第二是人类从改造外在自然到改造人类自身，人类的力量在不断增强，现在开展的人工智能、器官移植、器官克隆、人类基因组计划、人的整体克隆等技术对于自然和人类意味着什么，这是一个值得思考的问题。

第三是计算机和互联网技术、人工智能的发展，开发了人类的虚拟生存。科学技术在解放人的智力的同时，对人类精神的统治越来越强。

第四是当今社会形成了知识社会和新的世界霸权主义。知识社会是以知识、创新为核心的社会，知识成为社会发展的最重要的力量。如今，知识发展的不平衡、知识的权力属性与科学的公共性的矛盾日益突出，知识成为发达国家“侵略”发展中国家和不发达国家的新工具。

第五是科学技术的发展和普及，社会的现代化和经济全球化，使不发达地区的民族文化受到威胁，甚至消亡。多样性的民族文化的削弱，共同性的科学技术的普及，会致使全世界的文化大同吗？这是全世界的人文学者不得不考虑的大问题。

六、企业文化与管理

用执行力提升竞争力的“八、九、十”

苏 勇

复旦大学管理学院教授、博士，企业管理专业、东方管理专业博士生导师。复旦大学东方管理研究院院长、复旦大学管理学院企业管理系主任，美国管理学会会员，兼任中国企业管理研究会副会长等社会职务。

一、何谓执行力

执行力是保质保量完成自己的工作和任务的能力，也可以说是按时按质履行好自己工作职责的能力。一个企业的成功，30% 靠战略，30% 靠运气，另外 40% 靠的是执行力；也有人认为“三分战略，七分执行”。不管哪种说法，都是把执行力摆在了重要位置。

可见，执行力对一个企业的生存和发展具有重要的现实意义。否则，即使把目标定得再高，措施计划制定得再好，如果不能具体落实到行动上，缺乏责任意识和忧患意识，不执行或执行不力，那么，所制定的措施计划就无法执行到位，所定下的目标也就根本无法实现。

毛泽东主席曾指出“政治路线决定之后，干部就是决定因素”，这句话用于现代企业管理领域，就是说企业决策层要不断发现机遇，制定出正确的战略，同时，更重要的是企业要具有实施这一战略的执行力。

但事实是，大多数企业能够制定出符合市场需要和企业发展的战略，但在具体执行过程中便会出现各种问题。究其原因，主要体现在以下八个方面：

一是管理者没有以身作则。“其身正，不令而行。其身不正，虽令不从。”就是要求做到以身作则。如果管理者都没有做到，如何能让下属执行好企业战略？

二是管理者没有常抓不懈。战略制定后，要长期贯彻执行，不是一朝一夕的事情，管理者不能“说过等于做过，做过等于做好”，而是必须持之以恒，常抓不懈。

三是出台制度时不严谨，或者缺乏可操作性，或者朝令夕改，这会给执行力大打折扣。

四是执行过程中程序过于烦琐，企业内部多头牵制，搞形式主义。

五是缺乏良好的沟通。目标管理四要点，即目标可量化、事前沟通、时间节点、领导及时反馈，如果在这四个环节中由于缺乏沟通而出现纰漏，也会导致执行不佳。

六是缺乏科学的监督考核机制，或者是监督不到位，或者是考核不及时、不合理，没有长效机制和有效的反馈机制。

七是缺乏大家认同的执行文化，缺乏“言必信，行必果”的责任意识，或者说缺乏一致认同的执行文化。

八是干部缺乏必要的职业意识和敬业精神。

二、什么样的人称得上执行力强呢

在竞争日益激烈的当今社会，如何才能提升执行力，提高工作效率呢？执行力强的人要具备九大特征：

一是要自动、自发，也就是做工作要有主动性、积极性，不要找借口掩盖工作上的失误。

二是注意细节，从多角度思考问题，将事情努力做到完美。

三是待人以诚、勇于担当，不要推卸责任。

四是善于分析，及时做出判断，并及时行动。

五是乐于学习、善于学习，特别是要在不断变化的环境中坚持学习，坚持创新。

六是对工作投入，要“想干事，会干事，能干事，干好事，不出事”。

七是有坚韧不拔的勇气，不轻言放弃。

八是要具备良好的人际关系，这是提升执行力的有力保障。

九是要有强烈的求胜愿望。

三、提升执行力的十大良策

随着人类文明的发展，时代的变化，各行各业都在不停地变化着。现今，世界上存在最久的企业是日本的金刚组，它千年来只做一项业务。

这个专营寺庙建筑的金刚组，创建于578年（日本的飞鸟时代），距今已有1400多年的历史。美国布莱恩特大学的名誉校长威廉·奥哈拉称其为“终极生存者”，英国《经济学人》杂志也认为它是世界上最长寿的企业。一位工匠如此表述：“等到两三百年以后，把这些建筑物拆开的时候，人家负责拆房子的木匠会想起我们这些匠人来。他们会感叹说，瞧这活儿，干得真棒！”

从金刚组的经营案例可以看出，企业的执行力在于决策、模式、沟通、敬业、责任，核心竞争力即企业管理者的价值观。发挥执行力的最大关键是企业领导，决策层不断发现机遇、制定正确的战略，更重要的是企业要具有实施这一战略的执行力。

一个企业具体如何提升执行力，要具备以下十大要素：

一是企业要把发展作为第一要务，并把公司发展与员工个体发展紧密结合起来，为员工发展提供平台，营造良好的团队合作氛围。

二是在管理者层面，要不断激发员工士气，所谓“气可鼓不可泄”，而且要懂得激励员工的艺术。如松下集团创始人松下幸之助所言：“当员工有100人时，我必须站在员工的最前面，身先士卒，发号施令；当员工增至1000人时，我必须站在员工的中间，恳求员工鼎力相助；当员工达到1万人时，我只要站在员工的后面，心存感激即可；如果员工增到5万到10万时，除了心存感激还不够，必须双手合十，以拜佛的虔诚之心来领导他们。”

三是要建设良好的企业文化。企业文化是企业发展的灵魂，根据我提出的“洋葱理论”，企业文化从内到外，可以分为精神文化、制度文化、行为文化、物质文化、形象文化五个层面，企业要在各个环节上下功夫，环环相扣，互相促进，营造出符合企业发展需求的文化环境。

四是重视创造，鼓励创新，而且要营造出“创新不分大小、人人都可创新”的良好氛围。

五是在考核标准上，结果、过程双要素要两手抓、两不误、两促进，既要重视工作结果的考量，也要重视员工执行过程中的努力程度。

六是要明确责、权、利，做到边界明确，权责对应，也就是我们常说的“到位不越位”。

七是完善流程，保证战略真正落实到位。

八是关注集权与分权的关系，企业要有一定的集权，自上而下式的管理，同时也要充分放权、分权。俗语说得好“无事不插手，有事不撒手，好事不伸手，难事伸援手”。

九是要及时奖励，要对在企业工作过程中表现优异的员工做到及时奖励，鼓励他们继续创新。

十是勇于担责，勇于担当，做到“人人负责，层层负责，落实到位”。

提高执行力的方式方法很多，如何才能有效地提高执行力，需要我们在实际工作当中不断地去探索。

【对话】知行合一，文化致胜

荀美子　董　熠

中国的企业管理在经历西化后，企业家们开始从流程再造、KPI管理中醒悟过来。无数照搬西方管理模式的尝试无疾而终，让他们相信，用外国的方法管理中国人是不现实的，或许只有扎根本土的管理模式，才是有生命力的。那中国杰出企业家的管理思想的本质是什么？中国式管理的特点是什么？如何塑造特色鲜明的企业品牌形象？“宿沙讲坛”就相关问题特采访了复旦大学管理学院苏勇教授。

1. 宿沙讲坛：与西方管理相比，东方管理的主要特点是什么？您认为有哪些有待完善的地方？

苏勇：相对于西方管理学而言，东方管理更注重整合能力、更重视经验性和艺术性，强调人在管理者中的灵活性和主体作用。西方管理偏重科学性，从具体的智能化、细分化来实施管理的行动，并把它细化。

但是，东方管理到目前为止还没有形成一套可明确描述或可复制的成型理论，而西方管理学理论体系已较为成熟。虽然东方的管理思想产生很早，但当时的思想理论不是用于企业管理，而是用于宏观经济或者国家的管理。中国古代封建社会长期以来没有真正的企业，中国的企业管理思想更多的是在改革开放实施市场经济体制之后开始发展，开始有了企业管理的若干理论。中国管理理论有许多有待完善的地方，需要从中找到一些具有普遍性的东西，来加强东方管理理论的说服力，这是当前比较要紧的工作。

我国目前杰出的企业家可以说是百花齐放，但要说到他们的共同点，就是他们所采用的管理方法和思想都是基于中国的现实情况，并没有照搬照套西方管理学的理论，而是对其进行了中国化的改造，将西方的管理原理结合东方的情境加以利用。管理没有最好，只有最合适。管理的模式很难复制，文化更加难以复制。但是有些管理思想的本质还是有共通性的，比如说重视人的作用、重视对管理的灵活应用等，也包括现在常被提到的怎么授权管理、怎么管理创新。道的东西是相通的，但是具体怎么去做要看具体的情况。我国杰出企业家们的管理方法都可以被称为中国管理模式的典范，但是典范不只有一个，可以称它们为不同的版本，并且到目前为止都已经被实践证明是比较成功的版本。

2. 宿沙讲坛：如何在企业有效推进中国本土管理的实践探索，而非西方管理学理论在中国企业中的转述？

苏勇：费孝通先生指出，文化建设是“各美其美，美人之美，美美与共，天下大同”。既要知道自己的长处，也要看到他人的长处，然后做到融贯中西。早前对西方管理理论的照搬照套，已被实践证明是行不通的，而现在也要防止另外一个极端。即便我们在利用西方的东西，也要加以本土化改造，或者说把二者嫁接起来，并有针对性地应用到企业管理的实践中。

3. 宿沙讲坛：如何塑造特色鲜明的企业品牌形象？

苏勇：在品牌形象的塑造中首先要注意一个要点：品牌说到底只是一种无形资产，无形资产一定要依附于有形资产之上才能够发挥有效的作用。品牌是毛，产品是皮，“皮之不存，毛将焉附”，所以关键是要先把产品做好。

但现在市场竞争越来越激烈了，以前说“好酒不怕巷子深”，而现在则是“好酒也需勤吆喝”。从这个方面来说，品牌的理念或口号一定要叫响，要用一两句话点出品牌传播的理念，给消费者一个购买你产品的理由，有一个概念性的东西。

第二是营销行为、管理行为、员工行为、服务行为，营销行为现在是必需的。

第三是标识一定要设计得好，包括一系列的视觉符号，有 VI 体系和产品 logo 等，要能够夺人眼球，要有视觉冲击力。这也是营销的一种手段。

4. 宿沙讲坛：中盐金坛正在实践和努力建构“尚贤”管理模式，请您给予点评和指导。

苏勇：我觉得中盐金坛做得非常好，而且效益也好，这对企业来讲是很重要的。效益不好就会缺乏说服力，因为我们是一个要创造利润、向国家上缴税收的营利性组织。

通过这种管理模式，在实践中既能使员工的精神面貌得到提升，也能使企业的效益得到提高，这就是非常了不起的。在企业里最难的就是怎么样使文化建设落实到经营管理的行动上。

我的建议是，如果我们认同尚贤模式是一种管理模式的话，就要把它更加清晰地呈现出来。我们要把它真正建构成为一种管理模式的话，还要结合公司特点，使它落实到方方面面。通过实践试点将它构建为全方位的管理模式，我认为这是一个比较理想的状态。

要推进管理模式的实践或落地，需要结合具体情况，要考虑企业所属行业、所处地域、员工构成、企业家个人的特点等。推进东方管理模式落地，塑造优秀的企业文化可分为五个不同的层面：第一个层面是理念，理念决定行为；第二个层面是制度，如果没有制度的保障，文化一定是软弱无力、落不了地的；第三个层面是行为；第四个层面是物质环境；第五个层面是企业社会形象。虽然不可能全中国企业都一个样，但是众多企业都在各自做有特色的探索，而这五个层面的推进是普遍适用的。

同时，企业文化的建设非常重要。企业文化建设有三个“化”：第一是“教化”，用各种类型的培训，让企业的成员知晓企业提倡什么、反对什么；第二是“感化”，通过各层级管理者的言行举止，包括整个企业的氛围去起作用；第三是“同化”，通过优秀文化的塑造，使员工心往一处想，劲往一处使。

5. 宿沙讲坛：我们正处于科技巨变的时代，如何平衡科技发展和人文理想之间的关系？

苏勇：几乎每一个行业都涉及这个问题。科技是会不断发展的，相信机器人最终也能做到像人一样思考，但不怕机器人像人一样来思考，而是怕人像机器一样思考。人之为人在于创造性和思辨性，机器人则在于程序性和执行性。某些工作机器人一定能做得比人好，但人的创造性、艺术性、思想性，是机器人不能取代的。这是社会发展到一个新的层面上的产物，机器将人的劳动力解放出来后，人就可以去做想做的事情，喜欢做的事情，当然这个也涉及社会调节的问题。

新时代的企业文化与企业精神

姚冠新

二级教授，博士生导师，现任扬州大学党委书记，兼任江苏省高教学会副会长。长期从事管理科学与工程、高等教育与管理的教学与科研工作，主要研究方向为物流系统的分析与设计、大学生创业教育理论。公开发表学术论文100余篇，出版专著、编著、教材6部，主持国家自然科学基金项目3项，完成省部级及以上科研项目10余项，获国家教学成果二等奖2项，江苏省教学成果一等奖2项，江苏省科技进步三等奖1项，江苏省哲学社会科学优秀成果一等奖1项、三等奖2项。

党的十九大报告指出，文化是一个国家、一个民族的灵魂。文化兴，国运兴，文化强，民族强。没有高度的文化自信，没有文化的繁荣兴盛，就没有中华民族伟大复兴。

据享有国际盛名的决策咨询机构兰德公司调查发现，类似杜邦、花旗银行、西门子、强生、通用电气、可口可乐、宝洁这些公司都有一套被社会、被员工认可的核心价值观，都有其独特的企业文化在支撑、滋养着企业，激励着企业员工不断向上，使员工形成一股合力，共同为企业的发展尽心尽力。

作为历史的投影，盐文化与人类社会的历史伴随始终；作为一种文化形态，盐文化具有丰富的内容和独特的魅力，如形成盐的生产工具、工艺技术、专卖制度，盐业相关的建筑和传说，扬州的盐商文化等。

中盐金坛公司十分注重自身文化建设，专门创设“宿沙讲坛”，致力于传承和弘扬我国优秀传统文化，力行“敬天尊道，尚贤慧物”的贤文化价值理念。

一、文化与企业文化的概念、内涵

（一）文化的概念

广义的文化是指人类在社会历史实践过程中所创造的物质财富和精神财富的总和；狭义的文化是指社会的意识形态，以及与之相适应的礼仪制度、组织机构、行为方式等物化的精神。

“文”与“化”连用，最早见于《易经》：“文明以止，人文也。观乎天文，以察时变；观乎人文，以化成天下。”这里的“人文化成”是最早出现的文化概念，主要是“文治教化”的意思，与“武力征服”相对应。张岱年说：“所谓文化，是人类在处理人和世界关系中所采取的精神活动与实践活动的方式及其所创造出来的物质成果和精神成果的总和。”

英国文化人类学家爱德华·伯内特·泰勒说：“所谓文化或文明，就其广泛的民族学意义来说，是包括知识、信仰、艺术、道德、法律、习俗和任何人作为一名社会成员而获得的能力和习惯在内的复杂整体。”

（二）企业文化的概念

广义的企业文化通常是指企业物质文化、制度文化、精神文化、行为文化和环境文化的综合与统一；狭义的企业文化通常是指企业的精神文化，即企业在长期生产经营实践中逐渐形成的企业价值观、理念、愿景、精神、道德、习惯、风尚等的综合与统一。

企业文化可概括为企业在生产经营实践中，逐步形成的为全体员工所认同并遵守的、带有本组织特点的使命、愿景、宗旨、精神、价值观和经营理念，以及这些理念在生产经营实践、管理制度、员工行为方式与企业对外形象的体现的总和。

（三）企业文化的内涵

企业文化有四个层次，分别为核心层文化、中间层文化、幔层文化和表层文化。

核心层文化为精神文化，即企业使命、愿景、价值观、精神等；中间层文化为制度文化，即企业法规、经营制度、管理制度等；幔层文化为行为文化，即工作作风、交往习惯、文化娱乐等；表层文化为物质文化，即产品服务、生产环境、企业容貌等。

（四）企业文化的特点

1. 民族性

我们研究一些国际知名的企业文化，会发现美国的企业文化推崇“创新、个性、冒险”，日本的企业文化推崇礼教习俗，德国的企业文化强调“严谨、精益求精”，中国的企业文化强调“诚实、守信、儒家风范”。可见，企业文化建立在民族文化的根基之上，会受到社会文化的熏陶、渗透和影响，从而带有浓厚的社会文化的印记。

中盐金坛公司也是汲取中华民族崇贤尚贤的优秀传统文化，形成了“敬天尊道，尚贤慧物”的贤文化价值理念。

2. 独特性

别家的企业文化虽然有启发、借鉴作用，但是不能移植，不能克隆。

全国各地汽车制造商的营销文化各不相同，如沃尔沃的营销文化是安全第一、豪华第二、省油第三；奔驰的营销文化是豪华第一、安全第二、省油第三；丰田的营销文化是省油第一、安全第二、豪华第三……正是这些差异，使一个企业拥有了令其他企业难以超越的核心竞争力，从而成就了企业的成功。

3. 时代性

企业是在一定时空条件下产生、生存和发展的，企业文化是时代的产物。

鞍钢曾经诞生了著名的“鞍钢宪法”，作为中国特色社会主义企业管理经验写入中央颁布的《关于建国以来党的若干历史问题的决议》，并被收入《中国企业管理百科全书》。

在鞍钢振兴发展的新时期，涌现出一批具有新时代特征的先进模范人物，为鞍钢精神注入了新的内涵，丰富发展了兼具鞍钢传统和时代特征的鞍钢特色文化。

4. 开放性

肯德基国际品牌的象征性标识，是山德士上校一身西装、满头白发和山羊胡子的形象。这一标识自 1952 年正式面世以来，分别在 1978 年、1991 年、1997 年、2006 年进行了变革。每一代标识在色彩、线条等细节上有所改动，内涵有所变化。

企业文化是一个动态的概念，企业文化的建设不是一蹴而就的短期行为，也不是一劳永逸的阶段性工作，而是一项长期的、动态的、不断完善和发展的过程。

二、企业文化功能定位与现状分析

优秀的企业文化是企业发展不可或缺的精神力量和道德规范，对企业发展具有强大的导向、凝聚、激励、约束和增值作用。

马云认为，企业文化是企业发展的 DNA，它决定一个公司的性格和命运。王石认为，一种清晰的企业文化，可以聚集一个志同道合的团队。一个志同道合的团队，它的凝聚力、执行力、工作效率、创新能力都将保持良好的势头。

（一）企业文化的功能

1. 导向功能：企业文化是引领发展的方向盘

松下电器公司非常重视对员工进行精神价值观的训练，要求员工反复诵读和领会企业目标、使命、精神和文化，每名员工每隔一个月至少要在他所属的团体中进行 10 分钟的演讲，介绍公司的精神以及公司与社会的关系。

2. 凝聚功能：企业文化是聚合员工的黏合剂

当别人把阿里的成功归于马云时，马云却认为，企业文化和价值观才是阿里巴巴保持快速稳健发展的重要原因之一。马云通过传递自己的梦想，营造良好的文化，留住了创业团队。

3. 激励功能：企业文化是激发活力的催化剂

美国通用电气董事长韦尔奇，自 20 世纪 80 年代初，亲自发起并开展了一直持续到现在的“群策群力”全员创新活动。依托该创新实践，通用电气实现了新产品推出年增长率达到25%的成绩。

4. 约束功能：企业文化对员工行为具有约束力

当员工试图挣脱企业文化的束缚时，企业文化的“软约束”表现得尤为明显。比如在中国企业，虽然没有规定员工要孝敬父母，但是如果员工不孝敬父母，那么他在企业很难立足，他不仅会受到企业的疏远，也会受到他人的职责。

5. 增值功能：企业文化是企业的无形资产

全球性的管理咨询公司合益集团在全球范围的调研表明，企业文化决定了30%的企业业绩。美国哈佛大学的约翰·科特和詹姆斯·赫斯克特在对207家企业进行系统分析后得出结论：“在企业长期的经营业绩中，企业文化发挥着重要的作用。如果一个企业，能做到重视并打造优秀的企业文化，其经营业绩肯定远远胜过那些没有或不具备良好企业文化的公司。”

（二）企业文化之于企业发展的作用

一是企业文化有助于提升企业的核心竞争力。文化决定机制，机制决定人才，人才决定技术创新，技术创新决定产品创新。企业文化建设是企业建立品牌的基石，对企业生存和发展十分重要。企业文化驱动企业创新，能有效整合各种竞争能力要素。

二是企业文化有助于推动企业的可持续发展。企业文化是企业可持续发展的根本，对外是世人认识企业的一面旗帜，对内则产生无穷的原动力。做好做强企业文化，不仅有助于激发企业员工的创新精神，增强企业内部的凝聚力，而且有助于提高社会对企业的正面评价，有利于企业的持续发展。

三是企业文化有助于优化企业的发展软环境。企业文化有助于形成鼓励创新的环境、促进员工潜能的发挥、打造团结协作的团队，从而营造良好的企业生态。

（三）我国企业文化建设存在的问题

一是思想认识不到位，企业文化建设趋于形式化。常表现于口头说说，即只说不做；落实无能，即想做但不知道该怎么做；重门面，轻里子，即虚化，执行力度不够。

二是内涵挖掘不到位，企业文化建设趋于表层化。体现在未将企业文化与企业发展实际结合，未凝练企业发展的共同价值观，未被全体员工真正认可；只重表象，不重内涵，局限于服饰文化、建筑环境文化、文娱活动等物质文化和行为文化，未能上升为精神文化、制度文化。

三是系统设计不到位，企业文化建设趋于随意化。企业文化建设缺乏自下而上的沟通和反馈，只重眼前，不重长远；只重个人，不重整体；只重局部，不重全面。

可见，企业文化不等同于企业家文化，它是一项程序复杂、操作技术要求高的系统工程。

三、以新思想引领新时代企业文化和企业精神建设

新时代企业文化建设必须坚持以习近平新时代中国特色社会主义思想为指导，将社会主义核心价值观与企业实际相结合，着力构建符合企业特点、具有时代特征、富有竞争力和创新活力的企业文化，牢固树立中国特色社会主义共同理想；必须贯彻落实“创新、协调、绿色、开放、共享”的新发展理念，增强企业的创新能力和核心竞争力，打造国际品牌；必须促进企业发展满足员工日益增长的美好生活需要，树立以员工为中心的企业思想；必须发扬劳模精神、工匠精神和企业家精神，形成干事创业的良好氛围，不忘初心、牢记使命，实现中华民族伟大复兴。

（一）新时代企业文化建设的目标

企业文化建设的目的在于通过群体氛围及共同意识引导企业成员的价值追求与行为选择，培育共同遵守的价值取向和矢志追求的使命，进而增强团队凝聚力，提升企业的核心竞争力。

在新的历史发展阶段，工商银行践行“提供卓越金融服务”的使命，倾力服务客户、回报股东、成就员工、奉献社会，秉承“工于至诚，行以致远”的价值观，把“经营、管理、创新、发展”作为企业的行为准则，将“道德、尽职、服务、执行、协作、学习”作为员工的行为准则，努力建设“最盈利、最优秀、最受尊重的国际一流现代金融企业”。

1. 使企业文化内化于心，培育企业精神

企业精神是企业文化的核心，主要包括爱企如家的氛围、艰苦创业的传统、开拓进取的勇气、求真务实的作风、团结协作的风格。

2. 使企业文化固化于制，完善企业制度

保证企业的正常运转，协调领导和职工之间以及企业内外关系，推动企

业成员之间的团结合作，调动各方面的积极性和创造性。

华为委托外部专家制定的《华为公司基本法》，犹如“宪法”一样，是华为的根本大法，规定了华为必须坚守的“底线”、不能逾越的“红线”，包括企业发展愿景、发展方向、发展原则等，是华为的行动指南。

3. 使企业文化体化于物，塑造企业品牌

建设好企业形象设计、视觉识别系统、企业文化传播，同时讲好企业故事，这些都是塑造企业品牌的直接方式。

希尔顿饭店以“微笑服务”为理念，以打造“宾至如归”的奢华舒适体验为目标，注重企业员工礼仪的培养，并通过服务人员的“微笑服务”体现出来。希尔顿资产从5000美元发展到数百亿美元，吞并号称“旅馆之王”的纽约华尔道夫的奥斯托利亚旅馆，买下号称“旅馆皇后”的纽约普拉萨旅馆，名声显赫于全球的旅馆业。

（二）企业文化建设的原则

在文化兴企战略的实施和推进中，要注重遵循四个原则。

一是坚持以人为本。企业文化建设要强调关心人、尊重人、理解人、信任人。企业文化建设要做到用美好的愿景鼓舞人，用宏伟的事业凝聚人，用科学的机制激励人，用优美的环境熏陶人，用先进的理念塑造人。

二是坚持讲求实效。企业文化建设要有效解决实际问题，企业文化建设要破除一切制约企业高质量发展的思想观念和体制机制，企业文化建设要建立规范的内部控制体系和相应的激励约束机制，企业文化建设要在市场开拓中逐步树立企业的文化品牌。

三是坚持特色鲜明。搞好企业文化建设，关键在于突出企业的鲜明个性，重视挖掘提炼和整理出具有企业特色的文化内涵。

四是坚持与时俱进。企业文化建设是一个传承积累和持续创新的长期过程。建设企业文化，绝对不能有一劳永逸地解决所有问题的思想，更不能敝帚自珍，拒绝革新与变化。

（三）企业文化建设的核心

创新是企业文化建设的核心，是企业的生命基因，是企业文化建设取得实效的关键。企业以人才驱动创新，以创新驱动发展，要矢志不移地推动自主创新，坚定创新信心，着力增强自主创新能力。

一是理念创新。理念引领观念，观念引导行动。思想是行动的先导，理论创新是引领经济变革的先导，是创新活动的思想灵魂和方法来源。

二是制度创新。文化建设需要持续不断的制度创新作保障。制度创新推动科技创新，引领经济发展。

三是科技创新。科技创新是企业发展的生命，是企业在竞争中求生存、促发展、保持竞争优势的重要途径，也是企业应对竞争的客观需求。

四是文化创新。坚持用创新文化激发创新精神、推动创新实践、激励创新事业。如天津港实施“文化制胜”战略，构建“发展港口、成就个人”的价值理念，用先进的文化凝聚人心，以厚重的文化力打造企业核心竞争力。

（四）对企业文化建设的建议

十年企业靠管理，百年企业靠文化。文化管理是企业管理的至高境界，企业文化建设是实现文化管理的基础。企业文化是企业发展的强大动力、重要支撑、精神支柱。我对企业文化建设有五条建议。

一是让理想信念成为一种追求。有了坚定的理想信念，站位就高了，眼界就宽了，心胸就开阔了。

二是让责任担当成为一种品格。责任是一种使命，担当是一种品质。

三是让追求卓越成为一种习惯。品牌质量是企业的生命线。

四是让开拓奋斗成为一种精神。成功只会眷顾坚定者、奋进者、搏击者，而不会等待犹豫者、懈怠者、畏难者。

五是让人格成为一种魅力。企业文化建设的重要一环是“人”的文化建设，提升人格魅力是上至管理者、下至普通员工共同的任务。

文化是重要的软实力和核心竞争力。纵观全世界百年以上的老牌企业，无一不是精心培育出自己的企业文化并代代相传，从而成就了企业的品牌和生命。

提倡企业家精神、塑造企业文化，既是我国经济发展和文化建设的需要，也是企业自身发展的需要。塑造优秀的企业文化才能形成品牌、保持持久的生命力和竞争力。以人为本、以文化为本培育企业家精神，建设和打造企业团队，能够将企业文化转化为事业发展的强大竞争动力。对于中国企业来说，企业文化建设应当传承中华优秀传统文化，塑造能够代表中华文明的企业。

【对话】以人为本，创新发展

荀美子

扬州大学有着优秀的中文、历史等人文学科，对扬州的历史和盐文化颇有研究；中盐金坛盐化有限责任公司作为盐与盐化工企业，企业建设的内涵里充满盐的特征，中盐金坛公司与扬州大学有着很深的渊源和关系。“宿沙讲坛”就如何推进盐行业的创新发展、传承并服务地域文化、培育企业高层次人才等问题，特采访扬州大学党委书记姚冠新教授。

1. 宿沙讲坛：扬州大学是百年名校，现正实现跨越式发展。同样，中国盐行业有着悠久的历史，现处于转型升级时期。请您介绍一下您主政多所高校的改革创新经验，为我们盐行业的创新发展提供借鉴。

姚冠新：习近平总书记多次强调，发展是第一要务，人才是第一资源，创新是第一动力。中国如果不走改革创新的道路，是不可能真正强大起来的，只能是大而不强。强起来靠创新，创新靠人才。

扬州大学至今已有118年的发展历程，扬州大学的发展一直与改革相伴相生，同向同行。1992年5月19日，在扬办学的扬州师范学院、江苏农学院、扬州工学院、扬州医学院、江苏水利工程专科学校、江苏商业专科学校等6所高校首开合并办学之先河，联合组建扬州大学，被中央领导同志誉为“高校改革的一面旗帜”。如今，扬州大学已经全面开启高水平研究型大学建设的新征程，我们也一直将改革创新放在首要地位，通过持续不断的改革创新推动学校事业的高质量发展，总结一下，有四点心得。

一是解放思想。解放思想是改革创新的前提和基础，能破解事业发展中的瓶颈和难题。思想解放不仅是领导层的工作，同时也是普通员工要践行的。最近一段时间，省委要求在全省范围内广泛开展解放思想大讨论活动，我校也积极响应，在全校范围内组织开展各种专题讨论，着重在体制机制、文化涵育、管理创新等方面，多出思想，多想思路，多问几个“为什么”，多想几个“怎么办”。

二是以人为本。企业的发展要与企业员工追求美好生活的愿景相结合。企业的改革和创新都要秉承以员工为中心思想推动发展，才能形成上下合力，推动事业发展。

三是系统规划。改革创新要打破原有的藩篱，要对资源重新组合和分配，涉及面相当广。只有系统地推进理念的创新、制度的创新和科技的创新，才能实现我们的使命和原则。理念的创新能实现思想的创新，制度的创新能保证理念的创新，科技的创新能实现创新的效果。

四是问题导向。改革创新不是玩时髦，我们追求的是实效。不是因为大家都说要创新所以我们才要创新，不是因为大家都说要改革所以我们才要改革。我们所讲求的实效，是根据中国特色社会主义新时代的要求、社会发展的期望和本企业所面临的一些制约发展的瓶颈问题、关键难题。比如说，在文化创新方面，问题在于怎样调动干部职工的精气神，让我们的企业上下同心同力；在科技创新方面，问题在于怎样瞄准企业发展的前沿水平，采用一流的技术，生产一流的产品；在制度创新方面，问题在于怎样通过新制度使企业的使命和目标得以保证和实现，使干部和员工的潜力得到最大的发挥，使阻碍事业发展的瓶颈问题得到解决。

习近平总书记强调，通过改革创新要解决多年以来想解决而没有解决的问题，通过改革创新要实现多年以来想实现而没有实现的目标。我想，不管是企业还是学校，改革创新都要讲思想解放、以人为本、系统规划、问题导向这四点。

2. 宿沙讲坛：明清时期，扬州是两淮盐运集散中心地，两淮盐商对扬州的人文、建筑及饮食等各种文化都产生了深远的影响。目前，扬州大学与中盐金坛公司依托各自的优势资源建立产学研合作平台，进一步服务地域文化发展，助推制盐企业创新。请您对贵我双方合作谈谈指导意见。

姚冠新：扬州是明清两代时两淮盐商的聚居地，无论在人文、建筑、餐饮方面无不浸透着盐文化，这也推动了扬州经济文化的发展。扬州大学地处扬州，有着优秀的中文、历史等人文学科，对扬州的历史和盐文化颇有研究。中盐金坛公司作为生产盐的大型企业，在整个生产运作的过程中，一直秉承着贤文化。“贤”和“咸”同音，建设的内涵里充满盐的特征。正是因为我们两家有这样的渊源和关系，领导和专家们的相互交流建立了深厚的感情。所以两家联手建立“盐与东方文明研究院”，目的在于研究扬州文化和盐文化，同时对工程研发、产品研发等科技创新方面进行相关研究。对于如何建设好这一研究院，我有一些想法。

一是认真规划研究领域，明确研究方向。一方面邀请扬州大学人文、社会等学科的专家开展盐文化的研究、盐文化对东方文明的作用，从而推动盐文化的发扬和传播，也助推文化兴企战略；另一方面，组织相关自然科学的专家针对中盐金坛公司技术进步和生产力的开发来打造品牌，从而实现企业可持续发展。

二是联合引培研发人才。根据现代国际企业的要求，跟进现代研发公司的发展研究，提出相关的人才培养要求和计划，盐与东方文明研究院进行订单式地定向实施在职培养和相关专业技术人才的培养和输送。同时围绕企业的转型升级，新技术的应用和新产品的开发，联合培养高层次人才。这些人才既是扬州大学的教授，也是企业的技术顶尖人才。

三是培育重大科研成果。科技成果奖的申报意见、相关课题的申请，通过盐与东方文明研究院来整合相关力量，进行包装打造，助推扬州大学的办学水平和中盐金坛公司的生产水平的提高。希望盐与东方文明研究院以建成全国盐与东方文明重点研究基地为着眼点，以服务中盐金坛公司文化建设为出发点，围绕公司的战略需求，开展重点研究，努力为公司提供重要的决策咨询。

3. 宿沙讲坛：2003 年，中盐金坛公司从扬州大学招收引进多名优秀毕业生，其中很多人现已进入我公司各级管理层，或成长为业务骨干，感谢扬州大学多年来对中盐金坛公司事业发展的大力支持。据我们所知，扬州大学正在全面提高本科人才培养水平，请您分享一下扬大人才培养方面的宝贵经验，以助我公司更好地贯彻实施人才强企战略。

姚冠新：听到贵公司介绍扬州大学本科生到中盐金坛公司工作效果不错，我感到很高兴。长期以来，扬州大学与中盐集团特别是中盐金坛公司一直保持着良好的人才培养合作关系。据我统计，从 2003 年至今，我校有近 100 名毕业生到中盐集团及下属公司工作，一部分毕业生已经成长为公司的骨干和中坚。由此可以看出，扬州大学的人才培养体系与中盐集团公司的人才需求是匹配的，扬州大学的毕业生总体质量是高的，中盐集团的发展平台也是非常广阔的。

扬州大学是一所高水平院校，目标是国内一流，国际知名。我们的办学理念是“学必期于用，用必适于地”。我们在人才培养方面，始终坚持与“顶天立地”的理念相结合。一方面，我们要求学生具备扎实的基础理论知识和开展科学研究的能力；另一方面，我们不同于清华大学、北京大学等顶尖的高校，我们培养的学生适合于地方经济社会发展的需要，强调理论要与实践相结合。到了工作岗位，要善于抓住问题的关键，运用我们所学到的扎实的理论知识来解决工作中的实际问题，这是我们的办学理念。2016 年我们提出通过完善的、适应经济社会发展需要的培养体系来培养人才，我们抓住了以下几个方面。

一是以经济社会发展需求为导向。我们的专业设置和学科设置，要根据经济社会的发展需要，我们的人才培养方案要根据经济社会发展需要来设置。这样才能使学生与社会匹配。

二是以推动学生全面发展为主旨。根据人才的成长规律，根据教育的规律，认真培养学生。扬州大学在教育上秉承两句话：没有不好好学的学生，只有不好好教的老师；没有不想成才的学生，只有没有找到合适方法来引导的老师。我们的学生人人都想成才，关键是老师有没有找到方法来引导他们成才。所以，我们在培养学生的过程中，第一是夯实他们的基础，第二是拓展他们的能力素质，第三是引导健康心理，第四是使他们在事业的发展中永远充满激情和活力。所有的高校都重视大学生的创新教育，我们的理念不是在校园里培养小企业家，我们实行的创新创业教育，是构筑他们创新创业的知识结构，激发他们创新创业的激情和潜质，熟悉创业过程，培养创业技能。当他们走上社会，遇到创业机会时，能够抓住机会，成功创业。扬州大学培养的学生，秉承“顶天立地”的理念。

三是以完善培养质量保障为重点。学校一直视质量为生命，努力构建完善培养质量保障机制，实施多元化课堂质量评价，健全教学质量持续改进机制。我们始终秉承对社会负责、对学生负责、对家长负责的态度，把培养质量的监控与管理贯彻育人的全过程，坚决做到质量不过关的毕业生不让其随便走上工作岗位，能力水平有短板的毕业生，集中力量，加大精准培养力度，努力提升毕业生的质量。

4. 宿沙讲坛：中盐金坛公司正在实践和努力建构尚贤管理模式，将中国传统文化智慧与现代企业管理相结合，弥补西方管理中的人文短板。请您对此给予点评和指导。

姚冠新：中盐金坛公司崇尚企业文化，构建和推行尚贤管理模式，运用了“咸”的谐音，将中国传统文化的智慧和现代企业的管理要求有效地结合。我认为这继承和发扬了中华优秀传统文化，同时也弥补了西方企业管理中的人文短板，符合中国特色社会主义新时代的要求，把握了现代企业的管理方向。中华文化和现代企业制度的有效结合，企业文化和盐文化的融合，挖掘和发扬了盐的优秀特质，体现了中盐金坛公司的远大使命，以职工为本的思想和同行同进的作风。

关于企业文化建设方面，我想提一个建议，要让现有的企业文化更加体现盐的优良特质，使贤文化和盐文化有效相融。

盐有很多品质，一是盐的特色是永不变质，具有坚持不懈的作风；二是盐是生命的要素，是活力的源泉，盐体现的是创新的精神；三是盐具有服务人类的奉献精神；四是盐具有相融、开发、包容的精神，这是组成团队、使团队团结在一起的关键品质；五是盐为百味之首，体现的是追求一流的精神。

怎样把盐的品质和企业文化相结合，这有助于企业团队的打造，员工精神的凝聚。同时要进一步放大文化的产品功能，将盐产品融合文化理念，丰富产品的功能和价值，提高产品的附加值。

王阳明良知学与企业职场文化培育

周建华

赣南师范大学国学研究院院长，赣南师范大学王阳明研究中心（江西省人文社科重点研究基地）首席专家，中宣部“中国文化走出去”重点项目首席专家，中国明史学会常务理事，中国明史学会王阳明研究分会常务副会长，中国宗教学会理事，江西省王阳明研究会副会长，城市文化研究所所长，博士生导师。从事阳明学研究30多年，主要著作有《王阳明在江西》《知行合一——王阳明在赣州》《王阳明与福建》《一盏千古不灭的圣灯——王阳明家训》《王阳明南赣活动研究》《王阳明与崇义》《王阳明的世界》《客家文化视野中的阳明学》《朱熹与江西文化研究》《周敦颐南赣文学与理学研究》《人文赣州》《南赣理学及其影响》等40多本。

王阳明说：“圣人之道，吾性自足，不假外求。”西方哲学家黑格尔就表述为“精神是自足的存在”。“众生无明”是社会陷于愚昧的深层次原因，而“此心光明”就是超越了愚昧，到达与真理为伴的境界。而让“众生有明”的唯一办法就是兴办教育，普及知识，提高心智。

实现自我与宇宙秩序和历史目的的合一，这就是知行合一，达到这样境地的人物，便是宇宙秩序和历史目的的体现者，也就是我们所谓的“圣人”。而这样的政治家，乃是第一流的，或者说是最彻底的政治家，他们是有信仰的行动者。

面对这样的大时代、大历史，我们怎样抛弃一己之私，自觉投入到中华民族伟大复兴的历史洪流之中，做一个与千百万人同心同德的“我心光明”的人，这是我们每一个人都应该思考的问题。

一、企业职场的终极愿景——内圣外王

我们为什么要讲“良知”？

一是历史的必然。一个民族的振兴，必须有一种明晰的思想指引。秦始皇曾经用律法严刑的法家思想，结束了群雄争霸的战国时代，实现了国家的统一；汉高祖刘邦曾经用“无为而治”的道家思想，实现了汉武帝时期政治、经济以及军事强大昌盛时期；唐太宗李世民曾经用“宽仁、王政”的儒家思想来代替隋末暴政，实现了贞观之治的太平盛世；康熙皇帝也曾推崇仁爱宽刑的儒家思想并吸纳西学，开创了康乾盛世的不朽业绩。

二是时代的需要。很多人都读过王阳明的“心学四诀”：“无善无恶心之体，有善有恶意之动；知善知恶是良知，为善去恶是格物”。阳明心学简单来说就是“良知”之学。今天这个社会的经济快速发展，造成了我们在意识方面的混乱和心理上的浮躁，很多人都觉得无所适从，而心学所强调的立志、良知、诚意、知行合一、致良知，以及王阳明提出的“人人都是圣人”的口号，对我们这个浮躁的社会来说，正好是一剂正本清源的良药。

今天的时代与王阳明所处的时代虽然相隔五百多年，但都是变革的年代。

明正德、嘉靖年间，欧洲资本主义已经萌芽，中国的历史进程也已有了资本主义的先声。资本主义讲民主、自由、平等，这与讲规范、道统、制度、清规戒律是对立的。而王阳明的思想是讲求内发于心，心即理，心外无物，心外无理，此心就是良知，良知就是天理，就是人伦，就是道统，就是德行。只要不违背良知做事，即“致良知”，那就是正确的，就可以去做，而不管什么外在戒律。因此，王阳明的思想是解放的，是改革的，是能动的，它是发展生产力的，代表了当时先进的思想、推动社会前进的思想。

阳明心学是中国哲学思想史上的一座高峰。它的崛起深刻改变了宋代以来中国思想学术的整体格局，不仅对明清以至当代中国思想的历史运动影响深远，且远播域外，尤其对日本的思想界具有显著影响。王阳明是一位世界性的哲学家。《明史》曾说：“终明之世，文臣用兵制胜，未有如守仁者也。”

清初学人毛奇龄为王阳明作传，感叹阳明先生一生，功高而见忌，学远人不识，其事功学术每败于宵人，不容于当世。但当世排挤之人，却成为后

世楷模。之后，每遭时世变迁，都会有人出来宣扬王学，于私提升自我，于世拯救时弊，将兴邦的期待与对阳明之学的探究结合起来。盘点王阳明在近百年中国的流传，有世变巨流的冲痕，也有人心求索的轨迹。

当今，中国的经济体制、政治体制的改革，需要阳明思想。中国要自立于世界民族之林，需要工阳明“内圣外王”的哲学思想。王阳明的哲学是平民的哲学、改革的哲学、创新的哲学。习近平总书记在博鳌亚洲论坛2018年年会开幕式上的主旨演讲中说：“从顺应历史潮流、增进人类福祉出发，我提出推动构建人类命运共同体的倡议，并同有关各方多次深入交换意见。我高兴地看到，这一倡议得到越来越多国家和人民欢迎和认同，并被写进了联合国重要文件。我希望，各国人民同心协力、携手前行，努力构建人类命运共同体，共创和平、安宁、繁荣、开放、美丽的亚洲和世界。”

王阳明的“万物一体论”是以道德心，即仁为根基，以“生生不息”“克己去私”“同苦共痛”“爱有差等”“心态平和”五大要素为开展方式的有机思想体系。基于这样的理论要义，“万物一体论”又是一个治世纲领，其本质就是建立有序、守德、公平、活力、向上、富强的社会，即“一体之仁”的社会理想：位其所位，人尽其性，丰衣足食，安居乐业，彼此尊重，天下一家，国家一人。

世界本身就是一个有机整体，所有生命休戚与共、唇亡齿寒，没有谁能“独善其身”。因此任何“物”都必须得到照顾和支援，同时也必须尽维护此有机整体之责，即权利与义务的统一。只有这样，人类才能共同应对地震、洪水、战争、恐怖主义等自然和人为灾害，形成一个强大的生存共同体。王阳明“万物一体论”要求将所有人的心态视为生命的有机整体，以宽阔视野和天地心胸彼此关爱、相互关怀，不分高矮瘦胖，不分男女老少，不分贫富贵贱，统统视为一体，在“心态”上是相互依赖的共同体。正因为是由无数的、独特的价值个体组成了相互依赖的有机整体，因而必须尊重、肯定不同价值个体的存在。要实现价值共存、平等、妥协、互取和优化，以建构理想的价值共同体。

二、王阳明思想与企业职场文化

（一）以德为先的“心”学治企

用兵之道，是最典型的用心之道；兵法之妙，存乎一心。王阳明的“心学”在战场上找到了用武之地。然而，王阳明在出任南赣汀漳巡抚的时候，感到“破山中贼易，破心中贼难”，为了消除人们的“心中贼”，维护明王朝的安定统治，他勉力兴教，对人们进行教化。王阳明在平伏赣南、闽西、粤北等客家地域土匪后，总结经验，探讨王化德政、治理之道，并写出了许多文章。王阳明在赣州以及闽西、粤北、桂东等地的影响相当广泛而深远，至今仍流传不衰。

按照一般意义上的标准，打仗是“成雄”，讲学是“成圣”。但王阳明从来不把它们作为两件事。他是在用他的心学去打仗，打仗也正是进学的好机会，是他在“事上磨炼”的教学实习。他不管多么忙，也坚持“正常教学”，用他学生的话说，就是“出入贼垒，未暇宁居，亦讲聚不散”。哪怕面对暴动，他也反对单纯的以暴制暴，他认为治本的办法是“昌明政教”，他强调综合治理，反对不教而诛。

每平定一方，王阳明就上奏请示朝廷建立巡司或县级政权。他一共建立了三个县：平和、崇义、和平，这三个县的名字一看就是儒家的作品。为加强基层的权力密度、强度，扩展皇权的范围，以保证百姓生活在国家的怀抱里，他恢复早已废除的明太祖洪武年间订立的“乡约”制度，以此管理乡民的日常工作，保持基本的社会公正与礼仪生活秩序，教化子弟改恶从善，好好学习，积极向上。有条件的地方，他就建立社学，因为他认为“民风不善，由于教化未明”。他关于综合治理的理念，是理学家礼乐教化的延伸。王阳明在南赣剿匪，从形式上看，是兵战的胜利，但从哲学上看，其实是“心”战，也就是心学的胜利。

现代企业用人要以德为先。管理企业就是管理人，如果企业的人都是没有“德”的人，如何让员工努力工作，如何让员工为企业的发展尽心尽力，员工只有具备“德”的才能，才能更好地发挥积极性为企业创造更多的财富。

（二）格物穷理的探索精神

如果说“格物致知”是王阳明那个时代的思想产物，那么“知行合一”就是王阳明思想的创造。先说“格物致知”，当时王阳明格竹子格了七天以致晕倒，只可惜那时的中国科学并不发达，王阳明格竹子仍然是在理念上格，没有走出传统中国文化的禁锢。近代以来，人们将物理学称之为格物学，实际上正是由于科学的兴起，真正的格物才有可能实现。现在科学技术变成了第一生产力，“格物致知”也应该成为商业模式创新。

“心”能够改变世界，创业者的核心就是改变世界。这其中又需要用到两种方法，一是“格物致知”，也就是商业模式创新；二是“知行合一”，也就是原创，不是从基础到应用到产品的线性过程，而是把最新的研究成果和最新的想法应用到实践中。我最感兴趣的是他的创新精神，以及这个精神对中国企业发展的启示意义。王阳明是最有创新精神的，也是最有独立人格的。如果说春秋时代中国的知识分子还有自己独立人格的话，那么随着后来的“独尊儒术”，中国的知识分子都逐渐依附于权力。王阳明的“心学”发现了自我，发现了独立人格的价值，只有在独立人格的觉醒中，儒释道才能为我所用。

“致良知”是王阳明晚期的思想，说的是不承认权威，以自我的良知作为标准，所以这一点更彻底地凸显了他的独立人格。他认为任何外来标准都是人为设定，比如孔子等一些圣人，他们定的“是非”不一定就是“是非”。王阳明认为“是非”是按我自身的良知去评判，而不是按圣人说的去判断。“致良知”就是怀疑一切权威，用自己的标准立权威。凡事从自我的体验出发才能做出决断，任何外在的都只能作为参考。所以他的思想最本质的就是强调独立人格，以自己的思想，以自己的脑子来定是非。这点在当代企业家身上得到了很好的体现，比如马云、马化腾等。

（三）劝善惩恶的赏罚措施

王阳明具有一系列系统的政治、思想和文化主张。在政治方面，他主张明赏罚以提高统治效果，力行德治礼教以预防“犯罪”。他认为，赏罚乃“国之大典”，应当受到充分重视和正确地加以使用。他主张“赏不逾时，罚不后事”，认为过时的奖赏，等于没有奖赏，过时的惩罚，等于没有惩罚，都起不到劝善惩恶的作用。这些主张的目的，集中到一点，就是要提高统治效率，以“破心中贼”。

古人说：“知耻而后勇。”相对于鼓励而言，惩罚的作用就在于否定员工在日常工作中的某些观念、行为，以激发其自身的反省能力，对于之前的观念和行为进行改正，以获得经验教训，提升自身素质。惩罚对于个人而言，有着强大的压迫能力。因为从生存的角度而言，惩罚是对其生存价值和可能性的否定。

当一个人从内心深处渴望承担责任时，会认识到自己不仅是对组织或者是企业负责，同时也是对自己负责，并在承担这份责任时感受到自身的价值，以及自己所获得的尊重和认同，从而获得心理与精神上的满足。承担自己该承担的责任，全心全意地努力工作，这时，你得到的不是压力，而是一种快乐和幸福，对组织或者企业而言，你将会成为真正的、无可替代的优秀员工。

（四）上善若水的和谐理念

老子说："上善若水，水善利万物而不争，处众人之所恶，故几于道。"这里实际说的是做人的方法，即做人应如水，水滋润万物，但从不与万物争高下，这样的品格才最接近道。"读书学圣贤"是王阳明年少时立下的志向，也就是他后来所说的"读书学道"。道是什么？在他看来，心即理，心即道，心的本体是至善、是良知，"至善是心之本体"，"夫心之本体，即天理也。天理之昭明灵觉，所谓良知也"，圣贤与常人的区别就在于圣贤悟到了良知并按良知行事。因此，读书学道，就是通过读书悟到自己的良知。

王阳明还兴办书院讲学，带动贵州各地官府兴办教育，地方绅士也纷纷捐资办学，这对贵州的教育起到了巨大的促进作用。王阳明也多次应贵州提学副使席书的邀请到贵阳讲学。当时贵州由于各种原因，教育发展缓慢，是王阳明把儒学带进了贵州山区，开启了贵州教育新风。也正因为质朴善良的夷民给予了他精神的鼓舞和力量，好读书史、通晓大义的安贵荣给予了他物质的帮助和精神的慰藉，使得王阳明丰富多彩的人生有了一次大转折，继而促使他"心学"体系的完成。

王阳明对学生提出"立志、勤学、改过、责善"四点基本要求，这四点对后世的教育发展产生了很大的影响。他的《教条示龙场诸生》倡导的就是一种和谐理念。对现代人来说，要成才必先立志，"立志"就是要"养浩然之气"，要砥砺、磨炼自己的志向。我们干什么事都需要先立志，志不立，则天下无可成之事。这既是个人信心和决心的展现，也是对未来规划的考量。

"立志"对企业而言，在于构建和谐的企业文化。大而言之，和谐的企业文化注重企业间的合作，注重企业的社会效益，注重环境的保护和发展的可持续性，对社会发展有巨大价值。小而言之，和谐的企业文化注重企业的形象，注重员工的素质和产品的质量，注重优秀创新团队的建设和企业竞争力的培植，对企业的可持续发展具有重大价值。

（五）九死未悔的家国情怀

马云曾多次提到企业家精神和家国情怀，他曾经在不同场合谈到企业家应当具有创新精神、使命与责任感。在阿里巴巴成立十八周年年会上，马云特别强调，阿里人未来必须有“家国情怀”和“世界担当”，“只有考虑这个国家，考虑这个社会，考虑世界的担当，阿里才会赢得尊重”。

（六）知行合一的实践精神

“知行合一”“心即理”和“致良知”构成了阳明心学的三大命题。“知行合一”是王阳明1509年应席书的邀请到贵阳文明书院讲学时首次提出的。王阳明的“知行合一”，不是一般的认识和实践的关系。“知”，主要指人的道德意识和思想意念，是良知，是人的本体；“行”，主要指人的道德践行和实际行动。因此，知行关系，也就是指道德意识和道德践行的关系，也包括一些思想意念和实际行动的关系。

王阳明认为知中有行，行中有知，“知是行的主意，行是知的工夫；知是行之始，行是知之成；知之真切笃实处便是行，行之明觉精察处便是知。”意思是说，道德是人行为的指导思想，按照道德的要求去行动是达到“良知”的工夫。在道德指导下产生的意念活动是行为的开始，符合道德规范要求的行为是“良知”的完成。“意念发动便是行”，知和行是一回事，不能分开。

企业文化建设一定要杜绝“空洞地喊给外人听”的形式主义，企业文化建设应该知行合一，真正把企业文化与管理实践结合起来，把企业文化中的商业伦理落实到行动中去，只有当企业文化变成企业的一种氛围，企业文化的强大作用才能显现出来，企业也才能靠文化来成就自身。

（七）立定志向的君子人格

王阳明根据“致良知”和“知行合一”的思想，告诫人们，人活在天地之间，首先要“立志”。而所谓“立志”，即是“只念念要存天理”，如果不立定这个志向，正如“无舵之舟”，也像“不种其根而从事培拥灌溉，劳苦无成矣”。志向既定，处处以“致良知”为主，便能“勤学”。他认为“凡学之不勤，必其志之尚未笃”，如已立志学为圣人，便会全神贯注，勇往直前。而立志，则是要通过学习来达成的。王阳明认为在学习过程中，读书、写字、学琴和习射，都是陶冶身心的重要手段。对于读书，王阳明说：“读书时，良知得知强记之心不是，即克去之；有欲速之心不是，即克去之；有夸多斗靡之心不是，即克去之。如此，亦只是终日与圣贤印对，是个纯乎天理之心，任他读书，亦只是调摄此文而已。”

从“致良知”的学说出发，王阳明肯定普通人和圣人一样，都有良知，其差别在于圣人的良知常在，天理纯全，而普通人由于受了习俗的蒙蔽，良知被湮没，因而不能知道“义理”。正因为良知人人都有，所以都有受教育的可能；也由于良知常为私欲所蒙蔽，就有受教育的必要。通过教育，去人欲、致良知。所以，王阳明主张从“致良知”入手，最终达到“明人伦”的目的。所谓“明人伦”，就是“父子有亲，君臣有义，夫妇有别，长幼有序，朋友有信”五者而已。

近年来，随着现代社会的不断发展和物质文明的高度发达，职场中普遍出现了一些人格价值观的困惑，精神世界发生存在性危机，败德行为屡见不鲜，这一切的一切都严重影响了企业的发展、个人的发展。因此，王阳明的反求诸己、知行合一、礼以行之、执两用中等，都为当代职场人格的日臻完善提供了珍贵的资源借鉴，一方面为企业家伦理精神的构建提供了义利统一、诚信不欺、以人为本、天人合一等具体理论指导，另一方面其独特的修养路径也为培育企业家道德伦理指引了实际操作的方向。

（八）内圣外王的兼济情怀

“内圣外王”作为一种人格理想和政治理想，其强调的是在既定的社会体制下的自身修行，并不对外部社会制度有所诉求，要求制度的建设与改善，即要求完善自己的精神层次，但不要求外部制度对肉身的保障。与西方民主、宪政、自由主义制度相比，“内圣外王”是通过内修的济世功用，以实现个人理想和达济社会，进而达到王道社会这一中国传统政治理想。

在中国封建社会，由于专制皇权导致人治而法治不及，加上其思想主张缺少分权制衡、社会制度建构的非正义性而导致其实施起来较难，常常出现“内圣不外王，外王不内圣”的局面，是一种政道有余但治道不足的表现。

儒家讲内圣外王，王阳明可谓典范。他达到了知与行的完美统一，把内心的良知论贯穿于治国平天下的过程中，真正做到了“穷则独善其身，达则兼济天下”。

“内圣外王”是王阳明思想的精髓之一，其渗透了修炼内功、外有建树的管理哲学。将此应用于当今管理实践中，即是通过“内圣”与“外王”的现代性阐释来深化企业的内在素养和外在修为，通过二者的圆融结合来诠释企业经营的独到理念，从而探寻一条从根本上确保企业得以可持续发展的理性路径。

当前面对激烈的国际市场竞争，各国的企业从业者都在不断地搜寻可以实现企业永葆生命力的方法和途径。而王阳明思想作为中华文明的瑰宝，自然得到了域外探秘者的强烈关注。尤其是日本、新加坡，他们成功地吸纳了我国古代儒家思想的精华，并结合西方现代企业管理理论，创建了独树一帜的企业经营理念，甚至影响了整个世界的经营管理格局。

（九）事上磨炼的实践功夫

王阳明的学问不是直接照搬书本上的知识，而是一种人生的态度，一种实践的功夫，一种人生的修炼。王阳明强调“在事上磨”，在“必有事焉”上下功夫。他反对离开具体事物、脱离本职工作去空谈心性和学问，也反对将学问和做事分开，当作两个截然不同的事物。我们知道，动静关系是宋明儒者讨论比较多的一个话题。儒家非常注重在道德修养方面达到不偏不倚，即《中庸》提到的“致中和”。宋代一些儒者认为，人的私欲在隐微的地方萌生，所以需要通过静坐的方式去体会天理、克服私欲。

相对于一些宋代儒者，王阳明更加辩证地看待动静之间的关系，只要是专一，不论是在动中，还是在静中，都应该专心致志。不然，即使身体端坐，寂然不动，内心却思绪万千，心猿意马，这其实是一种躁动；相反，如果专心做事，虽然是动，从专一、心无杂虑的角度来说却称之为静。换句话说，静不是静，定而后能静；动不是盲动，定而后能动。动静只是一种形式，而定才是根本，正所谓“动亦定，静亦定”。

王阳明强调克制私欲，不能仅仅靠静坐，而要在具体事情上历练。他认为一味地静坐，容易养成喜静厌动的习性，消弭人的斗志和有为之心。哪怕是在静坐时“看破天机”，但由于没有经过实践的验证，许多毛病和问题往往处于潜在的状态；等到事到临头，问题纷至沓来时，还是难免手脚慌乱、不知所措。

概而言之，在自己日常工作之中，杜绝各方面请托说情，克制自己的情绪，心平气和、考虑周详地将工作处理好，这才是真正的学问。就如同孔子那样，在担任掌管畜牧的乘田时，就要关心牛马茁壮；在担任管理粮仓的委吏时，就要把出入的账目弄清楚。正所谓“簿书讼狱之间，无非实学。若离了事物为学，却是着空”。

换句话说，立足本职工作，不好高骛远，这也是阳明“人须在事上磨”思想对于我们今天为人处世的重要启示。纵观阳明先生的一生，他的这种安贫乐道、淡泊名利的修养；在逆境中的自我调节，自我净化，不骄不躁，坦然面对自己仕途沉浮的胸襟；不忘初心，知行合一，忧国忧民的良知精神和家国情怀正是我们领导干部应当学习的。

（十）反观自身——提升自我的主观能动性

王阳明说："见贤思齐焉，见不贤而内自省，则不至于责人已甚，而自治严矣。"通俗地讲，就是当人们看见有德行或才干的人就要想着向他学习，看见没有德行的人，自己的内心就要反省是否有和他一样的错误。这样就不会过分地责备别人，而会更加严格地要求自己的所作所为。这就告诉我们，自省是一面镜子，能够照见心灵上的污点，继而照亮前进的路途。

工作中，有很多人经常怨天尤人，出了问题不在自身上找原因，而指责抱怨他人。一个人只有不断地反省，才会不断地提高，而进步和学习的能力，也体现在反省的能力上。

（十一）此心光明——养得一颗光明之心

面对着千百万人在彼此冲突的世界舞台上创造的大历史，马克思坚信着人类历史是有规律的，坚信着"我心光明"和人间正道。马克思认为，那些自己投身于历史之中，那些把一人之心修成千万人之心的人，是光明的人。

王阳明所强调的"致良知"恰恰就是希望每个人都能够将自己所拥有的清明之气保留发扬，希望每个人都能拥有一个康泰祥和的精神世界。王阳明的这一整套学说，就是"心学"，它其实就是解决主导我们生活的心的哲学，它告诉我们，所有的问题其实都是心的问题。当心和我们的肉体一起来到世间时，它无关无碍，轻松自在；可当我们拼命地追逐外物时，心灵就会受到压迫，它会让你感受到它的呐喊，而你的心就再也不能平静，一切致使我们苦恼的情感就不请自来。但如果你安抚心灵，不被外物所迷惑，那你和心灵就有了幸福的约定。这无疑是告诉我们，对一切我们带不走的名利不动心才是心灵的要求，只有心灵平静，才能得到幸福。换句话说，心外什么都没有。王阳明的心学其实就是让我们活出本真，用自己强大的内心来主宰我们的幸福。而"心外无事"其实就是让我们遇到事时要波澜不惊、不急不躁。

人生其实就是一场修行，对今天的人来说，虽然无法重复王阳明悟道之过程，但他好学深究、追求真理的态度以及在事上磨炼的精神，值得今人学习，而更值得学习的是，王阳明对自我内心的关照。正如儒家大师杜维明所说的，21 世纪，是王阳明的世纪。如今 21 世纪已经到了，王阳明和他的心学，也已经被推到我们面前来了，认识王阳明，了解心学，对我们的人生，对人类社会，无疑大有裨益。

圣贤学问不支离，大道光明原一体。愿阳明精神常在，良知之道永存。

【对话】新时代王阳明良知学的创新性传承与发展

孙　鹏　董　熠

王阳明是我国历史上“立德‘立功’立言”的三不朽人物。他在儒释道学说基础上发展出一套完整的心学体系，提出“致良知”“知行合一”，并付诸人生实践。

中盐金坛公司倡导“敬天尊道，尚贤慧物”的贤文化理念，与阳明学说有很深的关系。“宿沙讲坛”就新时代王阳明良知学的创新性传承与发展，采访了赣南师范大学国学研究院院长、中国明史学会王阳明研究分会常务副会长、江西王阳明研究会副会长周建华教授。

1. 宿沙讲坛：王阳明平叛功绩卓著，名垂史册，他自己说全凭致良知之功。四百多年后的今天，如何将王阳明良知学创造性地转化为新时代共建人类命运共同体的治政、治世、治心之道？

周建华：王阳明“良知”的提出实际上是对朱熹哲学的阐述。

从横向角度来说，到了明代中叶，欧洲已进入文艺复兴时期，标志性的事件就是达·芬奇《圣告图》的横空出世。资本主义文艺复兴兴起，“平等、自由、自主”的观念对社会产生极大的冲击，这是生产力发展的结果。而处于封建社会的中国，经济发展到了一定程度，新的思想也一定会产生，并冲击、冲破传统思想。

朱熹理学是当时的主流思想，发展到王阳明出生的时期，其思想的条条框框多，不利于思想解放和生产力发展，已经成了经济社会发展的桎梏。而当时的知识分子读朱熹的书，也大多将其当作科举的敲门砖。

王阳明自小熟读朱熹的书，后来发现其思想并不能指导自己做事。他用朱熹的思想去思考、去做事，结果发现并不是真理。他用朱熹的思想去跟皇帝对抗，结果挨了四十大板，被贬谪贵州。在贵州龙场的某天晚上，突然之间他有所体悟——心即理。可以说，他是从批判朱熹思想开始，进而发展出了自己的体悟，体悟到人性的至尊无畏和主观能动性。这是时代的必然。

为什么能用良知打仗？第一点是因为良知——“天道”存在。土匪的作为不是天道，是倒行逆施，用天道对抗一定能胜利。第二点是因为良知代表的是王道、正道，而正道一定能战胜小小的匪患。另外，良知讲心即理，知行合一；良知讲此心不动，随机而动。有一种非常坚定的信念支撑着王阳明，“两军相遇勇者胜，两勇相遇智者胜，两智相遇仁者胜”。在良知的驱动之下，时来天地皆同力，他就会有办法，有措施，就会得到朝廷、地方、百姓等各方面的帮助。良知是各方面力量的一个集聚，在举起正道之旗的时候，所有正道的力量就会汇聚，区区匪患何足道哉。

王阳明所处的时代，从当时历史背景来看，明朝正德年间政局混沌。明代朱元璋以杀伐治天下，他的儿孙却没有几个是真正能做事的皇帝，还出现诸如太监后宫独霸朝政等问题。国家处于这样的状态，一定要有一种能够振聋发聩的声音，一种新的能够荡涤腐朽思想意识并且能用于实践的思想意识，使这个国家能够得到振兴。王阳明看到了这样的事态和乱象，他以天下为己任，觉得需要一个圣贤来解救。十四岁（一说十二岁）时，他就立志做圣贤。明代处于困局当中，一定会有一个强者站出来。这时候他站出来，他扮演了这样一个角色。

王阳明晚年的时候，广西出现了叛乱，朝廷没有及时处理好此事，使其成为燎原之势，危及国家。后来，朝廷再派王阳明上战场，他拯救了当时的社会，拯救了大明王朝。

现在我们国家正处于转型时期，各种机会很多，但面临的国际国内局势也很复杂严峻。从国际上来讲，我们面临各种强敌环伺；从国内来说，生产力发展非常好，就实际购买力来说已经超过了美国，但现在国内问题也很多，许多社会矛盾如财富分配、人心不古、世风日下等问题日益凸显。这个时候就需要一种强有力的思想，需要一种能够把中国推向世界民族之林的动力。

马克思主义作为党和国家的指导思想是不容动摇的，但是新的挑战也会来，新的课题、新的问题会产生。党的十九大上，习近平总书记指出，要坚持中国特色社会主义文化发展道路，激发全民族文化创新创造活力，建设社会主义文化强国。2016 年 5 月 17 日，习近平总书记主持召开哲学社会科学工作座谈会并发表重要讲话。总书记的讲话充分肯定了我国哲学社会科学取得的成绩和做出的贡献，深刻阐述了哲学社会科学的重要意义、地位和作用，围绕如何繁荣发展我国哲学社会科学，做出了战略规划和顶层设计，是一篇重要的纲领性文献。我们要以马克思主义为指导，把中华民族优秀传统文化作为立足根基的思想方针。中国要发展，要在马克思主义指导之下，弘扬中华传统文化。马克思主义教给我们的是向哪里走，是大方向，但是具体怎么做，人心、道德心、社会良心怎么维护，这些需要借助我们的传统文化去落地。在这样一个国际和国内的形势背景之下，我们呼唤五千年的传统文化，我们要建设好新时代中国特色社会主义文化。在王阳明的时代，我国的 GDP 占全世界的三分之一。再后来，我们落后了，现在我们用了三十多年又站起来了。这是我们传统文化的底气和自信。

2. 宿沙讲坛：王阳明先生说，良知人人皆具，无关圣愚。如何破解当今科技昌明时代，人类良知迷失加剧的困境？

周建华：王阳明是这样说的，"无善无恶心之体"，良知存在于我们的本性当中，每个人生来具有，不会多一分，也不会少一分。

但为什么人做出来的事不一样呢？关键就在于遮蔽。有的人做事没有良知，没有按照良知去做，是良知没有被激发出来。"众生无明"，实际就是良知被遮蔽掉了。圣人跟普通人的区别就在于他会不断地"去遮蔽"，使良知永远处于光明的状态。有的人之所以没有行良知，就是因为良知被遮蔽了，而这些人也没有及时打扫"灰尘"，那遮蔽的东西越来越多。灰尘越多，越会堕落。

社会发展到今天，衣食住行都不成问题，但为什么还是"人心惟危"呢？

首先一个原因就是良知被遮蔽。物质发达之后，世界诱惑太多，使人蒙蔽的东西很难去"打扫"，就会堆积得越来越多。因为物质的东西确实是好东西，但它也是把双刃剑，它对社会主体思想和主流思潮的确立未必是好事。

第二个原因就是没时间。比如现代社会的人忙碌了一天回来已经很疲劳了，没有时间去"打扫"。

第三个原因就是缺少阅读。读书是致良知的一种很好的办法，是一个很好的渠道。有一个统计数据，以色列人最会读书，人均一年读四十多本，而中国人平均一年读书量不到一本。不阅读，没有分辨能力，手中没有真理、真知之剑，就很难"去遮蔽"。

王阳明是个非常注重读书的人。读书使人明理。他在南赣剿匪时，戎马倥偬中给儿子正宪写了一封信，现在被视为王阳明的家训，第一句话就是“勤读书，要孝悌”。王阳明也说“圣人可学而至”。学无非两方面，一个是读书，一个是在事上磨炼。现代人不阅读，我认为这是个很关键的问题。当一个人有了良知之后，他会去行善，会去努力工作，他不会与社会脱节，而是会与社会共同进步，所以“学而至”是很重要的。

3. 宿沙讲坛：王阳明先生说，良知被障蔽是因纵任私欲或私意所致，但阳明先生似未清晰地讲明这个私从何而来。请您谈谈人类“私”的源头，在现实中如何区别公与私？如何克制私欲？

周建华： 王阳明只活了 57 岁，他的思想体系中，其实有很多还没完成。此外，王阳明没有一个像样的弟子，他本身的一些东西已经被他的弟子改动了。王阳明本身没有直接阐述，但从他的只言片语中还是可以看到，他讲“无善无恶心之体”，觉得人性本身是无善无恶的。但“有善有恶意之动”，私欲在人一念发动的时候就有了，它源自人的本性。私欲实际来自生存的需要。不要把私欲想象成纯粹的、不好的东西，它是两面的。如果没有私欲的驱动，社会就无法发展。但王阳明提出了一个度，私欲之上还有天道，还有良知。所以私欲是需要的，但要注意一个度，人的本性里会含有私欲这个东西。知善知恶是良知，良知就是一个衡量的标准。

职业精神的培养与修炼

戴 黍

管理哲学博士、公共管理博士后、律师，现任岭南师范学院教授、副院长，华南师范大学博士生导师，兼任广东省珠三角发展规划专家、中山大学中外管理研究中心研究员、岭南心学研究会常务副会长。曾赴美国奥本大学、加拿大UBC大学等交流访问。主要研究领域为行政管理、管理哲学、社会风险与社会保障。

职业精神是与人们的职业活动紧密联系的、具有自身职业特征的精神，它反映着从业人员的精神追求和人生境界。职业精神既形成于人们的职业实践，又反过来引领和激励着人们的职业行为。因此，现代企业管理都把对员工职业精神的培育作为一项重要内容放在突出位置，以期通过员工职业精神的提升，增强企业的创造活力和竞争力，促进企业的健康快速发展。

职业精神主要由五个部分组成，分别是敬业、责任、规范、协作和风险。这其中，敬业是职业精神的核心，它作为人类社会最为普遍的奉献精神，看似平凡，实则伟大。一份职业，一个工作岗位，都是一个人赖以生存和发展的基础保障。同时，一个工作岗位的存在，往往也是人类社会存在和发展的需要。所以，敬业不仅是个人生存和发展的需要，也是社会存在和发展的需要。

那么如何做到敬业呢？目前，在我国市场经济条件下，实行的是求职者与用人单位的双向选择，这种就业方式的好处，就是能使更多的人从事自己感兴趣的工作，用人单位也能挑选自己所需要的合适人选在社会主义市场经济条件下，双向选择的就业方式为更好地发挥人的积极性创造了条件。这一改革与社会主义职业道德基本规范要求的爱岗敬业并不矛盾。

首先，提倡爱岗敬业，热爱本职，并不是要求人们终身只能干“一”行，爱“一”行，也不排斥人的全面发展。它要求工作者通过本职活动，在一定程度上和范围内做到全面发展，不断增长知识，增长才干，努力成为多面手。所以，这句话可以换种方式说，选定一行就应爱一行。合理的人才流动、双向选择可以增强人们优胜劣汰的人才竞争意识，促使大多数人更加自觉地忠于职守，爱岗敬业。实行双向选择，开展人才的合理流动，使用人单位有用人的自主权，可以择优录用，实现劳动力、生产资源的最佳配置，劳动者又可以根据社会的需要和个人的专业、特长、兴趣和爱好选择职业，真正做到人尽其才，充分发挥积极性和创造性。

其次，求职者是不是具有爱岗敬业的精神，是用人单位挑选人才的一项非常重要的标准。用人单位都会录用那些具有爱岗敬业精神的人，因为只有那些“干一行，爱一行”的人，才能专心致志地搞好工作。如果只从兴趣出发，见异思迁，“干一行，厌一行”，不但自己的聪明才智得不到充分发挥，甚至会给工作带来损失。

另外，现实生活中能够找到理想的职业的人必定是少数的。对于多数人来说，必须面对现实，去从事社会所需要、而自己内心不太愿意干的工作。在这种情况下，如果没有“干一行，爱一行”的精神，那么人们就很难干好工作，很难做到爱岗敬业。

做任何工作，责任心必须是放在第一位的，它是最基本的职业精神。要成为一名优秀的员工，责任心是胜任工作的前提。如果一个能力很强的人却没有责任心，他同样不可能把工作做好，有时还可能产生能力越强效果越糟的尴尬局面。

如果说能力让人得到工作，那么责任则可以让人创造辉煌。社会工作的各个领域都不需要能力突出却孤芳自赏的“独行侠”，在提倡和谐社会和团队精神的当今，各种能力都可以通过积极学习得以提升，经过技能培训，每个人都有可能成为语言沟通能手、技术高手，但一个缺乏责任心的人若不改变自己的工作态度，那他终将被团队舍弃。时刻牢记“责任大于能力”，富有责任感，让责任承载能力，才能让人在工作及团队合作中大放光彩。

说到职业精神的规范，那么一定离不开职业操守。职业操守是指人们在从事职业活动中必须遵从的最低道德底线和行业规范。它具有“基础性”“制约性”等特点，每一个从业者都必须做到，它既是对从业人员在职业活动中的行为要求，又是对社会所承担的道德、责任和义务。一个人不管从事何种职业，都必须具备良好的职业操守，否则将一事无成。每个行业都有不同的职业操守，但不同的职业操守都离不开道德这一底线。

良好的职业操守需要有诚信的价值观，遵守公司法规，诚实地制作工作报告，不向竞争对手泄密，确保公司资产安全。一个行业、一个企业的信誉，也就是它们的形象、信用和声誉，是企业及其产品与服务在社会公众中的信任程度。社会主义的职业操守是适应社会主义物质文明和精神文明建设的需要，它在共产主义道德原则的指导下，批判地继承了历史上优秀的职业操守，并在此基础上发展。由于社会主义的各行各业没有高低贵贱之分，在职业内部的从业人员之间、不同职业之间以及职业集团与社会之间没有根本的利害冲突，因此，不同职业的人们可以形成共同的要求和道德理想，树立热爱本职工作的责任感和荣誉感。

在职业中强调协作是因为一个团队的力量远大于一个人的力量。团队不仅强调个人的工作成果，更强调团队的整体业绩。团队所依赖的不仅是集体讨论和决策，它同时也强调成员的共同贡献。团队协作能激发出团队成员不可思议的潜力，让每个人都能发挥出最强的力量，让一加一的结果大于二，也就是说，团队工作成果往往能超过成员个人业绩的总和。

风险在职业方面表现为职业风险——在执业过程中具有一定发生频率并由该职业者承受的风险，包括经济风险、政治风险、法律风险和人身风险等。任何职业都是存在风险的，也就是说风险不能避免，但在一定程度上却可以降低。

那么如何降低职业风险呢？首先，借助新事物来提升自己。新事物说到底就是提高人们的生活水平，与此同时也会冲击某些行业，就像网上购物这件事情，已经让大部分行业发生改变，甚至让有些行业消没，其实这只是刚刚开始，而其中有部分存活下来的行业一定是接受新事物能力较强的。相反，那些一直坚持着的行业，早已被网络冲击得不得不走上转型发展之路。其次，要提高自己的成长速度，工作是为了体现自己的价值，风险往往是因为自己的价值无法匹配岗位需求才产生的，因此成长速度高于时代发展速度，那么势必能让自己掌握先机，不至于被这个时代所淘汰，就像随着网络的普及，有些行业的从业人员正在大幅骤降。最后，不断提高自己的认知能力，丰富自己的工作能力。要说一个行业发生变化，甚至是面临淘汰，那必然会有很多迹象，一个行业不可能无缘无故突然消失掉，就像互联网的普及也是一点点蔓延的。可见，人的认知能力非常重要，观察思考行业前景很关键，前提是需要自己深入去挖掘这个行业的知识。当然，人们还要意识到，这个时代根本不存在只掌握一项工作技能就能活得出色的人，很多人都是身兼数职，这倒不是为了能够获得多份可观收入，而是通过学习多种能力，能让自己更有竞争力。退一万步来讲，万一行业发生倒塌，那么这类人同样也能够存活下来，只需要一段调整时间即可。

高效管理和有效沟通

陈静美

中国铁路上海局集团公司文联文学创作协会副主席、江苏省朗诵协会理事、国家文旅部语言表演注册教师，温州总工会朗诵艺术团指导、浠仓月湖畔阅读公社首位朗诵艺术指导，静美与亚当读诗时间发起人。多年来，致力研究管理者高效沟通与语言表达艺术，为全国铁路法律维权培训班、新华网江苏频道管理人员培训班、中盐金坛盐化有限责任公司骨干培训班、站段管理人员培训班等进行专题授课。

有效沟通有那么重要吗？

沃尔玛公司总裁萨姆·沃尔顿说："沟通是管理的浓缩。"美国通用电气公司总裁杰克·韦尔奇说："管理就是沟通、沟通、再沟通。"日本经营之神松下幸之助也给出了自己的答案，他说："企业管理的过去是沟通，现在是沟通，未来还是沟通。”

一、什么是沟通

沟通是人与人之间、人与群体之间思想与感情的传递和反馈的过程，以求思想达成一致和感情的通畅。

沟通的三要素是指心态、关心、主动。

这其中，“心态”是基本问题，带着什么样的心态沟通就会产生什么样的结果，沟通过程中要克服自私、自我和自大的心态。“关心”是基本原理，学会关心就学会与人友好相处，学会与人友好相处也就学会了在社会环境中生存。要做到关心对方的状态、情绪、困难、需求和不便。“主动”是基本要求，生活中很多问题是由于沟通不及时造成的。有一次，列车上突然停电，列车长没有及时把停电信息及原因告知旅客，导致旅客们萌生不满情绪，通过朋友圈、微博等平台发出信息，以致列车形象受到影响和损伤。

沟通的作用有交流信息、获得理解、协调行为以及实施影响。

二、如何实现有效沟通

有效沟通的基本步骤有六条，分别是事先准备，确认需求，阐述观点，处理异议，达成协议，共同实施。

（一）有效沟通的技巧

与人沟通时要准确表达内心所想，并带有感情地与对方交流，选择有效的信息进行发送。注意怎样发出信息，何时发送信息，并明确信息的内容，接收信息的对象及在哪发出信息。

作为管理者，在沟通的同时更要积极聆听。听的繁体字为“聽”，本字从耳、德，王，即耳有所得，用耳朵感受声音，并尊重对方。

（二）沟通中的非语言沟通技巧

用身体语言沟通是一种普遍的沟通方式。相关专家研究发现，人们每天的说话时间平均仅占与人交往时间的10%，而与人交往的其他时间，都在有意无意地进行着身体语言的沟通。

肢体语言能够增强沟通的有效性，肢体语言具有形象、生动、直观、个性化的特点。在沟通中，将身体语言和语言结合起来使用，能够使表达的含义更精彩、更准确。根据对方身体语言所表达的信息，我们也能够更准确地理解对方。

在有些情境中，肢体语言比文字和言语更有影响力。据英国心理学家阿盖依尔等人的研究，当语言信号与非语言（体态语）信号所代表的意义不一致时，人们更愿意相信非语言信号所代表的意义，而且非语言交际的影响是语言的43倍。试想，当男生拿着玫瑰，深情地向女生告白，但眼神却不自觉地随着另一个迎面而来的俏丽身影飘动，在这样的情景下，女生会做何感想。

缕缕相思，点点离愁，满腔爱意，即使用千言万语也难以形容；然而，一个眼神，一个举动，或是相视一笑，便可将种种情感表达得淋漓尽致。可见，肢体语言在表达人类感情上起着重要作用。

·目光

目光是人际沟通中重要的信息来源。

目光接触表示对对方的注意，目光接触可以实现多种情感交流，如友爱、幸福、惊奇、快乐以及痛苦、悲伤、恐惧、敌意、厌恶等情感。

目光接触可以表示彼此的距离。双方接纳程度越高，目光接触的次数就越多，每次接触保持的时间也就越长。

目光还可以表现出对他人的不屑一顾，显示自己的优越感。

·面部表情

嘴部表情有很多种，如张嘴露齿，则表示愉快；咬牙切齿，则表示愤怒；撇撇嘴，则表示藐视……

鼻子部分也有表情，如“嗤之以鼻”表示轻蔑；屏住呼吸是紧张小心；愤怒则张大鼻孔；奉承则“仰人鼻息”……

眉毛也能表达表情，如扬眉表示得意；皱眉表示愁苦；竖眉表示愤怒；眉毛完全抬高表示难以置信；半抬高表示大吃一惊；半放低表示大惑不解……

微笑是最有益于人际沟通的面部表情。

微笑表明你对人的尊重、友善、欣赏和赞同，也表明你心地善良，表明你有一个好心情。自然的微笑可打破僵局，轻松的微笑可淡化矛盾，坦然的微笑可消除误解，真诚的微笑会使你成为沟通中的常胜将军。

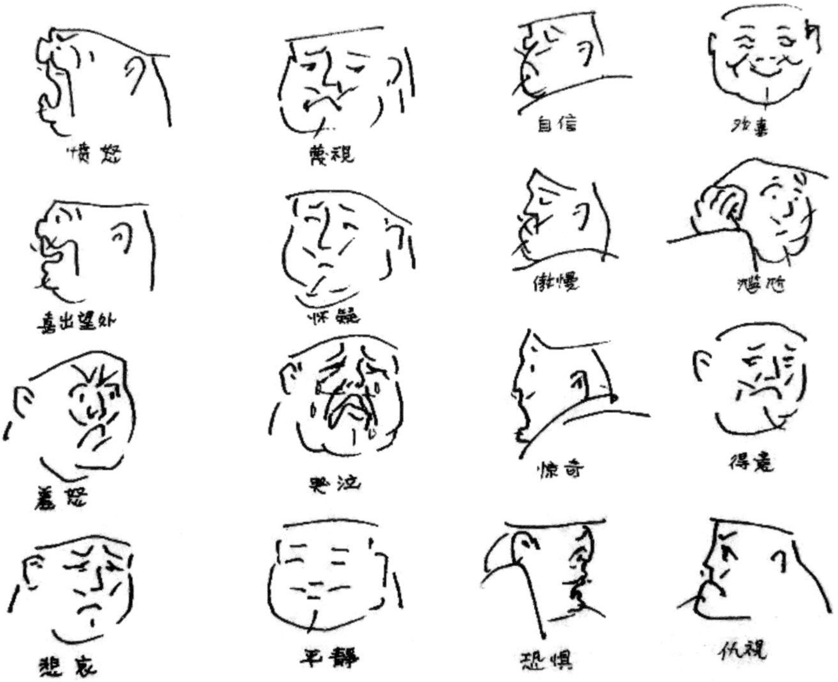

面部表情综合图

· 习惯动作

与人沟通时，还会附带一些习惯动作，比如：双手外推，表示拒绝；双手外摊，表示无可奈何；搔头皮，表示困惑；搓手和拽衣领，表示紧张；拍脑袋，表示自责；耸肩，表示不以为然或无可奈何；摆手，表示制止或否定。

· 姿势和手势

日常生活中有些约定俗成的“体态语”，比如：身体前倾，表示尊重、感兴趣；微微欠身，表示谦恭有礼；身体后仰，表示若无其事或轻视怠慢；侧转身子，表示厌恶和轻蔑；背朝对方，表示不屑理睬。

手势在沟通过程中还能独立地表达某种意义，比如：跷起大拇指，表示称赞、夸奖；翘起小指，表示蔑视、贬低、“差劲”等意思；十指交叉，拱手放在脸前，表示敌意或是不满意；十指交叉，大拇指相顶或转圈，表示进退两难；搓手，表示焦虑、无奈、信心不足等。

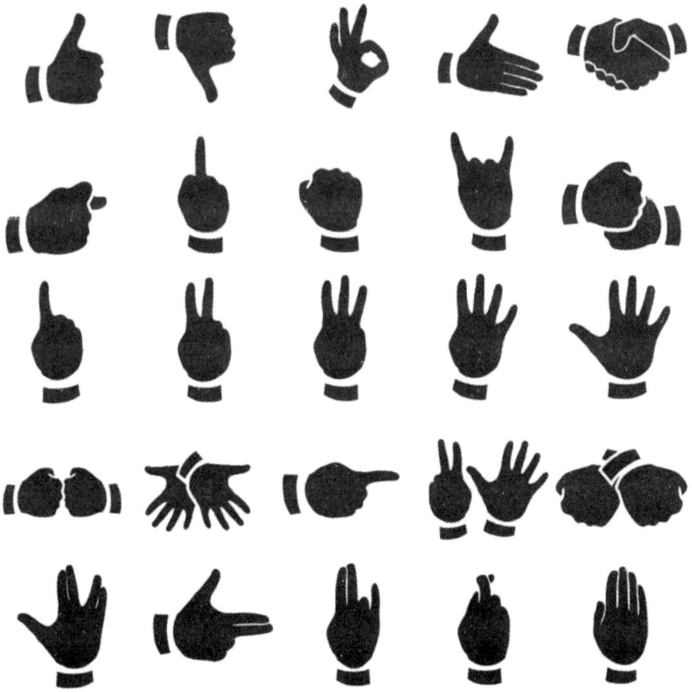

手势综合图

三、人际风格沟通技巧

我们常说的“人性”，可以从四个方面理解，即天性、秉性、习性和慧性。

天性，是大自然赋予人的属性，“人之初，性本善”。秉性，是父母传承给子女的特性，由遗传基因决定。习性，是后天养成的良好习惯或恶习。慧性，即心性、悟性，是心灵的智慧。习性和秉性是可以通过后天努力，改变提升的。

说到“人性”，不得不提及九型人格。九型人格是具有很多年历史的古老学问，它按照人们习惯性的思维模式、情绪反应和行为习惯等特质，将人分为九种类型。

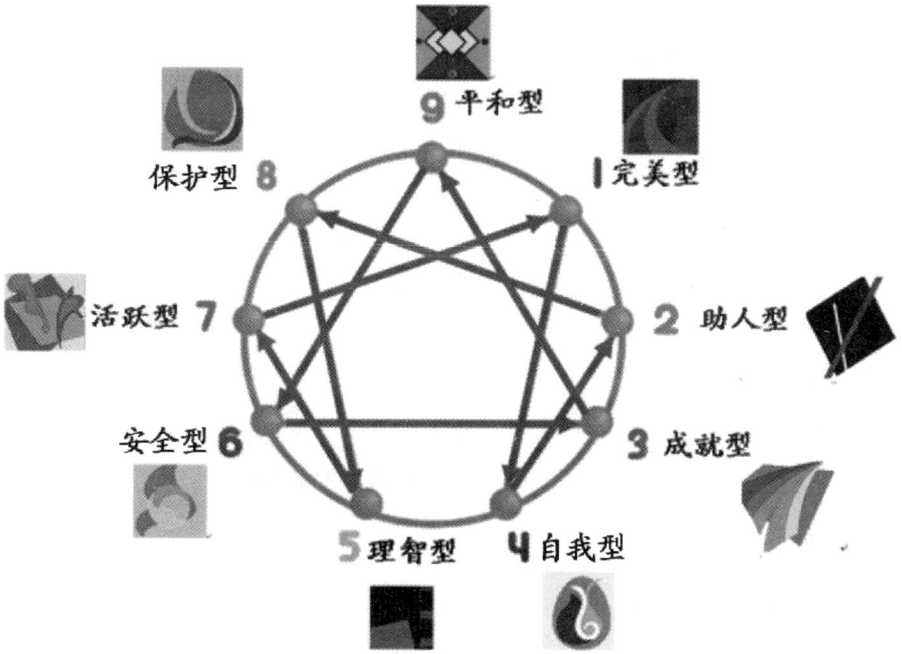

九型人格图

《九型人格学》这本书被誉为思维沟通的圣经，是有效的谈心术。美国中央情报局通过它来了解各国元首的行为特质。美国斯坦福大学商学院 MBA 把它作为学生的必修科目。苹果、宝洁、花旗银行、惠普、诺基亚、通用汽车等世界 500 强企业把它作为管理人员的培训教程。

（一）完美型：一个完美主义者

·欲望特质：追求完美

·主要特征：凡事追求完美，原则性强、非黑即白，工作狂，生活中“一根筋”。

·动物代表：猎犬

·沟通秘笈

1. 要以理性、合乎逻辑，并且正经的态度和他们沟通，才能获得他们的认同；

2. 可以适时表现一些幽默感，缓和气氛，放松他们的心情，凡事试着朝正面想；

3. 当他们不知为何生气时，不必太在意，不必追究他们态度的由来，因为他们的怒气大多不是冲着你来的。这可能只是无名火，也可能是针对其他跟你完全没相关的事；

4. 说话要真诚、直截了当，因为他们十分敏感，加上判断力很强，对于别人玩弄伎俩，背后动机他们了然在心。如果你拐弯抹角，只会令他不屑与厌恶；

5. 想要他们更努力地工作，只要实话实说，告诉他们现在这个事情还不够完美就行了。

· 人格小结

完美型生命中最大挑战是：自我压抑，执着于对与错。

完美型要向活跃型学习——放下拘谨，肯创新，接受别人。

（二）助人型：一个给予者

· **欲望特质**：渴望被爱、被感激和认同

· 主要特征：以人为本、热心肠，是个传统型母亲。

· 动物代表：猫

· 沟通秘笈

1. 对于他们的付出，一定要表现出感激之意；

2. 他们不希望别人拒绝他们的好意，所以如果你想拒绝他们，就必须很清楚地把你的理由告诉他们；

3. 他们总是将关注放在别人身上，所以你不妨鼓励他们多谈谈自己，并告诉他们你想知道他们的事，多了解他们一些；

4. 当你想为他们做某件事时，告诉他们这么做会让你觉得快乐，他们会更愿意接受你的付出；

5. 当他们只顾着为别人忙碌，或是显得情绪化、心神不宁时，不妨问问他们正在想什么？心情如何？以及此刻有什么需要？

6. 想说服他们时，需要用感性的方式来阐释问题。

· 人格小结

助人型生命中最大挑战是：用付出换取别人的接受，失去自我。

助人型要向自我型学习——自我探索，坚持心愿，爱人爱己。

（三）成就型：一个实践者

·欲望特质：追求成功，害怕失败

·主要特征：好胜心强烈，充满自信；重视名利，实用主义；喜欢出风头，“人来疯”。

·动物代表：孔雀

·沟通秘笈

1. 希望他们改变时，告诉他们这样做可能会有助于他们获得更好的结果；

2. 如果你喜欢他们，不妨尽量配合他们，因为当你与他们站在同一阵线时，他们也乐于保护你，与你分享他们的成就；

3. 如果你有被他们利用或操纵的感觉时，不妨让他们知道你的感受，因为他们有时真的会忽略别人的感受。告诉他们后，他们多半会收敛一些，特别是当他们无心伤害你时；

4. 过度的批评只会让他们为了讨好你、顺应你，而矫情地做改变。所以要真正改变他们，应该是去爱他们；

5. 想说服他们时，要向他们表明你这样做将帮助他们取得更好的结果；

6. 想要他们认真对待工作时，需要多给他们一些赞美。

·人格小结

成就型生命中最大挑战是：拼命追求成就感，在物质世界里迷失自己。

成就型要向安全型学习——忠诚踏实，尽责小心，关心别人。

（四）自我型：一个浪漫主义者

·欲望特质：追求独特

·主要特征：具有追求浪漫、情绪化、占有欲强烈、我行我素的生活风格；一生只活在过去、未来，永远不活在现实里；喜欢跟着感觉走。

·动物代表：黑马

·沟通秘笈

1. 感觉对他们而言是最重要的，与他们沟通一定要重视他们的感觉，另一方面也要让他们知道你的感觉、想法；

2. 密切地配合他们，令他们感觉到你是关心他们，愿意支持他们；

3. 如果他们沉浸在某种情绪中难以自拔时，问问他们当下的感受。让他们有机会抒发情绪，是帮助他们走出情绪的最好方法；

4. 不要老是以理性来要求他们、评断他们，听听他们的直觉，因为那可能会开启你不同的视野；

5. 赏识他们，特别是当他们能发挥自己的特质而有所贡献时，因为他们是极容易有负面情绪、容易否定自我的人；

6. 想说服他们时，要向他们表明你这样做将帮助他们得到更独特且有创意的结果。

· 人格小结

自我型生命中最大挑战是：活在自己的感觉世界里，特立独行。

自我型要向完美型学习——冷静理性，控制情绪，脚踏实地。

（五）理智型：一个观察者

· 欲望特质：追求知识

· 主要特征：温文尔雅，有学问，条理分明，沉默内向，欠缺活力；一生中很喜欢三个地方：海边、书房、无人环境。口头禅是“我思故我在”。

· 动物代表：鹰

· 沟通秘笈

1. 在面对人群时，他们表达自己往往会有困难，所以不要在这方面给他们太大的压力；

2. 要亲切，但不要表现出依赖或过于有压力的亲密，因为他们喜欢与人保持一定的距离，要尊重他们的界线；

3. 要求他们做决定时，请尽量留给他们独处的时间和空间；

4. 当你请求他们某件事时，请记住你的表达态度应该是一种请求而非要求；

5. 作为理智型人们的伴侣，要增加他们的信任，减轻其焦虑最好的方法是身体的接触（例如按摩），这对他们而言是胜于语言的沟通；

6. 希望他们将更多精力用在工作上时，你要明确地向他们指出，目前所获得的信息量还不足以让领导做出决策。

· 人格小结

理智型生命中最大挑战是：活在自己的思想世界里，空想不能付诸行动。

理智型要向保护型学习——勇往直前，果断行动，言出必行。

（六）安全型：一个质问者

· 欲望特质：追求安全

·主要特征：做事小心谨慎，不轻易相信别人，多疑虑。口头禅是“我担心”“万一……怎么办？”

·动物代表：小白兔

·沟通秘笈

1. 他们是多疑的，所以很难相信你对他们的赞美。唯有不断地倾听，并愿意支持他们、和他们站在一起，才是取得他们信任的最好方法；

2. 保持你的一致性，不要言行不一、变来变去，这样自然会让他们对你产生信任；

3. 不要讥笑或批评他们的多疑，这会使他们更缺乏自信；

4. 说话必须真诚、清楚明白，因为他们很会猜测你的言外之意而做不必要的联想；

5. 身为安全型人们的伴侣，请务必让他们知道你每天的行动，他们不是要控制你、干涉你，只是他们必须知道这些才能安心；

6. 想说服他们时，需要向他们表明你这样做是出于更细致、更安全、更周到的考虑。

·人格小结

安全型生命中最大挑战是：怀疑一切，畏首畏尾。

安全型要向平和型学习——随遇而安，放下焦虑，信任别人，追求和平。

（七）活跃型：一个享乐主义者

·欲望特质：追求快乐

·主要特征：快乐热心，不停活动、不停获取，怕严肃认真的事情，多才多艺。懂得“人生苦短，及时行乐”。口头禅是“今晚去哪里吃？去哪里玩？”

·动物代表：狐狸

·沟通秘笈

1. 以一种轻松愉快的方式和他们交谈，是建立彼此好感的第一步，他们不喜欢过于严肃、拘谨、无趣的人；

2. 倾听他们伟大的梦想和计划，不必马上点出其中不切实际的地方，把它当成一种分享想法、分享喜悦的方式；

3. 如果你要点出他们计划中的一些问题点，请不要用一种高姿态的批评或指示，改用一种建议、提供参考的口吻，他们会比较容易接受；

4. 当你提出不同的见解、方案时，他们当下可能会有点反弹，但记住，他们是善于思考的，给他们重新思考的时间，他们自然会判断是否接纳你的想法，或是找时间跟你进一步讨论；

5. 如果你是他们的好朋友，看到他们逃避问题时，不妨提醒他们，找时间静下来面对问题，把问题想清楚；

6. 想说服他们时，要向他们表明这件事很有意思、很有趣。

· 人格小结

活跃型生命中最大挑战是：逃避痛苦，没有定性。

活跃型要向理智型学习——自我克制，搜集资料，深入思考。

（八）保护型：一个支配者

· 欲望特质：追求权力，保护弱者

· 主要特征：喜欢做大事，是绝对的行动派；主观，喜欢靠直觉。口头禅是“顺我者昌，逆我者亡”。

· 动物代表：老虎

· 沟通秘笈

1. 说话尽量说重点，他们才会耐心并愿意听你继续陈述；

2. 你认为你们彼此起了争执、冲突，他却可能觉得这是很过瘾、很有效的沟通模式。所以你要记住，冲突对他们而言是进一步沟通的开始，而非结束。万一你觉得争吵太过厉害，感觉不舒服时，不妨直接告诉他们你的感受；

3. 他们可以接受直接的批评，但不要取笑或讥讽他们，这会使他们产生敌意，做出攻击的行为；

4. 玩弄权谋、操纵他们、说谎，都是他们讨厌的行为，跟他们沟通的最好方式是：直接说重点；

5. 想说服他们时，要让他们感觉到是他们在控制局面。

· 人格小结

保护型生命中最大挑战是：冲动好斗，控制欲过强。

保护型要向助人型学习——爱心关怀，开放倾听，乐于助人。

（九）平和型：一个和平者

· 欲望特质：追求和平

· 主要特征：温和友善，忍耐、随和、怕竞争，无法集中注意力。信奉“船到桥头自然直”，无为而治。

·动物代表：大象

·沟通秘笈

1. 尽量倾听他们，并鼓励他们说出自己的想法；

2. 要适时地赞美他们、认同他们，因为他们常常不知道自己的优点、自己的重要性；

3. 当他们赞成，或是执行某件事时，事实上有可能只是为了迎合别人，所以你不妨问问他们的想法，听听他们会怎样说；

4. 如果你想真正了解他们的想法，不应过于急切、压迫，给他们一点空间和时间来表述心里所想；

5. 想说服他们时，你要坚持自己的观点；

6. 想要他们更认真地工作时，你要向他们明确提出工作任务。

·人格小结

平和型生命中最大挑战是：自我麻醉，随波逐流。

平和型要向成就型学习——目标明确，态度积极，做事有计划。

四、注重沟通中的语言表达艺术

在与人沟通时，首先要说普通话，话语自然流利。注意自己的发音是否准确，吐字是否清晰。说话音量要适宜，使听众听清楚，听到每一句话、每一个词。

沟通时，要把自己当成别人——审视自身；把别人当成自己——换位思考；把别人当成别人——尊重个性；把自己当成自己——坚持自己。

·工作汇报的语言艺术

1. 领会意图，及时调整；

2. 虚实兼顾，点面结合；

3. 理性分析，富有见地；

4. 尽量脱稿，侃侃而谈。

·即席讲话的语言艺术

1. 速打“腹稿”，形成轮廓；

2. 先声夺人，抓住听众；

3. 观点鲜明，言简意赅；

4. 生动活泼，强化气氛；

5. 恰当结尾，锦上添花。

·批评时的语言艺术

美国心理学家吉布林总结成功批评的七要则，分别是：

1. 批评注意场合；
2. 先表扬后批评，先肯定后纠正；
3. 批评应对事不对人；
4. 代作回答（指出错误并告诉他如何改正）；
5. 请人合作，不要生硬命令；
6. 不要纠缠老账；
7. 在友好的气氛中结束批评。

七、金坛人文

细说金坛——太平天国与晚清江南社会缩影

梅生伟

清华大学电机工程系教授，长江学者，清华大学-中盐金坛公司压缩空气储能技术联合研究中心主任，国家能源局储能示范工程“江苏金坛60MW盐穴压缩空气储能电站”首席科学家。

太平天国运动是中国历史上规模最大、持续时间最长的一次农民战争，而江南处于这场风暴的中心，所受的影响也最为深远。金坛位于江南核心地带，太平天国运动对其影响深刻，在战争中文化风俗和旧秩序受到猛烈冲击，人口大量减少，土地关系剧烈变动，人们的思想观念也发生了革命性变化，战后金坛乃至江南地区逐步恢复并稳步发展。金坛作为一个窗口，可以从时空两个维度，考察太平天国运动对金坛乃至江南及全国的影响，反思我们这个民族曾经的苦难，总结近代中国社会发展的一般规律，以利国泰民安，持续发展。今人哀之鉴之，勿使后人复哀后人矣。

人类社会发展到高级阶段的一个典型形态是国家或类似国家的一个区域政权，通常可以视为一个三层空间结构，即基层（底层）的居民、区域（地理），中层的经济活动、政治架构和军事战争，以及顶层的文化。考察任何一个区域社会或国家需要从上述三层空间结构、六个方面进行，而位于顶层的文化是统领全局的。所谓文化，即是人类社会凝结于物质活动（主要是政治经济）之中而又游离之外的精神活动的总和。

基层居民、区域地理，即所谓人民和土地（亦称地缘政治），是一个国家或一个民族得以自立的最基本的两个要素。黑格尔对地缘政治即地理要素和政治格局的关系曾有精辟论述："助成民族精神产生的那种自然的关系，就是地理的基础。"地缘的关键是人缘，人缘即政治。社会发展到一定阶段会产生经济活动，经济的集中表现是政治，而经济本身又是政治的基础。政治发展到了一定阶段，当有不可调和的矛盾和问题时就必然产生战争。而流血的政治是战争，不流血的战争就是政治，政治与战争是相互依赖、相互依存的，而这些因素发展到了顶层就涉及文化层面。关于太平天国运动与晚清江南社会的各种形态及发展状况，则需要从此上述六个方面逐层考察，如此方能避免片面甚至偏见。

一、何处是江南

江南是中国人尤其是知识分子的一个情怀萦绕的焦点。江南的概念最早出现在唐朝。初唐时期，"江"专指长江，"江南"专指江南道，基本为今湖北荆州以下，长江以南包括苏南的地带。到了中唐武则天、唐高宗时期，江南道分为江南东道和江南西道。东道为今苏南、浙江与福建一带，最后演变成如今的江苏、浙江与福建；江南西道为江西、湖北、湖南一带，现今作为江西省被继承下来。唐高宗时期，中国繁盛，江南有了巨大发展。不同于唐朝，仅仅在西汉时，江南还被当作蛮荒瘴疠之地。司马迁有一描述江南的著名论断，即"江南卑湿，丈夫早夭"，意为江南地区低洼湿滑，成年男人都不长寿，凸显江南气候之恶劣。南北朝时再次出现"江南"，庾信所作《哀江南赋》，题目即取自"魂兮归来哀江南"，更呈现出江南凄凉之状。江南自中唐时期才发展起来，原因有二，一个是自然因素，江南相对于北方如关中地区及河南的中原地区，阳光适宜且水土保持良好，至三国后，江南的气候有所改善。二是人文因素，东晋开始有五胡乱华。北方少数民族南侵，中原人士衣冠南渡，北方汉族移民，对江南地区的发展功不可没。

对于江南是何处，不同时代不同人士看法不同，但明清以后江南就特指一个区域了。毛泽东主席在《七律·登庐山》中作"云横九派浮黄鹤，浪下三吴起白烟"一句，此处三吴特指江南三吴地带，西吴湖州、中吴常州、东吴苏州。江南从行政、地理、文化，包括人文角度综合看待，在人文领域是有特殊含义的，明清以降专指常州、苏州、太仓、松江、杭州、嘉兴和湖州七个地方。江南成名于中唐大诗人白居易的《忆江南》，那个时期的江南快速发展，与隋炀帝修建京杭大运河有关。大运河自建成后，在经济、军事、物流等领域发挥了巨大的作用。古时走水路，运输成本很低，运输条件好且运量大，相当于现代国家的高速公路或高铁。有了京杭大运河，江南地区粮食财赋可以大量运往北方。中国的首都是逐渐从长安到洛阳到开封再到南京，国家的重心移至东南地区。明成祖朱棣为了整个国家的国防需要，将首都从南京迁往北京，但粮食财赋还要仰仗京杭大运河。隋代运河修建后，首先为那时相对落后的江南地区输送了大量人力、物力，加强了江南地区与中原的往来，促进了江南的发展。京杭大运河的功能自鸦片战争后日趋衰落。太平天国时期，运河中断十余年。1881 年，招商局开通南北海运通道，对其冲击强烈。1912 年，津浦铁路全线竣工通车，从国家宏观物流层次来讲，千年运河彻底退出历史舞台。

二、金坛居何位

顺治十四年（1657），清廷于今安徽和江苏两地设江南省，首府江宁。江南省面积广大，发展迅速，占清财赋收入三分之一以上。康熙五年（1666），清廷将其分而治之，最终皖北皖南组成安徽省，“安”即安庆，“徽”为徽州；苏南和苏北合并为江苏省，“江”即江宁，“苏”为苏州。江苏巡抚设在苏州，安徽巡抚设在安庆，但新任安徽省府官员不愿前往安庆，在江宁一待就是 80 年，直到 1746 年才为乾隆帝知晓，天子龙颜大怒，强令安徽省一干人马即刻搬至安庆，这也是直到今天安徽省与江苏省关系密切的原因之一。坊间一直有个说法，安徽真正的省会是南京，此说既合乎地理（南京北、西、南三面皆为徽地）更合乎情理。

金坛地处苏南的地理中心。武后垂拱四年（688），从延陵即今常州分置金坛县。官方以前称金山县，自 688 年至今，金坛未改过县名，这在中国历史上是非常罕见的，同时也意味着金坛深厚的人文积淀。则天顺圣皇后长寿元年（692），金坛建城，方圆约 1 平方公里。金坛城近一千年未扩大，直至改革开放后才大有改变。宋太宗淳化三年（992），丹金溧漕河建成，至此金坛被纳入京杭大运河体系，成为当时苏南地区的水运枢纽，更成为苏南战略要地。

三、太平天国与江南

（一）太平天国运动

近年来，社会舆论对太平天国的评价很大程度上是负面的，相当一部分学者总盯着太平天国战争带来的生命财产的巨大损失，将其定义为一场内乱，而不愿承认它是近代中国的一次革命运动，其本身构成了推动中国发展的强大动力。如前所述，我们应该从政治、经济、人口、军事，乃至文化层面，来综合地评判一场运动，看看它的意义是什么。即便它完全是一场浩劫，它又是如何发生的？清代道光时期，若算 GDP、算人口，中国都是世界第一，怎么会发生如此巨变？因此需要从政治、军事乃至文化等多个角度综合评判。

鸦片战争对中国的冲击极大，清朝自称“天朝上国”，却被数千英兵打得丢盔弃甲。从 1840 年到 1842 年，英军从广州打到厦门，再到浙江及舟山，最后从上海吴淞口侵入，打到现在的镇江，又占领了瓜洲渡口。当时中国是举全国之力跟英国战斗，镇守镇江的察哈尔蒙古八旗兵 1500 余人战至最后一人（恩格斯对此有专门描述）。但英军以截断京杭大运河为威胁，清政府不得不屈服，其剧烈抵抗只得终结于江南地区，由此可见京杭运河对国家命脉的影响，亦即经济对军事政治的影响。清政府割让香港岛给英国，赔偿银圆 2100 万元。国家因战争造成巨大亏空，只得令各省加征税赋，中国社会矛盾日益尖锐。广西是当时中国各种矛盾交织汇集的焦点，也是清政府统治最薄弱的地区，太平天国运动爆发于广西绝非偶然。当时广西的人均土地面积不到一亩，生计日蹙；汉族与少数民族，如瑶族、苗族等产生矛盾，还有土著人和客家人的矛盾均空前激化。太平天国运动起源于广西，主要是流寓于此的广东客家人驱动的，因为客家人源于北人南迁，流动性大，生存空间狭窄，长期受到土著人和官府歧视，尤其读书人科举名额少，几无出路，但同时也造就了客家人吃苦耐劳、重视教育、富于反抗的精神，以至于近代日本学者专门将客家人列为中国最优秀的民族（区别于汉族）。明清以降，土客矛盾乃至冲突在中国社会阶级斗争史表现尤为激烈，甚至远超同时期的民族矛盾。洪秀全是广东花县客家人，三次落第秀才，颇受打击，偶尔接触基督教义，以为得道，后辗转广西客家群落宣传其所创的“拜上帝教”，形成与官府对立之势。同时，西方工业品对传统的中国手工业冲击巨大，造成大量的无业游民，这也是太平天国运动的一个助推剂。

1851 年 1 月 11 日，洪秀全在广西桂平县金田村宣告起义，建号太平天国，次年由广西入湖南，1853 年 1 月，太平军攻克武昌，燎原之势甫成。太平军的高层将领及战斗骨干均为两广客家人（大部来自广东）。洪秀全起义时，中坚主力有 9000 多人，行至湖南、湖北、安徽时，又有大量人员加入。到了中晚期，太平军中下层主力实际上均非两广人，这是学术界长期忽视的一个事实。

1853 年 3 月，太平军攻占江宁（南京），不久之后便宣布改名天京，成为天国的首都。两个月后太平军派出两支军队去进攻清军控制的地区，其一进攻咸丰皇帝所在的北京城，即所谓“北伐”，其二是占领长江上游的两湖地区，这便是太平军的第一次“西征”。1856 年，太平军发展至江南、江浙一带。彼时太平军部队 80% 以上都是湖南、湖北、安徽及江浙人。到 1856 年 9 月，太平天国运动达到顶峰，兵力最盛时号称百万。太平天国后期两大擎天柱之一的忠王李秀成自领 60 万人，其堂弟侍王李世贤有 20 万人。1852 年，洪秀全从广西带出的两广客家人有万余人，以后在湘南加入约 3 万人，此 4 万人日后成为太平军的百战精锐。这些精锐在北伐时牺牲万余人，1856 年天京内讧时死难数千，1861 年 5 月太平天国后期另一擎天柱英王陈玉成部队的主力 4000 余名两广老战士全部战死于安庆赤岗岭，直接导致了陈玉成的败亡。至此，4 万两广及湘南精锐基本损失殆尽。陈玉成是广西藤县人，参加金田起义时年仅 14 岁，骁勇善战，曾国藩评价其“自汉唐以来，未有如此贼之悍者”。以陈玉成为典型代表的太平军高级将领及骨干大部分是来自两广湘南的老革命，他们意志坚定，即使战败也绝不屈服。实际上，导致太平天国失败的一个原因是来自两广的高级领导人大部分都牺牲了，或被俘遇难，削弱了太平天国的向心力和战斗力。

（二）太平天国与金坛

17 世纪中叶，清军入主江南前后，金坛城毁于战火。1692 年重修，建成后城周约 700 丈，四周为护城河，方圆四里，丹金漕河穿城而过，设南北两个水关。直至 1853 年太平军占领南京时，未有大的变化。自 1856 年起，太平军于苏南地区往来纵横，更与清军先后在金坛展开四次攻防大战，战况惨烈，影响程度居苏南之冠，故有“铁打金坛城，风吹丹阳城，纸糊溧阳城”之说。

1856 年 8 月 12 日，太平天国燕王秦日纲率军第一次攻城。秦日纲先后施以云梯、地道、火药、浮桥等古代攻城四大战术，金坛守军则以守城四大战术，即沸粥、煮沸粪汁、砖石、火攻还以颜色。双方大战十余日，眼看城破，清将冯子材从镇江驰援，挽金坛于既倒。战至月底，秦日纲撤军发动天京事变，金坛免于失陷。

值得一提的是太平军第二次攻城，领军将领是晚期太平天国大名鼎鼎的侍王李世贤和左军主将黄呈忠。此次战斗始于1860年4月19日，终于9月1日城破（内应所致），历时148日，太平军伤亡惨重，入城后大开杀戒，死难约7万人，金坛自此笼罩在屠城梦魇之中。1864年清军收复金坛后，全县几无人烟，故而大举移民，极大影响了金坛人口结构和生活风俗。1864年春，太平天国形势急转直下。是年3月始，湘军鲍超部、淮军、常胜军（英国雇佣军）先后两次攻城，4月下旬太平军第二次守城失败，金坛遂复。

四次金坛攻防战中，先后出场的著名将领除上述秦日纲、冯子材、李世贤、黄呈忠外，还有太平天国护王陈坤书、洋枪队首领戈登、湘军第一猛将鲍超（时任浙江提督，相当于浙江省军区司令员）等，不论政治立场，皆为一时豪杰。如冯子材，1885年3月中法战争危急时，清政府调其赴广西参战（时任广西军务帮办），甫到前线，法军一时冲破清军临时修筑的长墙防线，按鸦片战争以来中外战争惯例，清军势必兵败山倒。千钧一发之际，年近七旬的冯子材持矛第一个冲出阵前与法军肉搏，他的两个儿子一左一右紧随其后，广大官兵目睹这千年难遇的战场奇观，士气大振，反败法军。这里还要提到一个大人物，他是太平天国戴王黄呈忠，其戴王府现为江苏省省级文物保护单位。黄呈忠是广西临桂人，1860年随李世贤攻占金坛，其后一直转战外地。1862年在浙江慈溪击毙洋枪队首领华尔，因此大功封为戴王。由于当时处于战争时期，戴王府建在金坛时是拆用旧建筑翻盖的，其本人并未在金坛长居。黄呈忠英勇善战，意志坚毅，到1866年5月的福建漳州之战后失踪，此时天京失陷已近两年。主流学界一直认为晚期太平天国滥封王爵，与黄氏比肩者几至2700余名，但从黄氏封王一事看，此说有待商榷。事实上，太平天国封王，一看军功，二看资历。

四、太平天国运动对江南发展的影响

太平天国运动对江南的冲击和影响主要表现为以下几个方面。

一是居民和人口方面。太平天国运动后，苏南地区损失人口1400万，仅苏州空闲耕地就有200万亩，豫南、皖北、苏北人多地少，清廷开始有计划地实施人口迁移。这里需要说明的是，迄今史学界诟病太平天国运动最主要的原因是认为太平军杀伐惨烈，如将上述死难的1400万人口基本算在天国头上，这是太平天国研究的又一个误区。事实上，太平军席卷江南，只在江宁满城和金坛有屠城记录，大部分杀戮还是来自清军。如1863年李鸿章领淮军攻苏州，慕王谭绍光（广西象州人）率近20万太平军守城，其中谭绍光的嫡系（广西老战士）仅千余人，真正掌握部队的主要是纳王郜永宽、比王伍贵文等 8 名天国王侯，他们皆是 1853 年加入太平天国的湖北人，其中坚力量约万余人也是湖北籍。李鸿章先是诱使郜永宽等人杀害谭绍光及千余广西战士，后在城外设伏尽杀郜永宽等 8 将及万余湖北部属，最后进城屠杀残余的 10 余万太平军及家属，这些人绝大多数恰是苏南人。当时屠戮之残酷，冠绝中外，以致在欧美引起惊悚甚至“抗议”，此为后话。

清末，苏南地区实际上形成淮语区和吴语区，二者以丹阳为界，丹阳以西以北，包括镇江、南京等，均为苏北文化圈，丹阳以东以南，则为江南文化圈。金坛居民向来以江南人自居，对苏北人有偏见，遑论安徽人、河南人。让金坛人尴尬的是，上述分界线恰以丹金溧漕河穿城而过，西为淮语区，东为吴语区。金坛县志记载，一直到 20 世纪 60 年代，还有城西靠近茅山的部分居民尚讲一口流利的河南话。

二是政治文化方面。太平天国在意识形态上接近西方，虽未得基督教本质，但也是基督教体系，对西方文化在江南的传播有推波助澜之功效。太平天国颁布的《天朝田亩制度》注重基层建设，主张耕者有其田，交公粮、留口粮、卖余粮。这些主张对处于人多地少、土地兼并严重的苏南地区居民很有吸引力。实际上，晚期苏南太平军主力多为苏南人。还有一个具有重大影响力的文献是《资政新篇》，颁布于 1859 年，这在今天看来也是一个里程碑式的文献。《资政新篇》集中反映了当时中国人向西方寻找真理和探索救国救民道路的迫切愿望。政治方面，要求全国统一法律，强调依法治国；经济方面，鼓励工商，鼓励发明制度，鼓励科学技术创新；文化方面，禁止迷信活动，禁止缠足、赌博、吸食鸦片；外交方面，在互不干涉内政的前提下对外开放，平等互惠。《资政新篇》代表的近代先进思想极大冲击了江南乃至全国传统读书人的诸多习性。太平天国覆灭后的洋务运动、出洋留学做工，一直到 1905 年清廷废除科举，无不打着《资政新篇》的烙印。

三是军事方面，太平军和清军两方均积极购置包括机动船在内的近代军事装备，尤其清廷引入了美国人统领的洋枪队，彻底改变了中国军队延续数千年的动员方式、组织结构和作战模式。

我们研究太平天国，不能简单粗暴地虚无化或者妖魔化，那样做既不能全面、客观地揭示我们这个历经苦难沧桑的民族在 19 世纪中叶发生的这场巨变的原因，更不能总结经验和教训。太平天国运动尽管失败了，但站在历史的角度看毕竟是一场有理想、有信念、有组织的革命运动，至于革谁的命？

当然是革清王朝的命，实际上推翻清王朝、革除中国两千年封建帝制的首功是太平天国运动。它是推动近代我国社会历史前进的巨大动力之一。新中国成立后，矗立在天安门广场的人民英雄纪念碑台座底层镶嵌了 8 块浮雕，分别是虎门销烟、金田起义、武昌起义、五四运动、五卅运动、南昌起义、抗日游击战争、胜利渡长江，这个评价应该是历史给予太平天国的，十分公允。

自 2015 年 10 月起，我有幸在金坛从事盐穴压缩空气储能工作，更有幸结识了管国兴先生。我自以为见识广泛、阅人无数，但如管先生文、理、工、企兼修而大成者，尚属首遇。江南物华天宝、人杰地灵，中盐金坛和管先生即是明证。我虽不才，为表心迹，斗胆恭填《新忆江南》三首，献给金坛，献给管先生。

其一（来自白居易《忆江南》之三）

江南好，风情图画中，吴酒一杯千竹叶，吴娃双舞醉芙蓉，早晚复相逢。

其二

江南忆，最忆是金坛，长荡湖头碧水长，茅山百叠树如烟，能不忆金坛？

其三

江南忆，还是忆金坛，压空驭气入地宫，为照江南生紫电，功成把酒干！

大医精诚——以王肯堂为例探讨书家的复合身份

薛元明

书法篆刻家，书印理论家，专门从事书法篆刻绘画等传统文化研究。全国多家专业报刊专栏作家，中国评论家协会会员，中国书法家协会会员。出版《庄蕴宽传》《中国书法制度论纲》《齐白石经典篆刻技法解析》《金坛书画简史》《经典碑帖技法解析》《邓石如篆书技法解析》《北魏墓志放大本系列》等，参编中国书法家协会“翰墨薪传”《篆书与篆刻》教材。

金坛乃物华天宝、人杰地灵之地，文脉流传，千年不衰。在漫长的时间里，涌现出数个书法巨擘。明代王肯堂就是其中典型的一位。王肯堂不仅是一位大书家，更是一位大医家，同时还是著名传教士利玛窦的好友。王肯堂流传后世的书法作品，主要是《鸭头丸帖》和《伯远帖》的题跋，此外，还有刻帖《郁冈斋墨妙》。不独于此，近年来在南京栖霞山还发现了王肯堂撰文、董其昌书丹的《大明赐紫素庵节法师塔铭》。王肯堂在医学方面的著作也非常多，计有《证治准绳》四十四卷、《医论》四卷、《医辨》四卷、《胤产全书》一卷和《医镜》等。

从王肯堂来看，揭示了书法史中的一个独特现象，书家存在着“复合身份”。我曾经撰一文，名为《书家的 B 面人生》，实则是分析书家的复合身份对作品风格的影响。这个问题讨论起来非常复杂庞大，简而言之，首先要明白，中国传统社会就是农耕社会、人文社会，也是自然经济社会。人类文化由源头处看，主要有游牧文化、农耕文化和商业文化三种。游牧文化发源在高寒的草原地带，农耕文化发源在河流灌溉的平原，商业文化发源在滨海地带以及近海之岛屿。三种自然环境决定了三种生活方式，进而形成三种不同的文化类型，实际上最终可分成两类，游牧、商业文化为一类，农耕文化为另一类。根据历史记载，中国从西周开始正式进入了农耕时代。从世界范围来看，中华民族是较早进入农耕时代的民族，而且有很发达的文明。文明最重要的标志是什么？公认的物质标准是必须过上定居的农耕生活，出现城市中心；公认的精神标准是庙宇的出现。很显然，这两个条件都符合。农耕文明决定了中国人的生存状态和文化发展状态，统而言之，是一种“慢生活”而没有明确分工的混沌状态，尽管最终也有一些社会分工，基本上仍集中在手工业和农业。人的文化知识结构主要以“文”为核心，就连书籍形式也是几千年不变，形成一种超稳定结构。今天所见到的“经史子集”四部分类，是在唐代才得以应用的，在当时并不完善，但已经是一个比较成熟的分类方式了。早在晋代，刘向、刘歆父子在整理国家图书馆的典籍时，已经分门别类地做了一个“目录”，乃是已知最早的国家图书馆目录，名字叫做《七略》。

说到类似王肯堂这种“复合身份”，是相对于今天专业分工的盛行而言，其实在古代是天然存在的，不需要强调。今天的专业分工，造就了专业化和职业化书家，文化知识结构走向割裂与隔阂，也是显而易见的。因而，有意识地提倡书家的“复合身份”，旨在可以规避这种分工过细造成的“盲区”，避免书法审美不会陷于一种“黑洞”。从广义上来说，在古代，不独医生是书家，反过来看，书家天然就是文人、诗人、学人，甚至哲人。言及至此，每个书法家都应当拥有属于自己从事艺术活动的身份确认。然而，跨越种种障碍，面对各式各样的艺术形式时，随之而来的却是艺术家身份的难以确认甚至缺失。谁才能被称作为现代意义上的“书法家”？“身份的焦虑”首先表现为一个人审视与追问——“我是谁”？我是一个艺术家还是一个文人士大夫？我是一个专注于抄写的写经生还是一个用艺术影响时代的艺术家？不论怎样，关于书法家身份的讨论，或可成为当代书法家生存处境与状况的一个切入点。要知道，古代并没有“书法家”一说，书法只是文人墨客必备的一项基本技能，能写一手好字，一直被视为读书人的“脸面”。书法作品之于古人并不是出于今天所说的“创作”，而是一种实用性书写。书法在古人眼里绝不是一门独立存在的艺术，故曰“书为小道”。古人所认为的“大道”更多是指能够“修齐治平”的治国安邦之道。不过，书法确实是大道基础上的小道。文墨并作、相辅相成，互为表里、不可缺一。即便是活字印刷术产生之后，也丝毫没有取代文人墨客的手工书写。当下社会的读书人在很大程度上已经不能视为传统意义上的文人了。眼下从事书法者的社会身份、知识结构和对书法的态度等千差万别，和古人相比，具有很多不同之处。也就是说，书法所赖以生存的社会生活土壤发生了根本性变化。“文”与“墨”在很大程度上已经分离了。

既是医生又是书家，身份具有典型性，除了王肯堂，在书法史中还有一些代表人物，如傅山、郑簠、胡澍、马一浮、陆维钊、诸乐三等，甚至孙中山、鲁迅和郭沫若都曾学过医。当然，还有很多在医学史中名声更大而书法史中名声并不显的很多书家，主要是以医生的名声传世。可以看出，医生成为书家，天然有一种优势。除了总的传统文化根基和文化氛围之外，还有一些具体的要求。首先，德之为先。医生要求“德”，书家强调人品，也是“德”的要求。历史中有一些“污点书家”，之所以会为人所不齿，正是因为德不配位。其次，从医生具体的专业要求来说，旧时老中医带徒有四句话，叫做“一手好字，二会双簧，三指按脉，四季衣裳”，概括了一个有学养的中医应该具备的四个条件。“一手好字”，要求中医有一定的书法功底，书写工整，也就是说要有一定学识素养，因为没有一定的文化基础很难理解医书，所谓医家出自儒家；“二会双簧”即医学要背的东西太多了，汤头歌诀、药性赋、脉诀等等，都要倒背如流，像演双簧一样；“三指按脉”，脉诊在“望闻问切”四诊中是比较抽象难懂的，初学者难以把握，脉诊虽然排在最后，但对疾病的诊断至关重要，也往往反映出一个中医水平的高低；“四季衣裳”指诊病时要审时度势，灵活运用，根据病人体质的强弱、男女性别、春夏秋冬不同时令的特点而灵活处方用药。简而言之，古代从医，最基本的前提是秀才，可以识文断字，要懂得基本的医理，是有“门槛”的。按照现在的角度来看，就是“跨界”。这恰恰证明了，专业分工既有专精的优势，也不免存在隔阂。书家的知识结构越广博，对于创作越有利。之所以强调读书，主要原因在于可以长见识、开眼界，当有很多书法本身的问题乃至人生的困惑出现时，可以打开思路，豁然开朗，柳暗花明又一村。

书法家具备复合身份，这是由中国文化的整体性和融通性决定的。思考这一问题，如果不能理解，不妨从当下的现实来对照，从反面来理解。今天的书法圈，不时会冒出一些所谓的“国学班”，也有一些穿汉服的仪式，最终都变成插科打诨的表演，昙花一现。原因在哪里？就是传统文化的碎片化，看起来每个人都在进行信息的沟通和交流，但原先文化里包含的价值、信仰、风尚、趣味或理想，统统都变得支离破碎，有的甚至走向崩溃。在今天的各种场合，往往充斥着很多段子可以娱乐大众，感觉轻松明快，那些原先知见需要的沉淀以及沉淀的过程，都在慢慢消失。面对文化的碎片化，只在某一方面“复古”，没有整体性，就难免会变成鸡汤甚至闹剧。因为文化就是一种常态，一种生活方式，一种不断接近生命本真的形式，不需要点缀，更不用说热闹和炒作了。

如前所述，中国社会是一个人文社会。中国传统文化凝神注视的是人间的是非和寿夭，对超然于现实之外的来生，则很少加以关注，从而形成了传统文化轻鬼神、重人事的突出特色。儒家是一种道德信仰，是对完美人格和祥和政治的追求，不是对神仙、对方术、对上帝、对权力的崇拜。“子不语怪力乱神”，主张“尽人事，知天命”“未知生，焉知死”。儒家思想具有宗教精神而无宗教的痴迷，具有文化的包容性而无党同伐异。中国文化强调“重道轻器”。所谓的“道”主要是指人的世界观、人生观、政治理想、道德准则等，概括地说，就是儒家的“仁义道德”，“器”是指具体事物和名物制度。孔子《论语·为政》强调“君子不器”，其中固然有人格不能偏向一端的含意，但同时也流露出了“知人”压倒“知物”的倾向。孔子《论语·里仁》中说“朝闻道，夕死可也”，《论语·卫灵公》中有“君子谋道不谋食……君子忧道不忧贫”。在孔子那里，感性欲求（谋食）与理性追求（谋道）二者之间，后者处于优先的地位，一旦“志于道”，则即使身处逆境，也可以达到精神上的愉悦，所以孔子在《论语·雍也》中称赞颜回：“贤哉，回也！一箪食，一瓢饮，在陋巷，人不堪其忧，回也不改其乐。”简单地讲，就是“人文优先”。“文”几乎涵盖所有的社会生活范围，也包括医生在内，医生不仅仅是书法家，也是文人。书法家天然就是文人，更高一点就是诗（词）人，学人乃至哲人，甚至是圣人。书法家只是一种隐含的身份，现在变成了专业身份，实质上预示了含金量的下降。

言即至此，必然要说到专业化和职业化的利弊。需要说明，古代也存在专业书家，比如唐代写经生。官府写经生大体是秘书省和门下省的“楷书手”，又称书手、楷书、群书手，更多是民间写经生。这是随佛教兴盛自发产生的抄经群体。除了法师、学童之外，不少文人也有写经的经历，当然在他们这里，写经可能是一种修身养性的行为。有的在家境贫寒之时，通常以抄经维持生计。《旧唐书·职官志》曾载，弘文馆有“楷书手三十人”，史馆有“楷书手三十五人”，崇文馆亦有“书手二人”。唐朝律法规定，“有喜爱学习书法及有书法天赋者，即入馆内学书”。李世民即位第二个月，便下令在弘文殿聚书二十万卷，设立“弘文馆”，即为国家藏书之所，亦为皇帝招纳文学之士之地，集聚了大量英才。贞观元年（627），诏京官职事五品以上子嗜书者二十四人，隶馆学习书法。现在来看，这些写经生寂寂无名，或者创造性严重不足，代表不了一个时代的成就。相比之下，现在的专业书家或者说专职书家，主要集中在协会、画院和高校。高校带有研究性质，与前二者不同。但也存在理论和实践脱节的问题，理论上是为了研究而研究，这无疑是专业分工的弊病。协会和画院就是一种饭碗，与摆摊书家的本质是一样的，只不过多了官本位而已。可以看出，这种专业割裂造成了审美盲区的存在，大量美盲出现。

当然，这些问题的出现，并不是社会分工本身的问题。社会分工是指人类从事各种劳动的社会划分及其独立化、专业化。社会分工是人类文明的标志之一，也是商品经济发展的基础。没有社会分工，就没有交换，市场经济也就无从谈起。社会分工的优势就是让擅长的人做自己擅长的事情，使平均社会劳动时间大大缩短，生产效率显著提高，能够提供优质高效劳动产品的人才能在市场竞争中获得高利润和高价值。人尽其才，物尽其用。就书法本体而言，专业分工也有一定的好处，有利于学科化建设，各种研究更加细致到位。所有的问题都是人为的，主要是急功近利所引发的。个人要在社会分工的基础上，针对个人的特点加以调整和完善，对于非专业也要关注，往往可以启发自己，否则就会出现隔阂，不利于最终的研究。从技法上来说，专业化、学院派的技法解析有一定的优势，也不免会造成唯技法至上的倾向。专业隔阂与狭隘，加上技法至上，最终结果就是灵性的消失，形成一种束缚甚至桎梏。总的来说，只有看到专业分工的不足，才能避免专业分工弊大于利的结果。凡事有一利必有一弊。几千年的书法史证明，书法发展需要一种顺其自然的状态，完全是自发的，凭借自己的兴趣来进行。兴趣才是持久而永恒的动力。

反过来看，打破隔阂和狭隘的做法，恰恰可以彰显中国文化的特点，就是需要做到“通”，通融、通达、通顺。中国传统文化最伟大之处在于融合力非常强大，具有巨大的包容性，对待外来文化采用“和而不同”的态度，求同存异，从而避免排异带来的冲突，由此成为世界上唯一没有中断的文化——一种可以包容其他文化的文化，吸纳和利用别的文化来充实和发展自己的文化，这就是中国文化的特点，也是中华民族特殊的生存方式。西周史伯有云："夫和实生物，同则不继。……故先王以土与金、木、水、火杂，以成百物。""和"就是"杂"，"和实生物"就是"（五行）杂以成百物"。中国文化的创造性正是来源于自身的包容性，"杂、和、生、成"，无一例外都是包含在"创造"过程中。中国自古以来就有"杂以成家"之说。"杂"是中国文化的创造方式，这种方式可以把许多不同性质的文化因素综合起来，融合成一种具有新质的文化——张岱年称之为"综合创新"，强调广泛读书，"读万卷书，行万里路"，就是借助各类书籍，将繁杂的知识结构融会贯通，最终可以"化"。书家的知识结构无疑决定了书家可以走多远，乃至成就有多大的关键。

过去常说，"余事作印人"，余事作书家，甚至有"雕虫小技，壮夫不为"的评价，这就说明，在书法家眼里，书法是天大的事，而在另一些人眼中，乃是不起眼的小事。这当中也不免隐含了谦逊之意、敬畏之心。重要的是，要正确理解"专业"和"业余"的区别。现在所说的"专业"，只是一种专业分工，一种专门的技术，一种职业，甚至就是糊口的薄技，一个饭碗而已，神圣性早就烟消云散了，书家的"贵族精神"也就无从谈起。所说的"业余"实质上就是个人不是在书协、画院还是高校中当专业书家，有一种贬低和歧视的意味。古代的"业余"，实质是一种状态，也就是现在所说的"书法生活化"，但是投入的时间和精力，本身对于书法的兴趣，并不输于专业书家。其中蕴藏的是专业水平和专业精神，尤其是后者，主要是学术精神，涉及到书法传承的问题。打一个不恰当的比喻，若是将如今的专业、职业书家比作圈养动物，将社会中的书家比作野生动物，各有利弊，关键是弊大于利还是利大于弊。圈养动物可以有好的生活条件和丰富的资源，可以接受系统化训练，但书风有雷同，没有个性，野生动物则要为生活奔波和操劳，有时甚至为资料而发愁，但也因此锻炼了过人的能力，适者生存。要记住，书法永远离不开民间传承，所谓"礼失求诸野"。

古代的书家，分布在社会各个行业，天然就有一种复合身份，将各自对人生和书法的理解带到作品中，极其丰富。换言之，书法过去是"隐学"，虽隐然而居中，具有无比重要的地位，愿意倾尽一生的心血和精力去研究，最终成为藏之名山的千秋事业。书法现在变成了"显学"，因为成了专业、职业，说到本质，对于很多人来说，不过是书法的物质化和工具化。名利当头，反而背负了重担。书法本身与书法工具两者，有本质的区别，不言自明。

现今，中国艺术出现了两个特征，一是"高度主流化"，即便有实验艺术，也已经不像上世纪九十年代那样，带有强烈的时代激情，旨在要迅速变得高度成熟，以便立马走向前台。出现这种状态与第二个特征有关系，也就是“高度市场化”。“高度市场化”与“高度主流化”之间是互为因果的关系。由于“主流化”，艺术家得到承认，就会迅速进入美术馆、博物馆等主流文化地区，也会进入课堂，主流化的艺术就会变成很容易被熟知的东西，也就为艺术商业化准备了条件。一轮一轮的商业大潮下，几乎所有的创作，不管哪一种风格还是标榜哪一个“流派”，都会在拍卖市场里包装之后一同亮相。与此相对应的，艺术家身份也发生了变化，更像“名士”“明星”，而不再是过去所说的“艺术家”。过去常用“主流”“非主流”来谈论艺术家，现在，不管你是主流还是非主流，最后都是以类似明星的能量大小来评价，有的明星能量大，有的小些，与娱乐圈的界限基本没有了，这种“艺术家”在大众文化中是极度活跃的，书法家当然也不甘寂寞，利用自媒体来做文章，炒作自己，刷存在感。

书法出现从隐学到显学的显著变化来看，“书法家出而书法亡”，并非只是一种忧虑，也许正在变成一种现实，或者部分已经成为现实。这实际上就证明了一点，书法家“复合身份”不可或缺。

后记

企业是一群人生存的家园，它作为社会的基本组成细胞，承担着富民育人的责任，并在建功立业中彰显文化价值。

“企业运行，必有其道，尊道而行方能长久。”中盐金坛公司循“一阴一阳，相资相生”之原则，一方面自强不息，积极有为，引领科技兴盐、推动技术进步；另一方面厚德载物，以文化人，安顿人的生命和理想，促进人和社会的全面发展。由创造一企之富足安定，推及国家、民族之人合安康；由培育一企之贤才，推及培育一国一民族之文明公民。七年来，中盐金坛秉育英修贤、弘道养德之精神，面向职工、市民、高校师生开展了近 100 场宿沙讲坛，知识的激荡和智慧的碰撞丰润了听众的精神家园，让尚贤文化悠悠流淌，生生不息。这一场场精彩纷呈的讲座，承载着教育人、培养人、成就人的使命，推动着社会形成善学习、爱研究的良好风气，亦为企业从传统文化中汲取道德伦理思想，将圣贤智慧用于现代管理奠定了理论基础。

本书为宿沙讲坛集萃，按讲座内容分 7 大主题，涉及中国盐文化源流、传统文化的价值观、企业家精神培育、中外文化传播研究、科技创新与人类社会等方面。在编纂过程中，中盐金坛盐化有限责任公司、厦门大学新闻传播学院、苏州大学政治与公共管理学院、九州出版社通力合作，对本书的出版给予了大力支持与帮助；刘晓民、王林宇、王婕、马婧慧、曾文意、陆绪芹、黄璐雪、杨长兰、张烨等人亦付出了辛勤的劳动，在此表示诚挚的谢意。

由于编者水平所限，加之时间较为紧迫，书中难免会出现不足及疏漏之处，敬请方家、读者批评指正。若本书能够引起学界的关注和业界的兴趣，有益于文化繁荣兴盛、学术发展进步、盐业文明之辉传于四海，则吾辈之幸甚也。

编　者

2020 年 6 月